JN028314

ディジタル電子回路

－集積回路化時代の－

第2版

藤井信生 著

本書に掲載されている会社名・製品名は，一般に各社の登録商標または商標です．

本書を発行するにあたって，内容に誤りのないようできる限りの注意を払いましたが，本書の内容を適用した結果生じたこと，また，適用できなかった結果について，著者，出版社とも一切の責任を負いませんのでご了承ください．

本書は，「著作権法」によって，著作権等の権利が保護されている著作物です．本書の複製権・翻訳権・上映権・譲渡権・公衆送信権（送信可能化権を含む）は著作権者が保有しています．本書の全部または一部につき，無断で転載，複写複製，電子的装置への入力等をされると，著作権等の権利侵害となる場合があります．また，代行業者等の第三者によるスキャンやデジタル化は，たとえ個人や家庭内での利用であっても著作権法上認められておりませんので，ご注意ください．

本書の無断複写は，著作権法上の制限事項を除き，禁じられています．本書の複写複製を希望される場合は，そのつど事前に下記へ連絡して許諾を得てください．

出版者著作権管理機構
（電話 03-5244-5088，FAX 03-5244-5089，e-mail: info@jcopy.or.jp）

JCOPY ＜出版者著作権管理機構 委託出版物＞

まえがき

ディジタル電子計算機を中心とするディジタル電子技術の発展は著しく，従来アナログ電子回路の分野で取り扱われていた種々の信号も，次第にディジタル電子技術により処理されるようになってきた．また，集積回路技術の進歩に伴い，ディジタル電子回路の集積度は指数関数的に増大し，ディジタルシステムも，ますます複雑化，巨大化の傾向にある．

このような複雑なディジタルシステムも，基本的には 2〜3 種のディジタル演算回路の組合せに過ぎず，この基本回路の動作を充分に把握しておくことは，いかなる複雑なディジタルシステムの設計，解析にも重要であろう．

ディジタル回路は，その基本的な性質がブール代数によって記述できるため，数学的な取扱いに片寄る傾向にあり，電子回路の知識を用いることなく取り扱われている場合も多い．本書では，アナログ電子回路からディジタル電子回路へのつながりに重点を置き，トランジスタレベルの動作にも触れて，ディジタル回路を電子回路的に取り扱っている．このため，各種ゲート回路の電子回路的な動作が，論理回路の数学的な理論と合わせて理解できるようになっている．

1 章は，ディジタル電子回路への導入部分で，アナログ電子回路とディジタル電子回路の類似点，相違点について述べ，なぜ，ディジタル電子回路が重要であるかを説明した．2 章では，ブール代数を中心として，ディジタル電子回路に必要な論理関数の取扱いを述べた．この章が本書でもっとも数学的な部分である．3 章では，基本的な論理ゲートを，集積回路内での構造を含め，トランジスタレベルまで掘り下げて，その動作について述べた．この章は 2 章とは対照的に，もっとも電子回路的な部分である．

1〜3 章までが基礎編であり，4〜6 章がディジタル回路の解析，設計の章である．4 章は，記憶機能を含まない論理回路である組合せ論理回路の解析，設計法について，論理関数の簡単化を中心にして説明した．5 章は 6 章の順序回路で用いられるフリップフロップの動作，特徴について説明した．6 章では，順序回路の解析，設計法について，例題を用いながら説明した．

7 章は，アナログ領域とディジタル領域の接点となる A/D，D/A 変換回路の原理について述べたものである．

ディジタル電子回路は，数学的な記述に終始するか，あるいは回路例集，カタログ的記述のいずれかに陥る危険性があるが，本書では極力これを避けるように努力した．解析，設計においては，典型的な例題を繰返し使用して，各種の手法の相違点が自然に理解できるようになっている．

本文中の問という設問は，その直前に記述した内容に関する例題的な問題であり，理解度を確認する意味で必ず解いてほしい．また，各章末問題は，応用問題的なものとなっており，その中のいくつかには，本来本文中で取り扱うべき問題も含まれているが，説明を簡易にするために演習問題とした．解答はできるだけ途中を省略せずに示してあるので，自分の解き方と比較してほしい．本書の解答は決して模範解答ではないため，学習者自身の解答の方が優れている場合も多いと思われる．これも本書の特徴の一つかも知れない．

1987 年 1 月

藤井信生

第2版にあたって

本書の初版が昭晃堂（2014年に廃業）から刊行された1980年代は，バイポーラトランジスタを使用したディジタル回路が主流であり，7400シリーズに代表されるTTL（Transistor-Transistor-Logic）が標準品として多く使用されていた．バイポーラトランジスタは動作速度では，当時のMOSトランジスタを上回っていたが，構造が複雑なため高集積化に適さず，微細化技術の発展に伴い高集積化が期待できる単純な構造のMOSトランジスタによる回路に移行していった．

MOSトランジスタはnチャネル，pチャネルともにスイッチとしての特性が優れており，互いに相補的に動作する．これらを組み合わせたCMOS論理回路（CMOSゲート）は電源から定常的に電流が流れないため，低消費電力という特徴がある．一方，npn，pnpバイポーラトランジスタは互いに相補的に動作するが，pnpトランジスタの特性がnpnトランジスタに比較して劣っており，CMOS論理回路のような相補的な動作に適していない．また，消費電力もCMOS論理回路に比較して大きい．

本書の第2版発行にあたって，これらの点を考慮してバイポーラトランジスタによる記述を大幅に削減し，MOSトランジスタを主体とした構成に改めた．章立てには変更はないが，第1章，第3章はデバイスからの論理回路の組み立てについて述べているため，バイポーラトランジスタからMOSトランジスタへ大幅な書き換えを行った．その他の章は論理回路の解析，設計を取り扱っており，使用するデバイスに依存しないため，第4章にディジタル集積回路の設計，製造に有用なFPGA（Field Programmable Gate Array）に関する記述を追加した以外は，ほとんど変更を行っていない．

2020年1月

藤井信生

目　　次

第3章　集積化基本ゲート

第4章　組合せ論理回路

第5章　フリップフロップ

第6章　順 序 回 路

第7章　A/D・D/A 変換回路

第 1 章

アナログ回路からディジタル回路へ

ディジタル回路では，回路の二つの動作状態だけを取り扱う．この二つの動作状態は，たとえば電流が流れているか否か，あるいは，二つの電圧値が一方に対して，より高いか低いかなどであり，電流，電圧そのものの値にはよらない場合が多い．このような 2 値の世界におけるトランジスタの動作は，電流，電圧そのものの値が重要であるアナログ回路と異なり，取扱いは比較的容易である．

本章では，トランジスタの 2 値動作の原理，2 値動作の重要性をアナログ動作と比較して述べ，また，数字 “0”，“1” だけで表される 2 進数による数の表現，トランジスタのパルス応答，アナログシステムとディジタルシステムの得失などについても述べる．

1・1　MOS トランジスタのアナログ動作と 2 値動作

トランジスタを信号の増幅に使用する場合，トランジスタの直流動作点（**バイアス**という）を定め，これを中心として信号成分が重畳される．この信号成分はトランジスタの作用により，必要な振幅まで増幅される．これがトランジスタのアナログ回路での使用方法である．一方，ディジタル回路では，トランジスタを一種のスイッチとして使用し，スイッチが短絡，あるいは解放の 2 状態（2 値）だけが意味を持ち，バイアスという考え方はない．

1・1・1　スイッチの 2 値動作

図 1·1 はスイッチの二つの状態を表している．図（a）はスイッチが開いており，これをスイッチが “オフ” しているという．図（b）はスイッチが閉じている状態で，これをスイッチが “オン” しているという．オフ状態では当然スイッチには電流が流れないが，オン状態では電流は流れることができる．このように，

スイッチはオンあるいはオフの二つの状態だけをとることができ，これをスイッチの**2値動作**ということにする．スイッチの2値動作では，スイッチに流れる電流の大小は問題ではなく，単にスイッチがオン，オフのいずれであるかが重要である．

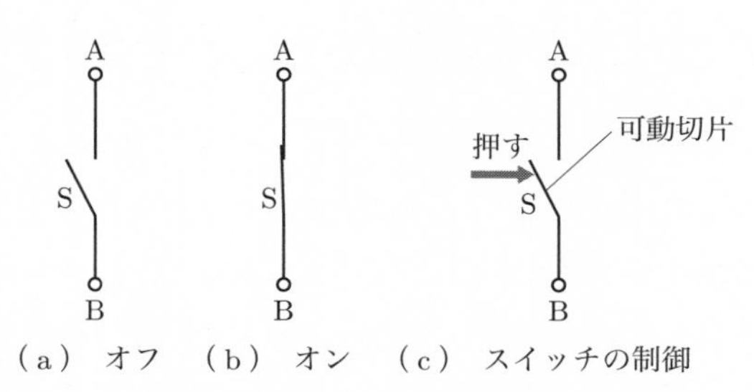

（a）オフ　（b）オン　（c）スイッチの制御

図1・1　スイッチの2値動作

スイッチのオン，オフの制御は，機械的なスイッチでは，図（c）に示すように，可動切片を押したり，引いたりすることによって行うことができる．トランジスタを用いた電子的なスイッチでは，スイッチのオン，オフの制御は，制御する端子（入力端子）に加える電圧によって行われる．

【問1・1】　スイッチにはオン，オフの2値のほかに中間の状態が存在するであろうか．

1・1・2　スイッチを用いた簡単な2値回路

図1·2は2個のスイッチ（S_1，S_2）と抵抗Rを用いた回路である．この回路の

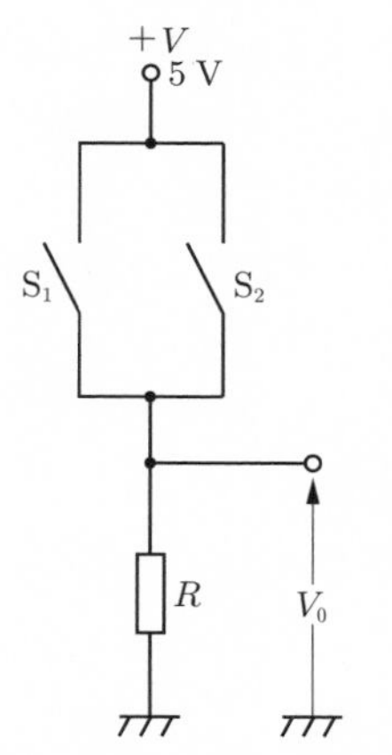

図1・2　スイッチによるOR動作

出力 V_0 は各スイッチの状態により，**表 1·1** のようになる．すなわち，S_1 “または” S_2 のいずれか一方か，あるいは両方がオンのとき，V_0 が 5 V になる．このような動作をする回路を **OR（論理和）** 回路という．

表 1・1　図 1·2 のスイッチの状態と出力

S_1	S_2	V_0
オフ	オフ	0 V
オフ	**オン**	5 V
オン	オフ	5 V
オン	**オン**	5 V

図 1·3 に示す回路では，S_1 “と” S_2 の状態により**表 1·2** 示すような出力となる．すなわち，S_1 “と” S_2 のがともにオンのときだけ，V_0 が 5 V になる．このような動作をする回路を **AND（論理積）** 回路という．

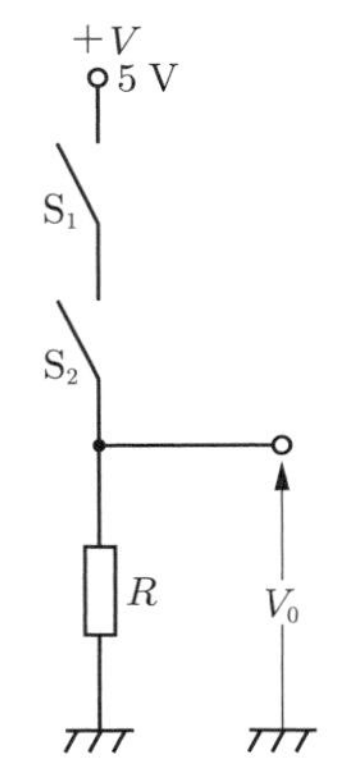

図 1・3　スイッチによる AND 動作

表 1・2　図 1·3 のスイッチの状態と出力

S_1	S_2	V_0
オフ	オフ	0 V
オフ	**オン**	0 V
オン	オフ	0 V
オン	**オン**	5 V

ここで述べた AND 回路，OR 回路は後に述べる NOT（否定）回路とともに，ディジタル回路の三つの基本回路であり，これらを組み合わせることにより，種々の機能を持つディジタル回路を構成することができる．

【問1・2】 図1·2のスイッチS_1，S_2と抵抗Rを入れ替えた回路の動作を調べ，表1·1のような表を作れ．

【問1・3】 図1·3のスイッチと抵抗を入れ替えた場合は，どうなるか．

1・1・3　MOSトランジスタの構造と動作

スイッチを電子的な部品で実現するには，トランジスタが使用される．トランジスタには，バイポーラトランジスタと電界効果トランジスタ（FET）がある．FETには，接合形とMOS形があり，ディジタル回路ではMOS形FET（以下MOSFETという）が主として用いられる．MOSFETにはn形とp形がある．詳細は電子デバイスなどの専門書に譲るとして，ここでは，ディジタル回路を理解する上で必要な基礎事項に限って，MOSFETの構造と動作について述べる．

〔1〕 nMOSFETの構造と動作

図1·4にn形MOSFET（以下nMOSFETという）の構造を示す．図（a）は平面図，（b）は平面図のa–bで切り開いた断面図である．図に示すように，p形シリコン半導体（p基板）に二つのn形領域を微少な間隔L（20 nm〜1 μm）で配置し，この二つのn領域の間を図（a）に示すように，絶縁膜（酸化シリコン）で覆う．さらにその絶縁膜の上に金属膜を貼り付けた構造となっている．

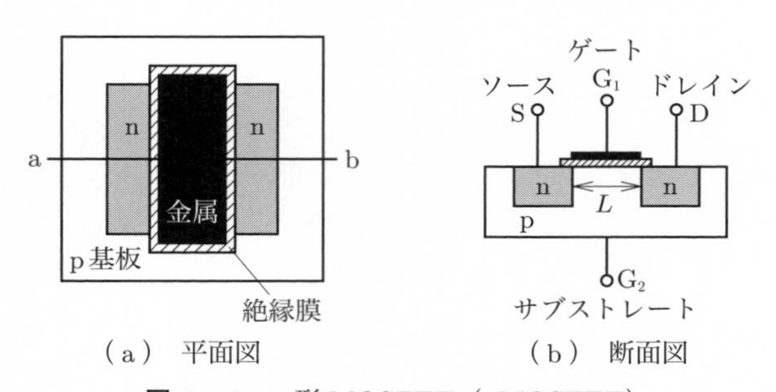

（a）　平面図　　（b）　断面図

図1・4　n形MOSFET（nMOSFET）

二つのn形の領域をそれぞれ，**ソース**（S），**ドレイン**（D），金属膜を**ゲート**（G_1）という．また，p基板を**サブストレート**（G_2）という．すなわちnMOSFETはS，D，G_1，G_2の4つの端子を持つ素子である．G_1の下側は上から金属（Metal），酸化膜（Oxide），半導体（Semiconductor）となっており，各部分の英語の頭文字をとって**MOS**という名前がついている．

D–S間は，n-p-nの構造となっており，D–S間に電圧をかけた場合，ドレイン側，あるいはソース側のいずれかが p-n 接合の逆方向電圧となり，D–S 間には電流が流れない．いま，**図 1･5** に示すように，G_1 が正になるように電圧 V_G をかけ，その他の端子は接地した場合を考えてみよう．G_1 は絶縁されているため，端子 G_1 には電流が流れない．ゲートの絶縁膜の直下の p 形領域は，正電圧 V_G により正電荷を持つホールはゲート電極より遠ざけられ，負電荷を持つ p 型領域の少数キャリアである電子が引き寄せられる．

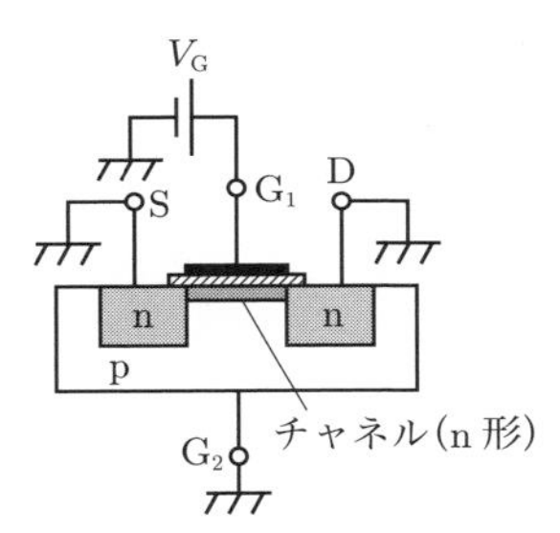

図 1・5 nMOSFET チャネル形成

これにより，ゲート電極の直下のドレインとソースの間に，図 1･5 に示すように n 形の層が形成され，ドレインとソースが n 形の半導体で結合される．p 形半導体中にできたこの n 形の層を n 形**反転層**といい，D–S 間に電圧をかけると，n 形反転層を通して D–S 間に電流が流れる．この電流通路を**チャネル**という．チャネルの厚さは，ゲートの電圧 V_G により制御される．図 1･5 のチャネルは n 形であるため，これを n チャネル MOSFET（nMOSFET）という．

〔2〕 pMOSFET の構造と動作

nMOSFET の p 形半導体と n 形半導体を入れ替えると，**図 1･6** に示す p 形 MOSFET（pMOSFET）が得られる．ゲート G_1 に負の電圧を印加すると，ゲー

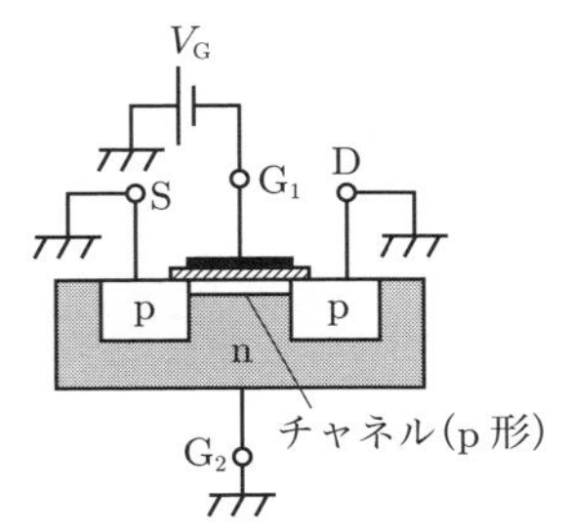

図 1・6 p 形 MOSFET（pMOS）

トの直下にp形反転層（pチャネル）が形成され，ドレインDとソースSの間がp形半導体で結ばれ，電流の通路が形成される．

〔3〕 MOSFETの電圧電流特性

MOSFETに**図1·7**のように，直流電圧をかけた場合の電圧電流特性について調べてみよう．ゲートG_1は酸化膜により絶縁されているため電流I_Gは流れない．一方，ドレイン電流I_Dはチャネルを通して流れる．このとき，V_{DS}を一定としてV_{GS}とI_Dの関係を示すと，**図1·8**（a）のようになる．V_Tはチャネルが形成され，ドレイン電流が流れ始める電圧で，この電圧を**しきい電圧**（あるいは，**しきい値電圧**）という．V_Tは1〜3V程度の電圧である．V_{GS}がV_Tと$V_{GS}=V_{DS}+V_T$の間では，I_DはV_{GS}の2乗に比例し，それ以降は直線的に増加する特性となる．

図1·8（b）はV_{GS}を一定にして，I_DとV_{DS}の関係を表したものである．図の点線は$V_{DS}=V_{GS}-V_T$を示す曲線で，この線を境界として，MOSFETは**線形**

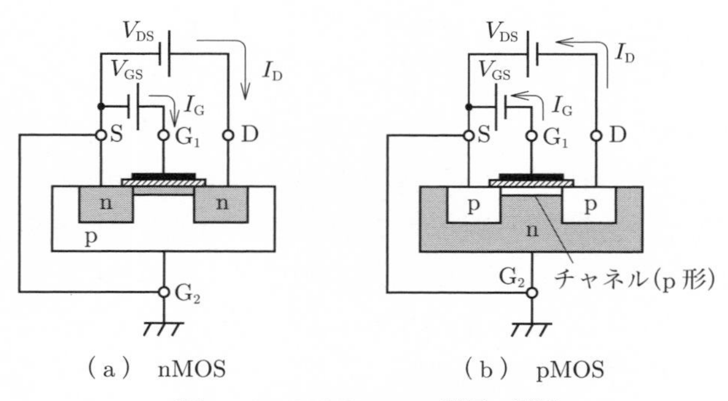

（a） nMOS　　（b） pMOS

図1·7　MOSFETの電圧，電流

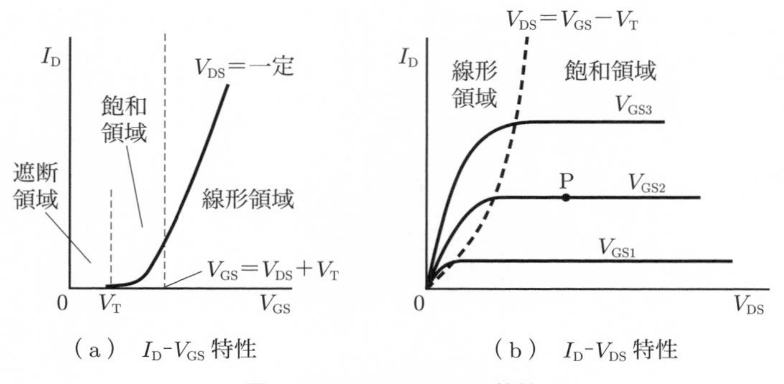

（a） I_D-V_{GS}特性　　（b） I_D-V_{DS}特性

図1·8　MOSFETの特性

領域と**飽和領域**に分けられる．線形領域では，I_{D} はほぼ V_{DS} に比例して増加し，D–S 間は一種の抵抗とみなすことができる．一方，飽和領域では，I_{D} は V_{DS} に依存せず一定となっている．MOSFET をスイッチとして使用する場合は，線形領域で動作させ，また，アナログ回路の増幅器として使用する場合は，飽和領域で動作させる．

〔4〕 MOSFET の図記号

回路図を描くときに使用される MOSFET の図記号を**図 1·9** に示す．nMOSFET と pMOSFET は，サブストレート G_2 の矢印で区別される．サブストレート G_2 は，ソース S に直接接続して使用することが多い．

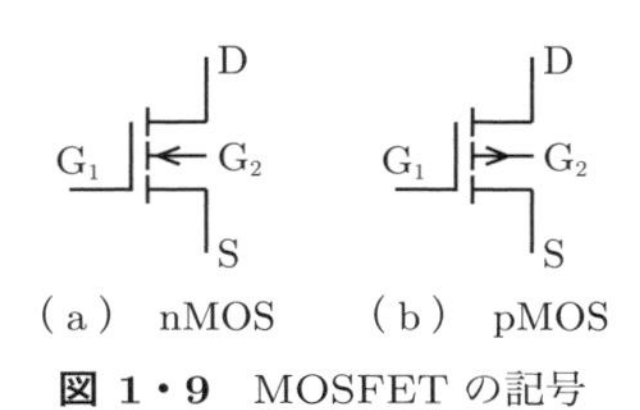

図 1・9　MOSFET の記号

1・1・4　MOSFET によるアナログ回路と 2 値回路

MOSFET をアナログ信号増幅用に使用する場合と，2 値のスイッチとして使用する場合の基本的な違いは，直流バイアスが必要か否かである．

〔1〕 nMOSFET 増幅回路のバイアスと信号

図 1·10 は nMOSFET に直流電圧をかけ，正弦波信号 v_1 を入力したアナログ

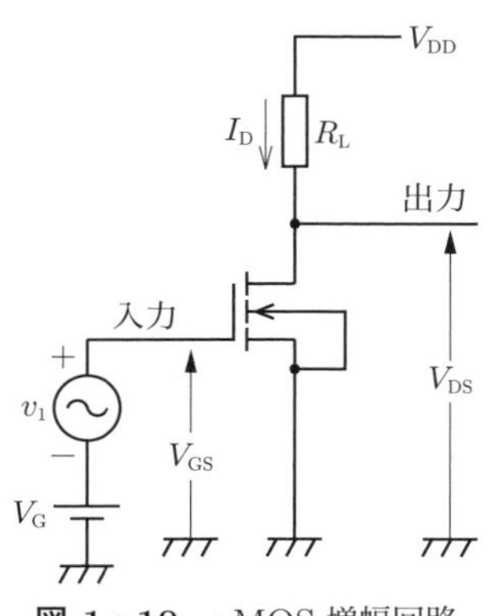

図 1・10　nMOS 増幅回路

増幅回路である．V_G，V_{DD} の二つの電源により，ゲートおよびドレインに電圧をかけている．サブストレート G_2 は通常ソースに接続して使用する．$v_1 = 0$ として直流分に着目すると，次の式が成立する．

$$V_{DS} = V_{DD} - R_L I_D \tag{1・1}$$

I_D を V_G によって調整し，I_D，V_{DS} を図1·8（b）の飽和領域内に設定する（たとえば図（b）のP点）．このとき設定された直流電圧，電流を**バイアス**という．この状態で増幅したい信号 v_1（図では正弦波）を入力すると V_{GS}，V_{DS} の波形は**図1·11** に示すようになる．信号成分はバイアス電圧，電流を中心として変化し，ドレイン側ではその変化分 v_2 の振幅が v_1 の振幅より大きくなる．これがアナログ信号の増幅の原理である．

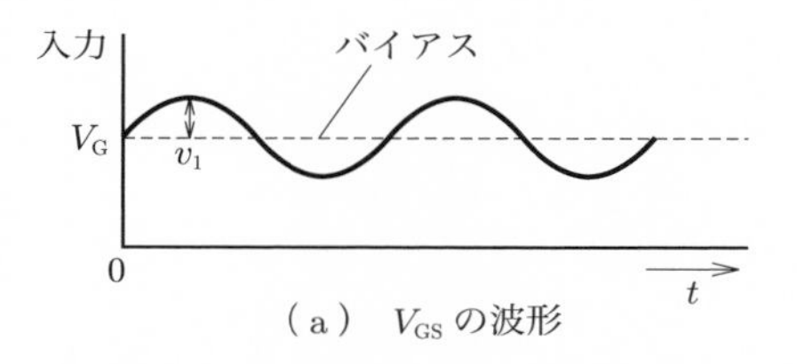

（a） V_{GS} の波形

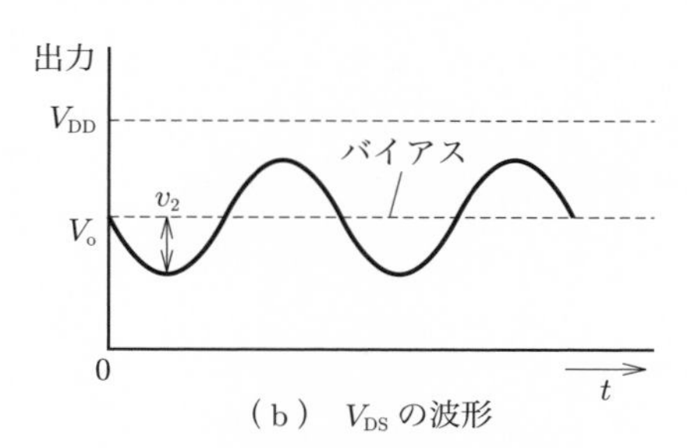

（b） V_{DS} の波形

図 1・11 増幅回路の入出力波形

アナログの増幅回路では，バイアスの設定はきわめて重要であるが，2値回路ではバイアスという考え方はなく，動作は簡単である．

〔2〕 nMOSFETのスイッチ動作

図1·12 は図1·10の V_G と v_1 を取り除き，スイッチSWを接続した回路である．SWをL側に接続するとゲート電圧は0になり，ドレイン電流 I_D は流れない．この状態をMOSFETがオフしているという．$I_D = 0$ を式（1·1）に代入すると

$$V_{\mathrm{D}} = V_{\mathrm{DD}} \tag{1・2}$$

となり，V_{D} は電源電圧に等しくなる．

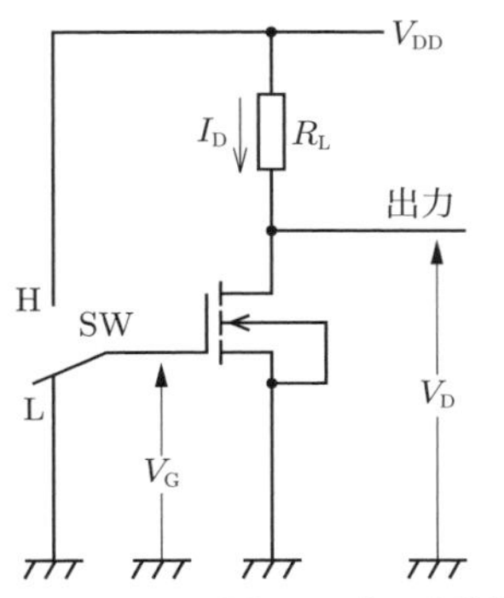

図 1・12 nMOS のスイッチ動作

つぎに，SW を H 側に接続すると，nMOSFET のドレイン–ソース間にチャネルが形成され，ドレイン電流 I_{D} が流れる．このとき，R_{L} の電圧降下により $V_{\mathrm{D}} < V_{\mathrm{G}}$（$= V_{\mathrm{DD}}$）となるから，nMOSFET は線形領域にあり，チャネルは抵抗とみなすことができる．したがって，ドレイン電流は

$$I_{\mathrm{D}} = \frac{V_{\mathrm{DD}}}{R_{\mathrm{L}} + R_{\mathrm{on}}} \tag{1・3}$$

となる．ただし，R_{on} はドレイン–ソース間の抵抗で，これを nMOSFET の**オン抵抗**という．オン抵抗 R_{on} は R_{L} に比較し十分に小さいため

$$V_{\mathrm{D}} \approx 0 \tag{1・4}$$

となり，D–S 間は短絡とみなすことができる．この状態を MOSFET がオンしているという．

SW を L 側，H 側へ交互に切り換えると，V_{G} は**図 1·13**（a）のように変化して nMOSFET のスイッチのオン，オフ動作を制御する．その結果，V_{D} は図 1·13（b）に示すような波形となり，図 1·12 の nMOSFET は 2 値の動作をしていることがわかる．

〔3〕 pMOSFET のスイッチ動作

図 1·7 に示したように，pMOSFET は nMOSFET とは電圧，電流の向きが逆であるため，pMOSFET では，図 1·7（b）に示したように，ゲートの電位をソー

スの電位より低くする必要がある．そのため，**図 1·14** に示すように，ソースを正電源に接続して使用する．

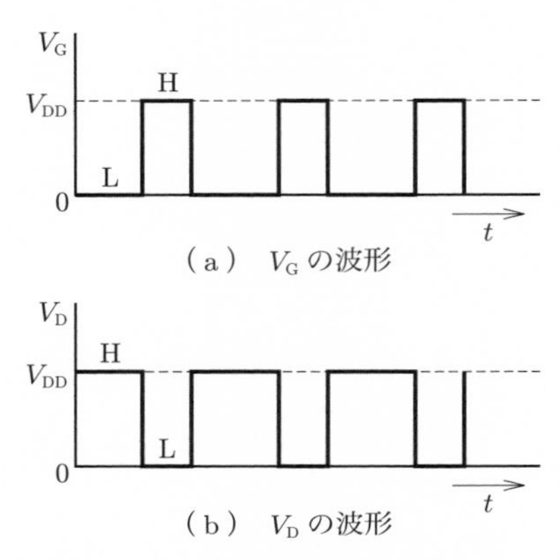

（a）　V_G の波形

（b）　V_D の波形

図 1・13　nMOS のオン–オフ動作

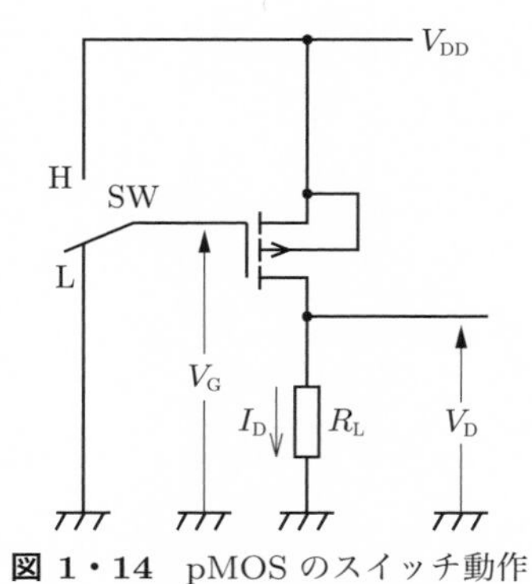

図 1・14　pMOS のスイッチ動作

スイッチ SW を L 側に接続すると，pMOSFET はオンしてドレイン電流 I_D が流れる．pMOSFET のオン抵抗が R_L に比較して十分に小さいとすると，V_D はほぼ V_{DD} に等しくなる．SW を H 側に切り換えると，pMOSFET はオフして，ドレイン電流が流れなくなり，$V_D = R_L I_D \approx 0$ となる．したがって，SW を L 側，H 側へ交互に切り換えると，nMOSFET の場合と同じく，V_D は図 1·13 に示すように 2 値のスイッチとして動作をする．

〔4〕　2 値状態の表し方

図 1·12，1·14 の SW，V_G，V_D には**表 1·3**（a）のような関係がある．電圧 V_{DD}

はいろいろな値をとり得るが，2 値回路では V_{DD} の絶対値は重要ではなく，ほかの電圧より高いか否かに意味がある．

表 1・3　スイッチ回路の状態の表し方

SW	V_G	V_D
L	0	V_{DD}
H	V_{DD}	0

（a）電圧による表示

V_G	V_D
0	1
1	0

（b）1, 0 による表示

そこで，電圧が高い方（H）を数字の 1 に，低い方（L）を 0 に対応させると表 1･3（b）が得られる．これにより，種々の 2 値回路の状態を 1，0 だけで表すことができ，表が簡単になる．このように，2 値回路の状態を 1，0 で表し，入力と出力の関係を示した表を**真理値表**という．

図 1･12，図 1･14 の回路で，MOSFET の状態を変化させるために V_G を入力し，その入力 V_G により出力 V_D が変化しているとみなすと，表 1･3（b）よりわかるように，入力と出力の H，L が反対の状態となっている．このような動作をする 2 値回路を **NOT（否定）**回路という．NOT 回路は入力と出力が反転しているため，NOT 回路を**インバータ**ともいう．

【問 1・4】　図 1･12 のスイッチを**図 1･15** のように，2 段接続した回路の出力波形を描け．ただし入力波形は図 1･13（a）とする．

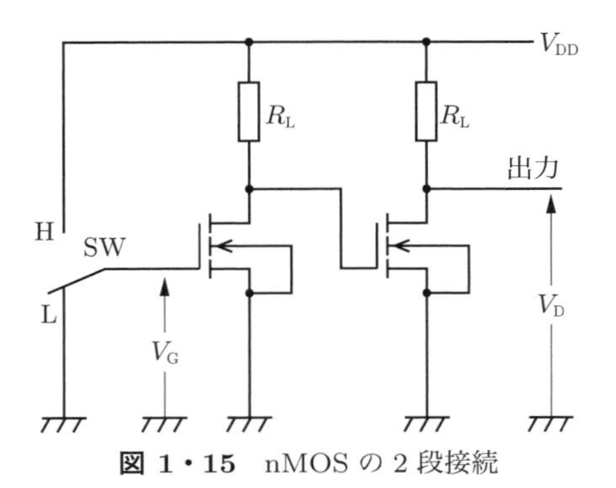

図 1・15　nMOS の 2 段接続

【問 1・5】　図 1･12 の回路で，$R_L = 5\,\mathrm{k\Omega}$，$V_{DD} = 5\,\mathrm{V}$ として，SW が H 側に接続されて，nMOSFET がオンしたときのドレイン電流 I_D を求めよ．ただし，nMOSFET のオン抵抗は R_L に比較して十分に小さく，無視できるものとする．

1・2　バイポーラトランジスタの2値動作

1・2・1　バイポーラトランジスタの特性

バイポーラトランジスタには，npn形とpnp形があり，**図1·16**にその図記号を示す．また，**図1·17**にバイポーラトランジスタの構造を示す．図1·17はnpn形であるが，pnp形はnとpをすべて入れ替えた構造となる．図に示すようにバイポーラトランジスタは，ベース，コレクタ，エミッタの3つの端子を持ち，それぞれMOSFETのゲート，ドレイン，ソースに対応する．各端子間の電圧，電流を図1·16のように定めると，各電圧，電流は**図1·18**に示す特性曲線で表すことができる．

V_{BE}とI_Eの関係（図1·18左側）では，ある程度の電流I_E（数mA）が流れて

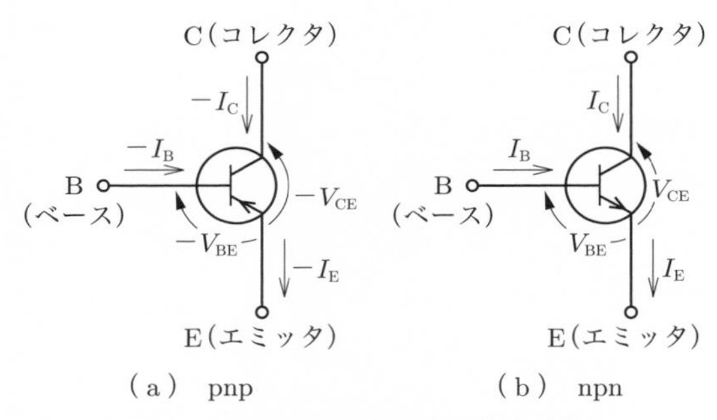

図1・16　トランジスタの電圧，電流

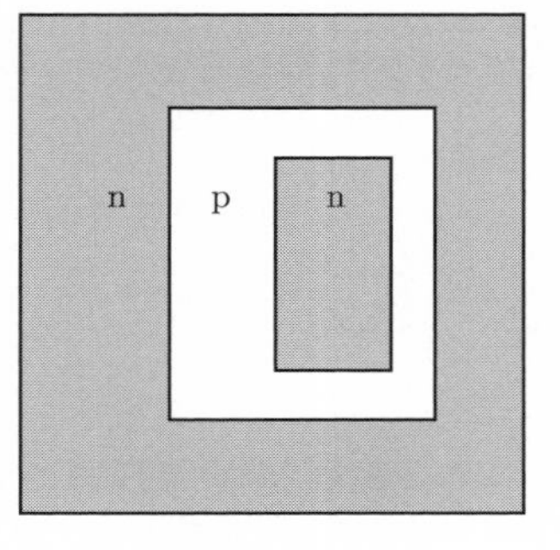

（a）　平面図

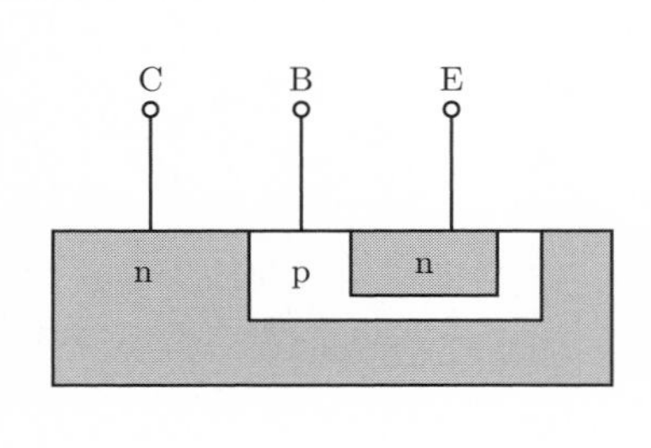

（b）　断面図

図1・17　バイポーラトランジスタの構造

いるときは，ベース–エミッタ間の電圧 V_{BE} はほぼ一定（0.6～0.7 V）となっていることがわかる．ベース–エミッタ間に電圧をかけて電流（ベース電流）I_B を流すと，コレクタ電流 I_C が I_B に比例して流れる．このとき

$$I_C = H_{FE} I_B \tag{1・5}$$

と表され，H_{FE} を電流増幅率という．H_{FE} は 50～500 程度の値である．

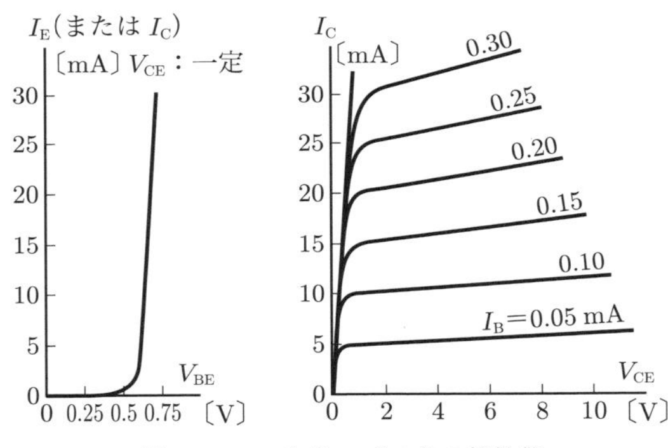

図 1・18 トランジスタの特性例

MOSFET は，ゲートの電圧でドレインの電流を制御する電圧制御形のトランジスタであるが，バイポーラトランジスタは，ベースに流した電流によりコレクタの電流を制御する電流制御形のトランジスタである．MOSFET はゲートに電流が流れないため，入力側では電力を消費しない．一方，バイポーラトランジスタはベースに電流を流して使用するため，入力側でも電力を消費し，MOSFET に比較して消費電力が多くなる．

1・2・2 バイポーラトランジスタの2値動作

図 1・19 は，図 1・12 の MOSFET によるスイッチ回路と同等の働きをする回路をバイポーラトランジスタにより実現した回路である．ベース電流 I_B は

$$I_B = \frac{V_B - V_{BE}}{R_B} \tag{1・6}$$

となる．ただし V_{BE} は，バイポーラトランジスタのベース–エミッタ間の電圧で，図 1・18 に示すように I_C の値によらずほぼ一定の電圧で

$$V_{BE} \approx 0.6 \sim 0.7\,\mathrm{V} \tag{1・7}$$

である．また，$V_B < V_{BE}$ では I_B は流れない．

コレクタ–エミッタ間の電圧 V_{CE} は

$$V_{CE} = V_{CC} - R_L I_C = V_{CC} - R_L H_{FE} I_B \qquad (1\cdot8)$$

となる．V_B が0のときは I_B が流れないため，コレクタ電流 I_C も流れない．すなわち，バイポーラトランジスタはオフしている．このとき，出力の電圧は

$$V_{CE} = V_{CC} - R_L I_C = V_{CC} \qquad (1\cdot9)$$

となり，H レベルとなっている．

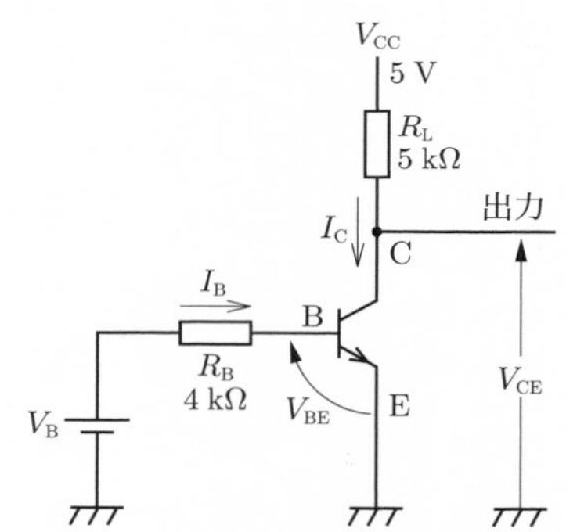

図 1・19　バイポーラトランジスタのスイッチ動作

V_B を徐々に増加して I_B を大きくしていくと，式 (1·8) よりわかるように V_{CE} は低下する．V_{CE} は負にはならないため，ほぼ0Vで電圧の低下は停止し，それ以上 I_B を流しても 0V の状態を保つことになる．これをバイポーラトランジスタが飽和しているという[1)]．このとき出力はLレベルとなっていて，トランジスタがオンした状態である．

このように，バイポーラトランジスタのベースの電圧をHレベル，Lレベルと変化させると，バイポーラトランジスタはオン，オフのスイッチ動作をし，その入出力波形は**図 1·20** のようになり，MOSFET の図 1·13 と同じである．すなわち NOT 回路となっている．

【問 1・6】　図 1·19 で，バイポーラトランジスタを飽和させるために必要な最小のベース電流 I_B はいくらか．ただしバイポーラトランジスタの電流増幅率は，

1)　バイポーラトランジスタが飽和しているときのコレクタ–エミッタ間の電圧を**飽和電圧**といい，0.2 V 程度の電圧である．

$H_{FE}=100$ とする．またバイポーラトランジスタの飽和電圧は，0.2 V とする．

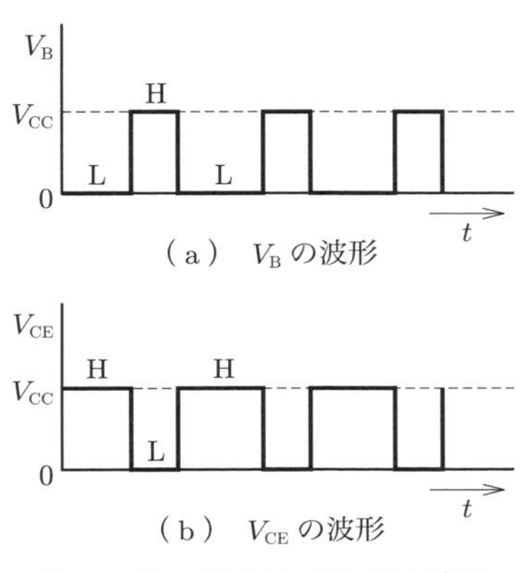

図 1・20　図 1·18 の入出力波形

1・3　基本的な３種の２値動作回路

AND，OR，NOT の３種の２値回路はディジタル回路の基本的な構成回路であり，複雑な２値動作をするディジタル回路も，これらの基本的な２値動作回路の組合せで構成されている．

1・3・1　３種の２値回路の真理値

〔１〕 AND 回路

AND 回路は，図 1·3 に示したように，基本的には二つのスイッチを直列に接続して実現される．このスイッチをトランジスタにより構成し，各トランジスタのオン，オフを制御して AND 動作をさせる．この二つのスイッチを制御する電圧を V_1，V_2 とし，出力電圧を V_O とすると，AND 回路は**図 1·21** のような３端子回路として表現できる．

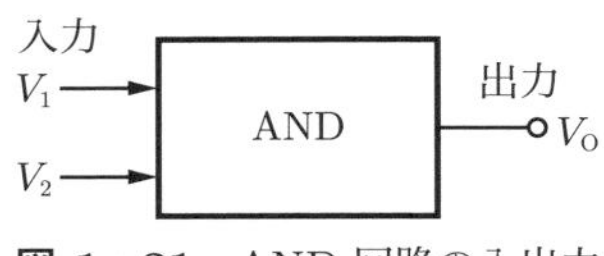

図 1・21　AND 回路の入出力

図1･21の各端子の電圧を高（H），低（L）で表すと，入力のH，Lの組合せにより，AND回路の出力は**表1･4**（a）のようになる．すなわち，二つの入力がともにHのときだけ，出力がHになる．いま，表1･4（a）で

$$\left.\begin{array}{l} \mathrm{H} \to 1 \\ \mathrm{L} \to 0 \end{array}\right\} \tag{1・10}$$

と置き換えると，表1･4（b）が得られる．これがAND回路の真理値表である．

表1・4　AND回路の入出力の電圧レベルと真理値表

入力		出力
V_1	V_2	V_O
L	L	L
L	H	L
H	L	L
H	H	H

（a）AND回路の電圧レベル

V_1	V_2	V_O
0	0	0
0	1	0
1	0	0
1	1	1

（b）AND回路の真理値表

2値回路では電圧の絶対値は問題ではなく，電圧が高い，あるいは低い（多くの場合0V）かで，回路が動作している．したがって1，0だけで表現されている真理値表は，簡単で十分にその機能を表していることになる．

〔2〕 OR 回路

OR回路もAND回路と同様に，図1･21のような3端子回路である．その入出力の電圧レベルと真理値は，**表1･5**のようになり，二つの入力のいずれか一方，または両方が1のとき，出力が1になる回路である．

表1・5　OR回路の入出力の電圧レベルと真理値表

入力		出力
V_1	V_2	V_O
L	L	L
L	H	H
H	L	H
H	H	H

（a）電圧レベル

V_1	V_2	V_O
0	0	0
0	1	1
1	0	1
1	1	1

（b）真理値表

〔3〕 NOT 回路

図1･12，1･14，1･19の回路がNOT回路であることはすでに述べた．これらのNOT回路は**図1･22**に示すような1入力1出力の回路である．真理値表は**表1･6**

となり，入力と出力が常に反対の状態となっている．

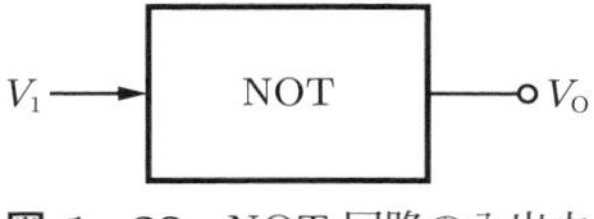

図 1・22 NOT 回路の入出力

表 1・6 NOT 回路の真理値表

V_1	V_O
0	1
1	0

【問 1・7】 図1·21のAND回路の出力にNOT回路を接続すると真理値表はどうなるか．また，OR回路の出力にNOT回路を接続した場合，真理値表はどうなるか．

1・3・2 AND 回路と OR 回路の関係

表1·4（a），1·5（a）を比較してみると，Hレベルと L レベルを入れ替えると全く同じになることに気がつく．これは，表1·4（a）がHレベルに関してAND回路の動作を示しているが，逆にLレベルに着目すると，V_1“または”V_2のいずれか一方でも“L”であれば，V_Oは“L”になるというOR回路の動作を表しているとみることができる．また，表1·5（a）では，V_1“と”V_2の両方がともに“L”のときにV_Oは“L”になり，“L”に関してAND回路の働きをしている．

このように，HレベルとLレベルを逆転して考えるとAND回路はOR回路に，OR回路はAND回路になる．これは後で述べる正論理，負論理という考え方に結びついて行く．

1・3・3 基本回路の組合せ例

NOT，AND，ORの3種の基本回路の組合せにより，種々の複雑な動作をする回路を実現できる．**図1·23**にその例を示す．二つの入力V_1，V_2の状態に応じて，図（b）に示すような出力V_{O1}，V_{O2}の状態が得られる．V_{O1}はV_1，V_2に対するAND回路である．V_{O2}はV_1，V_2の状態が不一致のときにHレベルとなる**不一致（反一致）回路**となっている．不一致回路を**Exclusive OR（排他的論理和）**回路という．

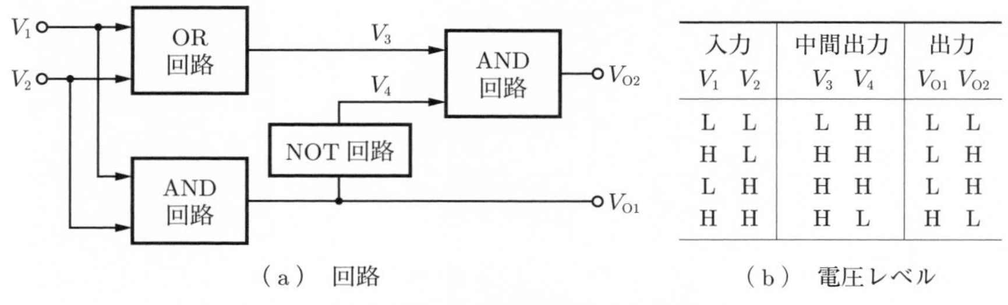

入力		中間出力		出力	
V_1	V_2	V_3	V_4	V_{O1}	V_{O2}
L	L	L	H	L	L
H	L	H	H	L	H
L	H	H	H	L	H
H	H	H	L	H	L

（a）　回路　　　　（b）　電圧レベル

図 1・23　基本回路の組合せ例

図 1·23 は次節で述べる 2 進数の加算回路の例である.

この例のように，NOT，AND，OR 回路の組合せにより種々の動作を行う回路を実現できる．しかし，同一動作を行う回路は数多くあり，ある目的に合った回路を効率良く実現するには，後章で述べるブール代数の力を借りなければならない.

1・4　2進符号による情報の表現

1・4・1　正論理と負論理

2 値回路では，電圧レベルが "H" であるか "L" であるかが重要で，電圧値自身は問題にしなかった．そこで，前節では H レベルおよび L レベルを，式 (1·10) に示すように二つの数字 1 および 0 に対応させて表 1·4，1·5 の真理値表を求めた.

式 (1·10) に示すような電圧レベルと数字 1，0 の対応関係を**正論理**という．これとは逆に

$$\left.\begin{array}{l} \text{H レベル} \longrightarrow 0 \\ \text{L レベル} \longrightarrow 1 \end{array}\right\} \qquad (1 \cdot 11)$$

で与えられる対応関係を**負論理**という.

正論理の AND 回路は，負論理では OR 回路に，また正論理の OR 回路は，負論理の AND 回路となる.

【問 1・8】　正論理の AND 回路が負論理の OR 回路であることを真理値表を書いて確かめよ.

1・4・2　2 進符号による数の表現

〔1〕　10 進数と 2 進数

数を表現する際，10 進数がもっとも広く用いられている．これは，“0”，“1”，“2”，…，“9” の 10 種類の記号で数を表す方法である[2)]．数を表すには必らずしも 10 種類の記号に限定することはない．たとえば，上記の 10 種のほかに，…，“9”，“A”，“B”，…，“Z”，…，“ア”，“イ”，… のように新しい記号を定めて，これと数を 1 対 1 に対応させることにより，数を表現できる．しかし，すべての数に 1 対 1 の記号を定めるのでは，無限個の記号が必要となってしまう．そこで限られた種類の記号を組み合わせて，数を表現することが考えられる．

10 種の記号をそれぞれ一つずつ用いて表現できる数は 10 通りであり，これを 0，1，…，9 とすると，10 以上の数は記号一つでは表現できない．そこで “桁” という考え方を導入する．記号（数字）“0”，“1”，…，“9” を数 0，1，…，9 に対応させ，10 以上の数を表す場合は，記号を並記して “10”，“11”，“12”，… と表す．これが **10 進法**であり，こうして表された数が **10 進数**である．

いま 10 進数 N を

$$N = a_n a_{n-1} a_{n-2} \cdots a_0 \tag{1・12}$$

とすると，各桁 a_i は 10^i 倍の重みを持ち

$$N = a_n \times 10^n + a_{n-1} \times 10^{n-1} + a_{n-2} \times 10^{n-2} + \cdots + a_0 \times 10^0 \tag{1・13}$$

が，N の値である．

NOT，AND，OR 回路で代表される 2 値回路は，H レベル，L レベルあるいは，これに対応する数字 “1”，“0” の 2 種の状態だけをとる．したがって，2 値回路により数を表現する場合には，数字 “0”，“1” だけを用いた数の表し方が必要になる．2 種の記号をそれぞれ一つずつ用いて表せる数は 2 通りであり，これを 0，1 とすると，2 以上の数を表すには，10 進法と同様に数字を “10”，“11”，“100” … のように並記することになる．これを **2 進符号**という．各桁は “0”，“1” の 2 種の数字だけであるから，2 進符号で数を表す場合，2 の整数乗ごとに桁が繰り上る．この数の表し方を **2 進法**といい，こうして表された数を **2 進数**という．

2)　“0”，“1”，… は数を表す記号で，数 0，1，… と区別するために “ ” を付した．

2進数 N を10進数と区別するため，添字2を付けて N_2 と書くことにする．いま，ある2進数 N_2 を

$$N_2 = (a_n a_{n-1} a_{n-2} \cdots a_0)_2 \tag{1・14}$$

とすると，各桁 a_i は 2^i 倍の重みを持ち

$$N = a_n \times 2^n + a_{n-1} \times 2^{n-1} + a_{n-2} \times 2^{n-2} + \cdots + a_0 \times 2^0 \tag{1・15}$$

が N_2 の値である．たとえば

$$N_2 = 1011_2 \tag{1・16}$$

は

$$N = 1 \times 2^3 + 0 \times 2^2 + 1 \times 2^1 + 1 \times 2^0 = 11_{10} \tag{1・17}$$

が，N_2 の（10進数で表した）値である[3]．

2進符号の1桁を**ビット**（binary digit の略）という．したがって，式（1･16）の例では4桁であるから，これは4ビットの2進数である．

【問1・9】　10進数を2進数に変換するにはどうしたらよいか，式（1･15）を参考にして考えてみよ．

〔2〕 小数の2進数による表現

1以下の小数を2進数で表す場合は，10進数の場合と同様に小数点を用いて

$$N_2 = (.a_{-1} a_{-2} \cdots a_m)_2 \tag{1・18}$$

と表す．各桁 a_{-i} は 2^{-i} の重みを持ち

$$N = a_{-1} 2^{-1} + a_{-2} 2^{-2} + \cdots + a_{-m} 2^{-m} \tag{1・19}$$

が N_2 の値である．

式（1･14）（1･18）を組み合わせて，一般に2進数 N_2 は

$$N_2 = (a_n a_{n-1} \cdots a_0 . a_{-1} a_{-2} \cdots a_{-m})_2 \tag{1・20}$$

と表現される．

3）添字10は10進数を表すが，特に混乱のおそれがない場合は省略されることが多い．

式（1･20）の2進数で，重みのより大きいビットを上位ビット，重みのより小さいビットを下位ビットという．特にもっとも大きい重みを表すビットを**最上位ビット**（式（1･20）では a_n の桁），あるいはMSBという．またもっとも小さい重みのビットを**最下位ビット**（a_{-m} の桁），あるいはLSBという．

〔3〕　負の数の2進数による表現

10進数では負の数は，記号“−”を数字の前に付けて表している．2種の記号“1”，“0”しか用いない2値回路で使用される2進数では，最上位ビットの上にさらに1ビット設け，このビットの値が0のとき正の2進数を，また1のとき負の2進数を表すものとする．このような負の2進数の表し方を，**符号付2進数**と呼ぶ．

負の数の2進数による表し方には，符号付2進数のほかに，後で述べる2進数の減算に便利な補数による方法がある．

1・4・3　数以外の情報の表現

2進符号と2進数を1対1に対応させることにより，任意の数を表現することができた．数以外の情報も，その情報と2進符号の対応を定めることにより，2進符号により表現できる．

たとえば，ある情報Aを2進符号“1101”，また，他の情報Bを“1011”に対応させるなど，異なった2進符号を割り当てればよい．この場合，2進符号が数以外の情報であることを，なんらかの方法で区別する必要がある．

【問1・10】　小学校で学ぶ漢字（1,026字）を2進符号に対応させるためには，何ビットの2進符号が必要か．

1・5　2値動作回路による2進符号の発生

図1･24は，n ビットの2進符号を，2値動作回路により発生する原理図である．2値動作回路は，2進符号のビット数と等しい出力端子を持ち，制御信号により出力電圧（$V_{n-1}, \cdots, V_1, V_0$）が，2進符号の“1”，“0”に応じて，Hレベルまたは Lレベルに設定される．この回路では，n ビットの2進符号の各ビットが同時に各出力端子より得られ，これを**並列2進符号**という．

図1･25は，一つの出力端子の電圧レベルを2進符号に応じて，制御信号により一定時間間隔で切り替えて，時間軸上に2進符号を発生する回路の考え方を示す

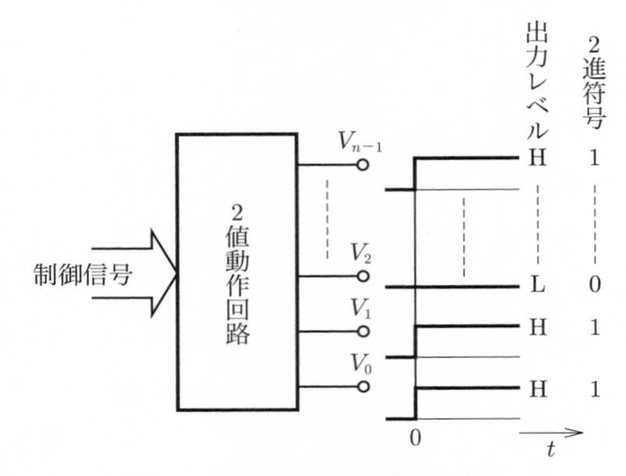

図 1・24　並列2進符号の発生

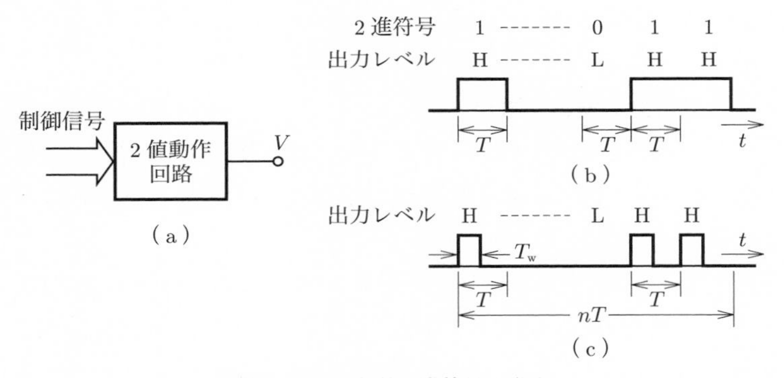

図 1・25　直列2進符号の発生

ものである．図（b）のように，一定時間 T（これを周期という）ごとに，“1”，“0” に応じて “H”，“L” が得られる．図（b）では，“H”，“H” とHレベルが続く場合，隣どうしの出力波形がつながった形となる．これを避け各ビットの対応をはっきりさせるために，図（c）に示すように，T より短い時間 T_w で，制御信号により出力をLレベルに戻す方法が多くの場合用いられる．図1･25のように時間軸上に直列に発生した2進符号を，**直列2進符号**という．

直列2進符号では，n ビットの2進符号を発生するには，nT の時間を必要とする．しかし，2進符号を伝送する場合，伝送線路が一つで良く，装置が簡単になる．

一方，並列2進符号は，短時間で2進符号が得られるが，これを伝送する場合，ビット数だけの伝送線路が必要となる．しかし，2進符号により，演算などの各種処理を行う際，各ビットが並列に処理できるため，高速の動作が期待できる．また，制御信号により，次の 2 進符号に変更しない限り，出力の状態は保たれるので，図 1･24 の並列 2 進符号の回路は，情報の**記憶**の手段として用いることができる．

図 1･25（c）のように，周期 T の一部 T_{w} の期間だけ波形が存在するとき，この波形を**パルス**という．パルスは図（c）のような矩形波ばかりでなく，三角波，正弦波，その他の波形のパルスも考えられるが，本書では矩形波のパルスを単にパルスと呼ぶことにする．

1・6　2 値動作回路の入出力パルス波形

パルス波形は理想的には，図 1･13，1.20 に示すような矩形である．このような理想的な矩形波は，きわめて高い周波数成分を含んでいる．トランジスタには処理できる周波数に上限があるため，トランジスタを用いて理想的な矩形波を生成することはできない．また，パルス波を 2 値動作回路に通すと，波形が変形したり，出力に遅れがでるなどの現象が現れる．

2 値動作回路の入力パルス波形，出力パルス波形を**図 1･26** に示す．矩形波の高周波成分が取り除かれると，パルス波形は丸みを帯びた形となる．波形の最大値を 100 % として，50 % となる時間で入力と出力を比較すると，波形の立ち上がり部分で，出力パルスは入力パルスに比較して，t_{dr} だけ遅れている．t_{dr} を立ち上がり時の**遅延時間**という．また，波形の立ち下がり時の遅延時間は t_{df} である．

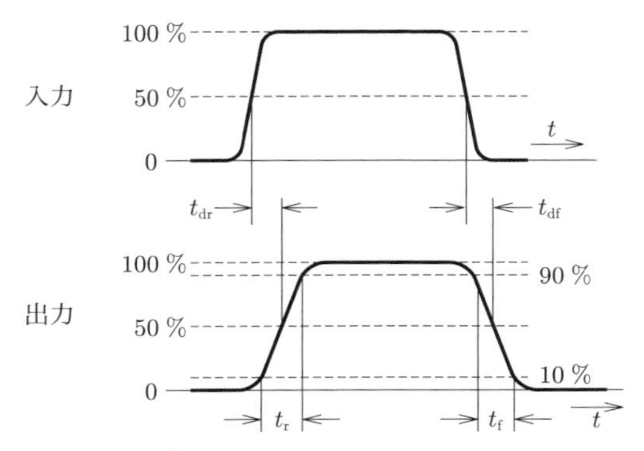

図 1・26　2 値動作回路の入出力パルス波形

t_{dr} と t_{df} は一般に等しくなく，t_{df} のほうが大きい．このため，**平均遅延時間**として，次の t_{d} が用いられることが多い．

$$t_{\mathrm{d}} = \frac{t_{\mathrm{dr}} + t_{\mathrm{df}}}{2} \tag{1・21}$$

パルス波の遅延は，トランジスタの周波数特性，配線の分布容量，分布インダクタンスなどにより生じる．また，多くの2値回路を組み合わせて使用する際，パルスの伝搬経路により遅延が異なるため，2値回路が誤動作する原因にもなる．これを**ハザード**という．

図1･26の出力波形の立ち上がり部分で，最大値の10％から90％になるまでの時間 t_{r} をパルスの**立ち上がり時間**という．また，立ち下がり部分で，最大値の90％から10％まで減少する時間 t_{f} をパルスの**立ち下がり時間**という．パルスの立ち上がり時間，立ち下がり時間は，2値回路の動作速度の限界を表しており，高速の2値回路を実現するためには，t_{r}，t_{f} の小さいトランジスタを使用する必要がある．

1・7　アナログシステムとディジタルシステム

2値動作をする回路だけで構成される回路を，**ディジタル回路**という．ディジタル回路で取り扱われる信号は，Hレベル，Lレベルの二つの値だけを有する信号で，この信号を**ディジタル信号**という[4)]．

図1･27はアナログ量を処理するシステムを，アナログ回路とディジタル回路で構成したブロック図である．

温度，圧力，その他の観測すべきアナログ量は，これらを電気信号に変換する各種センサにより，アナログ電気信号に変換される．図（a）のアナログシステムでは，このアナログ信号をそのままアナログ回路で，増幅，変換などの処理を行い，結果をアナログ信号として出力する．出力されたアナログ信号は，変換器により必要とするアナログ量に変えて目的の出力を得る．

一方，ディジタルシステムでは，センサによって得られたアナログ信号を，ディジタル信号に変換しなければならない．このとき使用される装置が**アナログ/ディ**

4)　一般にはディジタル信号は2値に限ることはなく，飛び飛びのいくつかのレベルを持つ多値ディジタル信号もあるが，多値信号を取り扱う回路は複雑になるため，あまり用いられない．また多値信号は，2進符号により2値レベルの信号に変換できるため，本書では2値レベルの信号，回路だけに限定する．

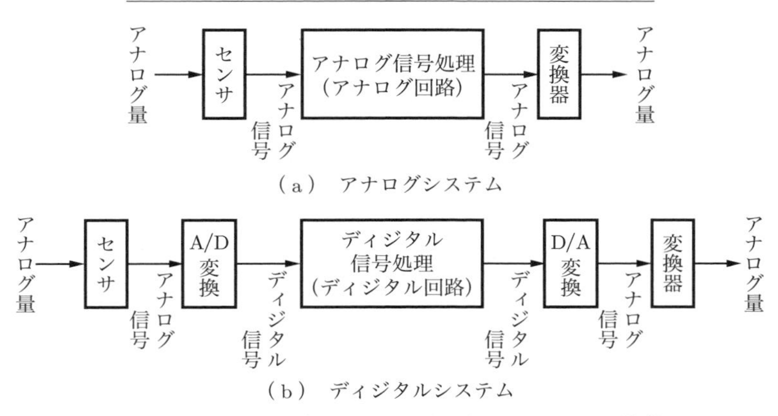

図 1・27 アナログシステムとディジタルシステムの比較

ジタル(A/D)変換回路である．こうして得られたディジタル信号は，ディジタル回路で処理されディジタル信号出力が得られる．このディジタル信号は**ディジタル/アナログ(D/A)変換回路**により，再びアナログ信号に変換され，最後の変換器により目的のアナログ量として出力が得られる．

たとえば音声の増幅を考えてみよう．この場合，センサは音声を電気信号に変えるマイクロホンである．マイクロホンの出力はアナログ信号であり，アナログシステムの場合は，トランジスタなどの増幅器によって増幅(定数倍)される．増幅器の出力信号は電気/音響変換器であるスピーカを通して，アナログ量である音声として出力される．一方，ディジタルシステムでは，A/D 変換回路によりディジタル信号に変換された信号は，ディジタル回路で増幅に相当するディジタルの演算(定数倍の乗算)が行われた後，D/A 変換回路によりアナログ信号となり，スピーカを通して音声になる．

このように，同じアナログ量を処理するには，ディジタルシステムはアナログシステムに比較して一般に複雑になる欠点がある．しかし，精度の高い信号処理を行う場合，ディジタルシステムでは信号および演算のビット数を増加させることにより，容易に信号処理の精度を高めることができる．アナログシステムでは，アナログ回路の素子値，トランジスタのパラメータ値などの精度が，信号処理の精度を決定し，これらの値には注意深く設計しても 0.1％程度の誤差は含まれてしまう．また，アナログシステムは温度，湿度，電源電圧の変化，構成素子の経年変化などのため，高精度を維持することが困難である．

一方ディジタル回路では，H レベル，L レベルだけ判断できればよいため，構成素子に高精度性が要求されず，また環境の変化に対しても影響がない．さらに，雑音が混入した場合にもこれを除去でき，惑星探査機にみられるように，微弱な信号から元の信号が復元され，鮮明な写真が得られるのも，ディジタル信号処理によるものである．

【問 1・11】 誤差を 0.1 % 以内に抑えるには，何ビットあればよいか．

演 習 問 題

1・1　図 1·28 は nMOSFET を接地側に配置した 2 値回路である．出力電圧 V_O の最大値と最小値を求めよ．ただし，nMOSFET のオン抵抗は R_L に比較して十分に小さいとする．

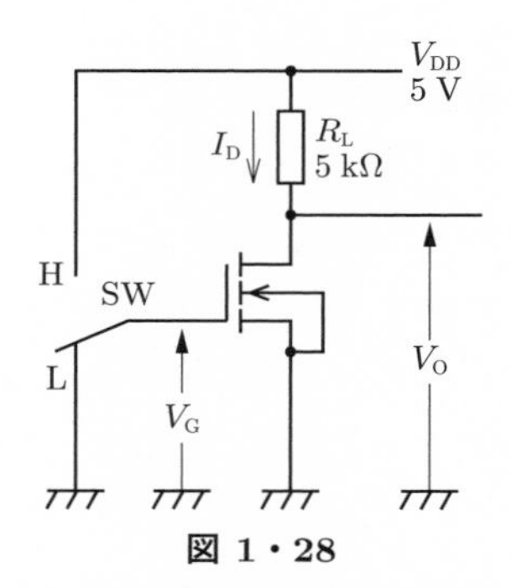

図 1・28

1・2　図 1·29 は図 1·28 の nMOSFET を電源側に接続した回路である．この回路の出力電圧 V_O の最大値，最小値を求めよ．ただし，nMOSFET のしきい電圧を $V_T = 1\,\mathrm{V}$

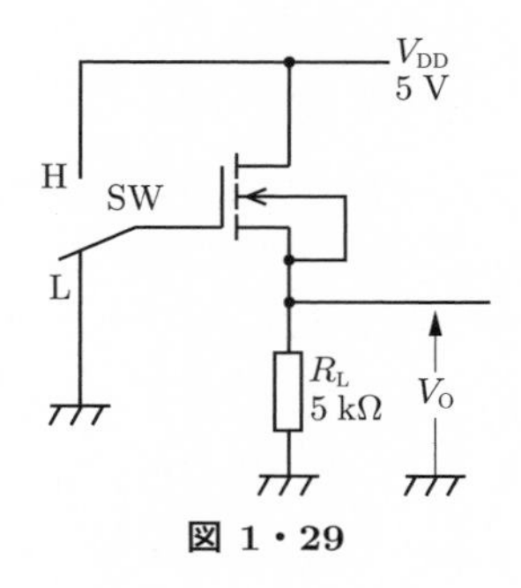

図 1・29

とする.

1・3　**図 1·30** は pMOSFET の 2 値回路である．この回路の出力 V_O の最大出力電圧の最大値と最小値を求めよ．ただし $V_T = 1\,\mathrm{V}$ とする.

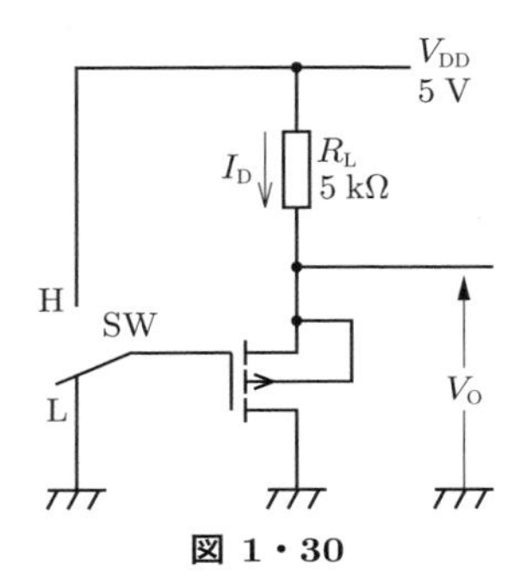

図 1・30

1・4　**図 1·31** は図 1·29 を 2 段接続した回路である．この回路の出力電圧 V_O の最大値と最小値を求めよ．ただし $V_T = 1\,\mathrm{V}$ とする.

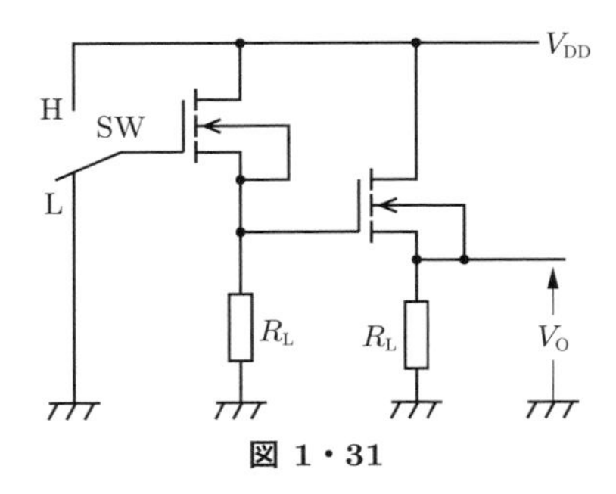

図 1・31

1・5　**図 1·32** は nMOSFET による NOT 回路の負荷として，コンデンサ C を接続した回路である.

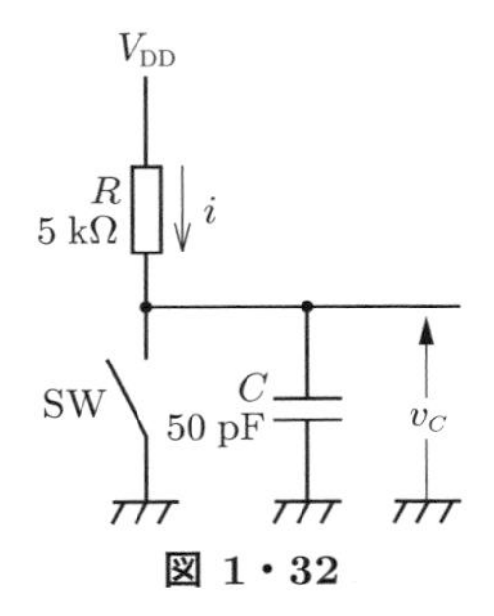

図 1・32

（1） スイッチが開いた状態で，電源電圧，抵抗の電圧，コンデンサの電圧に関して，i を時間変数として，方程式（積分方程式）をたてよ．

（2） （1）で求めた方程式を解き，コンデンサ C の電圧を求めよ．

（3） スイッチ SW がオン（短絡）からオフ（開放）に切り換わってから，C の電圧が V_{DD} の 70% に達するまでの時間を求めよ．

（4） SW がオフになってから十分に時間が経過し，C の電圧が V_{DD} に充電されている状態で SW を閉じた後，C の電圧が V_{DD} の 20% に低下するまでの時間を求めよ．ただしスイッチ SW のオン抵抗は 10 Ω とする．

1・6 **図 1·33** の回路で，バイポーラトランジスタを飽和させるには，V_1 はいくら必要か．ただしバイポーラトランジスタの飽和電圧は $V_{\mathrm{CE}} = 0.1\,\mathrm{V}$，ベース–エミッタ間電圧は $V_{\mathrm{BE}} = 0.7\,\mathrm{V}$ とし，電流増幅率は $H_{\mathrm{FE}} = 100$ とする．

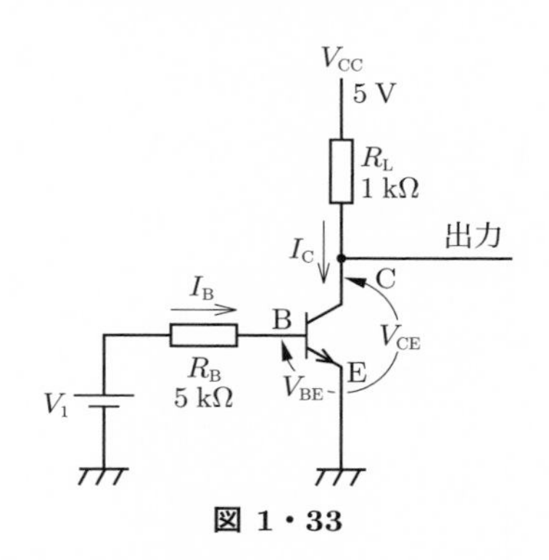

図 1・33

1・7 図 1·23 を参考にして，入力 V_1 と V_2 のレベルが一致したとき，出力が H レベルとなる回路（**一致回路**）を考えよ．

1・8 次の 10 進数を 2 進数で表せ．

（1）5　（2）10　（3）20

（4）40　（5）5×2^n

第 2 章

ディジタル回路の論理関数による表現

2 値動作のディジタル回路の特性は，真理値表を使って表現できることを前章で述べた．真理値表は入力の状態の組合せと，出力の状態の関係を示す表で，回路が与えられれば直ちに書くことができる．しかし，ある目的の 2 値動作をさせるための真理値表が与えられた場合，ディジタル回路をどのように構成すればよいのであろうか．真理値表から直接回路が実現できるのは非常にまれである．まず，与えられた真理値表を式（論理式）で表現し，この式を回路が簡単になるように変形して回路を実現する方法が行われる．このとき，ブール代数の性質が用いられる．

本章では，論理式の導出とブール代数の性質について述べる．

2・1　3 種の基本論理式

1·3 節でディジタル回路の 3 種の基本回路（NOT 回路，AND 回路，OR 回路）について述べた．本節ではこの 3 種の基本回路の動作を表す式を定義する．

2・1・1　論理関数と論理式

二つの状態 “1” または “0” をとる変数 A，B，C，$\ldots$ と，これらの変数と変数とを関係づけるいくつかの記号を用いて表現される関数 $f(A, B, C, \ldots)$ を**論理関数**という．たとえば

$$f(A, B) = A + B \qquad (2 \cdot 1)$$

で表される $f(A, B)$ は論理関数の一種であり，A，B は変数，$=$，$+$ は記号である．

論理関数に用いられる変数 A，B，C，$\ldots$ を**論理変数**，また論理関数に用いられる記号を**論理記号**という．ただし $=$ は，右辺と左辺が等価であることを示す記

号で，通常論理記号には含めない．式（2·1）の右辺のように，論理変数および論理記号で表した式を**論理式**という．

2・1・2　基 本 演 算

NOT 回路，AND 回路，OR 回路の表す基本的な論理式について説明する．

〔1〕 NOT 回路の論理式

表 2·1 は NOT 回路の真理値表である．この真理値表に従う変数 A の論理関数 $f(A)$ を

$$f(A) = \overline{A} \qquad (2 \cdot 2)$$

と表す．$\overline{A}$ を A の **NOT**（**否定**）という．$\overline{\ }$ は NOT 演算を表す論理記号である．

表 2・1　NOT 回路の真理値表

A	$f(A)$
0	1
1	0

〔2〕 AND 回路の論理式

表 2·2 は AND 回路の真理値表である．この表により値が定義される 2 変数 A，B の論理関数 $f(A, B)$ を

$$f(A, B) = A \cdot B \qquad (2 \cdot 3)$$

と表し，$A \cdot B$ を A，B の **AND**（**論理積**）という．$\cdot$ は AND 演算を表す論理記号である．$A \cdot B$ の論理記号 $\cdot$ は省略されることもあり，混乱のおそれのないときは，単に AB と書くことが多い．また

表 2・2　AND 回路の真理値表

A	B	$f(A, B)$
0	0	0
0	1	0
1	0	0
1	1	1

$$f(A, B, C, \ldots) = A \cdot B \cdot C \cdot \ldots \qquad (2 \cdot 4)$$

のように，n 個の変数の AND もあり，すべての変数が 1 のときだけ，$f(A, B, C, \ldots)$ は 1 となる．

〔3〕 OR 回路の論理式

表 2·3 は OR 回路の真理値表である．このとき，2 変数 A，B の論理関数 $f(A, B)$ を

$$f(A, B) = A + B \qquad (2 \cdot 5)$$

表 2・3　OR 回路の真理値表

A	B	$f(A, B)$
0	0	0
0	1	1
1	0	1
1	1	1

と表し，$A+B$ を A，B の **OR**（**論理和**）という．$+$ は OR 演算を表す論理記号である．n 変数の OR も考えることができ

$$f(A,B,C,\ldots)=A+B+C+\cdots \qquad (2\cdot 6)$$

と書く．この場合，すべての変数が 0 のときだけ $f(A,B,C,\ldots)$ は 0 となる．

以上の 3 種類の演算（NOT，AND，OR 演算）が，論理式で用いられる基本的な演算である．後で示すように，任意の論理関数はこの 3 種の演算を表す記号を用いて表現することができる．

NOT，AND，OR の演算には優先順序があり，AND 演算は OR 演算に先立って行われる．たとえば

$$f=A+B\cdot C \qquad (2\cdot 7)$$

の場合，$B\cdot C$ を先に求め，その結果と A の OR が f である．一般の算術演算と同様に，(　) を用いることにより，優先順序を変更することができる．たとえば

$$f=(A+B)\cdot C \qquad (2\cdot 8)$$

と表した場合，$A+B$ の演算結果と C の AND が f となる．NOT は単項の演算であるから，

$$f=\overline{A+B} \qquad (2\cdot 9)$$

のような場合は，まず $A+B$ を求めてからその結果の NOT を求めるものとする．

2・1・3　論理回路の論理式による表現

論理式を実際に実現する回路を**論理回路**という．論理回路は必ずしもダイオードやトランジスタなどを用いた電子回路で実現されるのではなく，スイッチやリレーなど機械的に動作する素子を使用しても実現できる．

NOT 回路，AND 回路，OR 回路の 3 種の論理回路を基本論理回路という．

基本論理回路の組合せで構成されている論理回路は，比較的容易にその回路から直接論理関数を書くことができる[1]．たとえば，**図 2·1** に示される回路では，出力 $f(A,B,C)$ は f_1 と f_3 の OR であるから，

1)　出力が入力へ戻るような構造の回路（5 章で述べるフリップフロップなど）は除く．

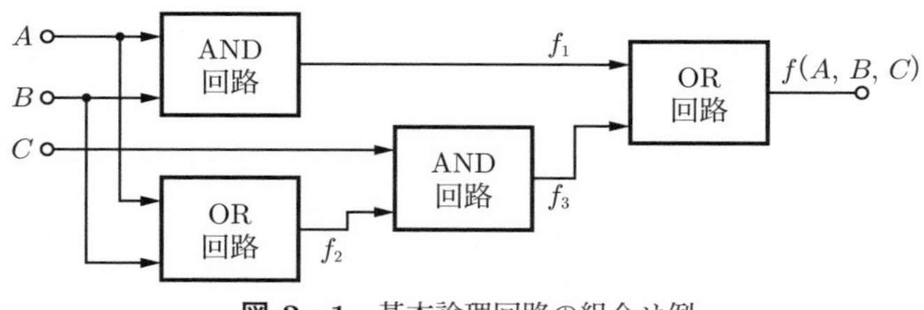

図 2・1 基本論理回路の組合せ例

$$f(A, B, C) = f_1 + f_3 \tag{2・10}$$

また

$$\left.\begin{aligned} f_1 &= A \cdot B \\ f_3 &= C \cdot f_2 = C \cdot (A + B) \end{aligned}\right\} \tag{2・11}$$

であるから，式（2･10）に代入すると

$$f(A, B, C) = A \cdot B + C \cdot (A + B) \tag{2・12}$$

と書き表すことができる．

論理関数が得られれば，論理回路の真理値表も，その論理関数の変数に 0，1 の値を代入することによって求めることができる．

【問 2・1】 式（2･12）より，図 2･1 の真理値表を求めよ．

2・1・4 論理式の基本論理回路による実現

後で述べるように，論理関数は，NOT，AND，OR の 3 種の演算を用いて表現できるから，論理式が与えられれば論理回路を直ちに，基本論理回路の組合せにより構成できる．たとえば

$$f = (A + B) \cdot \overline{A \cdot B} \tag{2・13}$$

の実現を考えてみよう．式（2･13）は，$A + B$ と $A \cdot B$ の NOT との AND が f であることに注意すると，**図 2･2** の論理回路が得られる．

論理関数が与えられた場合，これを実現する回路は一種類だけではなく，数多くの等価な論理回路がある．これはある論理関数を表す論理式が与えられたとき，適当な法則に従って論理式を変形することにより，種々の等価な論理式が得られることによっている．

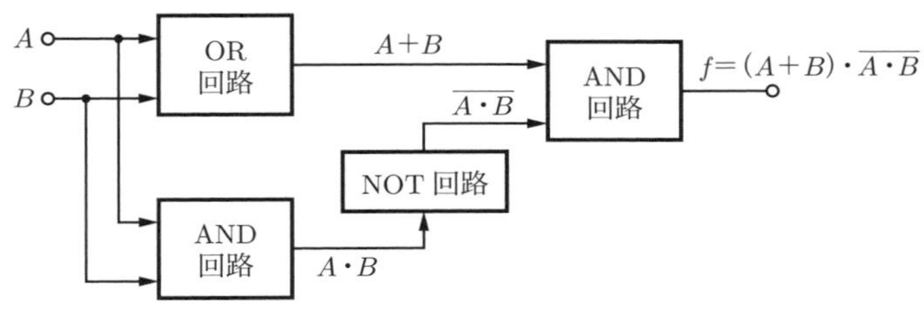

図 2・2　式（2·13）を実現する論理回路

論理式の変形には，次項で述べるブール代数の諸性質が用いられる．

2・2　ブール代数と論理関数

与えられた論理関数を実現する際，回路素子数を削減し，回路の規模を小さくすることは重要である．論理式を変形し，より簡易な形あるいは実現しやすい回路形式を得るには，ブール代数の考え方が有効である．

2・2・1　ブール代数

まず，**ブール代数**を定義しておこう．いま集合 L が与えられ，その任意の二つの元（要素）A，B に対し，2 種の演算・，＋が定義されているとき，$A\cdot B$，$A+B$ は L の元であり，次の公理が成立するものとする．ただし，A，B，C は L の元とする．

【公理 1】　$A\cdot B=B\cdot A$

$A+B=B+A$

これを**可換則**という．

【公理 2】　$A\cdot(B\cdot C)=(A\cdot B)\cdot C$

$A+(B+C)=(A+B)+C$

これを**結合則**という．

【公理 3】　$A\cdot(A+B)=A$

$A+(A\cdot B)=A$

これを**吸収則**という．

【公理 4】　$A\cdot(B+C)=(A\cdot B)+(A\cdot C)$

$A+(B\cdot C)=(A+B)\cdot(A+C)$

これを**分配則**という．

【公理5】　最小元 ϕ と最大元 I が存在し，任意の元 A に対し

$$A \cdot \overline{A} = \phi$$

$$A + \overline{A} = I$$

となる元 $\overline{A}$ が存在する．これを**相補則**という．$\overline{A}$ を特に**補元**と呼ぶ．

以上が成立するとき，L を**ブール代数**という．

ブール代数の各元の補元をとり，演算記号 $\cdot$，$+$ を交換して得られる関係は，ブール代数のすべての公理に反しない．たとえば，公理1の第1式

$$A \cdot B = B \cdot A \tag{2・14}$$

は，この操作により

$$\overline{A} + \overline{B} = \overline{B} + \overline{A} \tag{2・15}$$

となる．$\overline{A}$，$\overline{B}$ を新たに A，B と書くことにより，公理1の第2式が得られる．

このようなブール代数の性質を，ブール代数の**双対性**という．

【問2・2】　ブール代数の最大元 I の補元 $\overline{I}$ は，最小元 ϕ である（$\overline{I} = \phi$）ことを示せ．（**ヒント**：相補則において $A = I$ として，公理3を用いること．）

2・2・2　ブール代数と論理関数

前項で述べたブール代数は，抽象的であった．ここでは2値をとる論理関数が，ブール代数の具体例であることを示そう．

いま，二つの元0と1だけを有する集合 L' を考える．また，ブール代数における二つの演算 $\cdot$，$+$ を，それぞれ論理関数の二つの演算 AND，OR に対応させ，A の補元 $\overline{A}$ を論理関数の A に対する NOT に対応させてみる．L' の元は0，1だけであるから，最大元 I は1，最小元 ϕ は0である．

このとき，L' の任意の元 A，B，C は，ブール代数の公理をすべて満たしている．したがって，L' はブール代数である．

任意の論理関数 $f(A, B, C, \ldots)$ は，0または1の値をとり L' に属し，論理関数の集合はブール代数となる．したがって，ブール代数の諸性質は，すべて論理関数に適用できる．

2・2・3　論理関数の諸定理

ブール代数の公理を用いて，論理関数の諸定理を導くことができる．ここでは比較的有用ないくつかの定理について述べる．

【定理 1】　$A \cdot A = A$

$A + A = A$

〈証明〉　まず，第 1 式を証明する．公理 3 の第 2 式を用いると

$$A \cdot A = A \cdot (A + (A \cdot B))$$

ここで $A \cdot B$ を C とおくと

$$A \cdot A = A \cdot (A + C)$$

よって，公理 3 の第 1 式より

$$A \cdot A = A$$

第 2 式の証明は，公理 3 の第 1 式において $A + B$ を新たに D とおくと

$$\begin{aligned} A + A &= A + (A \cdot (A + B)) \\ &= A + (A \cdot D) \\ &= A \end{aligned}$$

この定理 1 を特に**べき等則**という．定理 1 の第 1 式と第 2 式は互いに双対の関係にある．

このように，双対性のある公理より導かれる定理にも双対性が成立する．

【定理 2】　$A \cdot 1 = A$

$A + 0 = A$

〈証明〉　第 2 式は第 1 式の双対であるので，第 1 式だけを証明する．公理 5 の第 2 式より

$$A \cdot 1 = A \cdot (A + \overline{A})$$

さらに，公理 3 の第 1 式より

$$A \cdot (A + \overline{A}) = A$$

よって

$$A \cdot 1 = A$$

【定理 3】 $A \cdot 0 = 0$

$A + 1 = 1$

〈証明〉 以後，説明の簡単化のために，各式の右端にその式の変形に用いた公理，定理を書くことにする．

$$
\begin{aligned}
A \cdot 0 &= A \cdot (A \cdot \overline{A}) && \text{(公理 5)}\\
&= (A \cdot A) \cdot \overline{A} && \text{(公理 2)}\\
&= A \cdot \overline{A} && \text{(定理 1)}\\
&= 0 && \text{(公理 5)}
\end{aligned}
$$

【定理 4】 $\overline{(\overline{A})} = A$

〈証明〉

$$
\begin{aligned}
\overline{(\overline{A})} &= \overline{(\overline{A})} + 0 && \text{(定理 2)}\\
&= \overline{(\overline{A})} + A \cdot \overline{A} && \text{(公理 5)}\\
&= (\overline{(\overline{A})} + A) \cdot (\overline{(\overline{A})} + \overline{A}) && \text{(公理 4)}\\
&= (\overline{(\overline{A})} + A) \cdot 1 && \text{(公理 5)}\\
&= (\overline{(\overline{A})} + A) \cdot (A + \overline{A}) && \text{(公理 5)}\\
&= A + \overline{(\overline{A})} \cdot \overline{A} && \text{(公理 4)}\\
&= A + 0 && \text{(公理 5)}\\
&= A && \text{(定理 2)}
\end{aligned}
$$

【定理 5】 A の補元 $\overline{A}$ はただ一つ存在する．

〈証明〉 A の補元が異なる二つの補元 $\overline{A}_1$，$\overline{A}_2$ を持ったとすると

$$
\begin{aligned}
\overline{A}_1 &= \overline{A}_1 \cdot 1 && \text{(定理 2)}\\
&= \overline{A}_1(A + \overline{A}_2) && \text{(公理 5)}
\end{aligned}
$$

$$= \overline{A}_1 \cdot A + \overline{A}_1 \cdot \overline{A}_2 \qquad (公理 4)$$

$$= 0 + \overline{A}_1 \cdot \overline{A}_2 \qquad (公理 5)$$

$$= A \cdot \overline{A}_2 + \overline{A}_1 \cdot \overline{A}_2 \qquad (公理 5)$$

$$= \overline{A}_2 \cdot (A + \overline{A}_1) \qquad (公理 4)$$

$$= \overline{A}_2 \cdot 1 \qquad (公理 5)$$

$$= \overline{A}_2 \qquad (定理 2)$$

よって，$\overline{A}_1 = \overline{A}_2$ となり，A の補元はただ一つである．

【定理 6】 $\overline{A + B} = \overline{A} \cdot \overline{B}$

$\overline{A \cdot B} = \overline{A} + \overline{B}$

〈証明〉 第 2 式は第 1 式の双対であるので，第 1 式だけを証明する．$A + B$ の補元は $\overline{A + B}$ であり，定理 5 より補元はただ一つだけであるから，$\overline{A} \cdot \overline{B}$ が $A + B$ の補元であることを示せばよい．

$$(A + B) + \overline{A} \cdot \overline{B} = ((A + B) + \overline{A}) \cdot ((A + B) + \overline{B}) \qquad (公理 4)$$

$$= ((A + \overline{A}) + B) \cdot (A + (B + \overline{B})) \qquad (公理 1, 2)$$

$$= (1 + B) \cdot (A + 1) \qquad (公理 5)$$

$$= 1 \cdot 1 \qquad (定理 3)$$

$$= 1 \qquad (定理 2)$$

また

$$(A + B) \cdot (\overline{A} \cdot \overline{B}) = A \cdot (\overline{A} \cdot \overline{B}) + B \cdot (\overline{A} \cdot \overline{B}) \qquad (公理 4)$$

$$= (A \cdot \overline{A}) \cdot \overline{B} + \overline{A} \cdot (B \cdot \overline{B}) \qquad (公理 1, 2)$$

$$= 0 \cdot \overline{B} + \overline{A} \cdot 0 \qquad (公理 5)$$

$$= 0 \qquad (定理 3)$$

以上の二つの結果は，公理 5 より $\overline{A} \cdot \overline{B}$ が $A + B$ の補元であることを示している．

この定理 6 は，**ド・モルガンの法則**と呼ばれ，論理式の変形にしばしば用いられる．

一般に論理関数 $f(A, B, C, \cdots, +, \cdot)$ が与えられたとき，$\overline{f}$ は f の各変数の補元をとり，論理記号 $+$，$\cdot$ を入れ替えて得られ

$$\overline{f}(A, B, C, \cdots, +, \cdot) = f(\overline{A}, \overline{B}, \overline{C}, \cdots, \cdot, +) \tag{2・16}$$

と表すことができる．

【問2・3】　定理6の第2式を証明せよ．

【問2・4】　式（2·13）は次のように変形できることを示せ．

$$f = (A + B) \cdot \overline{A \cdot B} = A \cdot \overline{B} + \overline{A} \cdot B$$

また，これを基本論理回路で実現せよ．

2・3　論理関数の組立てと展開

論理関数が与えられれば，論理回路を実現できることを2·1·4項で簡単に触れたが，論理関数自身の求め方については，まだ述べていない．ここでは，ある機能を表す真理値表が与えられたとき，論理関数を真理値表より求める方法を示す．

2・3・1　いくつかの例題

一般的な論理関数の組立てに入る前に，いくつかの簡単な例により，一般論の予想をたててみよう．

表2·4 は不一致回路（Exclusive OR回路，排他的論理和回路）の真理値表である．A または B のいずれか一方だけが1のとき，論理関数 $f(A, B)$ の値は1となる．すなわち，A が0，B が1のとき（これを $f(0,1)$ と表す），“または” A が1，B が0のとき（$f(1,0)$ と表す）に，$f(A, B)$ の値は1となる．これより $f(A, B)$ は，$f(0,1)$ と $f(1,0)$ の OR で表されることがわかる．よって

表2・4　Exclusive OR 回路の真理値表

A	B	$f(A, B)$
0	0	0
0	1	1
1	0	1
1	1	0

$$f(A, B) = f(0,1) + f(1,0) \tag{2・17}$$

つぎに，$A = 0$ “および” $B = 1$ のときだけ，$f(0,1) = 1$ であるから

$$f(0,1) = \overline{A} \cdot B \qquad (2・18)$$

と表すことができる．また，同様に

$$f(1,0) = A \cdot \overline{B} \qquad (2・19)$$

であるから，式（2･18）(2･19）を（2･17）に代入すると

$$f(A \cdot B) = \overline{A} \cdot B + A \cdot \overline{B} \qquad (2・20)$$

が得られる．式（2･20）が表 2･4 を満たすことは容易に確かめられる．

次に**表 2･5** について考えてみよう．これは 3 変数 A，B，C のうち，二つ以上が 1 であると，$f(A,B,C)$ の値が 1 となる 3 変数の**多数決回路**の真理値表である．前例と同様に $f(A,B,C)$ の値が 1 となるのは，表中①，②，③，④の状態の“いずれか”の変数の組合せである．したがって

表 2・5　3 変数多数決回路の真理値

A	B	C	$f(A, B, C)$
0	0	0	0
0	0	1	0
0	1	0	0
0	1	1	1 ①
1	0	0	0
1	0	1	1 ②
1	1	0	1 ③
1	1	1	1 ④

$$\begin{aligned} f(A,B,C) = &f(0,1,1) + f(1,0,1) \\ &+ f(1,1,0) + f(1,1,1) \end{aligned} \qquad (2・21)$$

と表すことができる．$f(0,1,1)$ は，①の状態，すなわち，$A=0$，$B=1$，$C=1$ が同時に成立するときだけ 1 であるから

$$f(0,1,1) = \overline{A} \cdot B \cdot C \qquad (2・22)$$

と表すことができる．他の項についても同様にして

$$f(A,B,C) = \overline{A} \cdot B \cdot C + A \cdot \overline{B} \cdot C + A \cdot B \cdot \overline{C} + A \cdot B \cdot C \qquad (2・23)$$

と論理関数を表すことができる．

以上，二つの例題より次のことが予想できる．

「論理関数 f は，f の値が 1 となる入力変数の値 0，1 の組合せについて，その変数の値が 1 のときはそのままとし，また 0 のときは，補元（$\overline{\ \ }$）をとり，すべての変数について AND をとった項を，OR で結んで組み立てることができる．」

次に，論理関数のもう一つの表現法について述べよう．

表2･5で，$f(A,B,C)$ の値が0となる変数の値0，1の組合せで，$f(A,B,C)$ を表現することを考える．$f(A,B,C)$ の値が0のときは，$\overline{f(A,B,C)}$ の値は1であるから，式（2･21）を求めた場合と全く同様にして

$$\overline{f(A,B,C)} = \overline{f(0,0,0)} + \overline{f(0,0,1)} + \overline{f(0,1,0)} + \overline{f(1,0,0)} \qquad (2\cdot 24)$$

となる．ここで $\overline{f(0,0,0)}$ などは，式（2･21）の場合と同様に，各変数が（　）内の値のときだけ1となり

$$\overline{f(A,B,C)} = \overline{A}\cdot\overline{B}\cdot\overline{C} + \overline{A}\cdot\overline{B}\cdot C + \overline{A}\cdot B\cdot\overline{C} + A\cdot\overline{B}\cdot\overline{C} \qquad (2\cdot 25)$$

と表される．$f = \overline{(\overline{f})}$ であるから，ド・モルガンの法則を用いると

$$\begin{aligned} f(A,B,C) &= \overline{(\overline{A}\cdot\overline{B}\cdot\overline{C})}\cdot\overline{(\overline{A}\cdot\overline{B}\cdot C)}\cdot\overline{(\overline{A}\cdot B\cdot\overline{C})}\cdot\overline{(A\cdot\overline{B}\cdot\overline{C})} \\ &= (A+B+C)\cdot(A+B+\overline{C}) \\ &\quad \cdot(A+\overline{B}+C)\cdot(\overline{A}+B+C) \end{aligned} \qquad (2\cdot 26)$$

と表すことができる．式（2･26）と表2･5を比較すると，次のようなことが予想される．

「論理関数 f は，f の値が0となる変数の値0，1の組合せについて，その変数の値が0の場合はそのままとし，また，1の場合は補元（￣）をとり，すべての変数のORをとった項を，ANDで結ぶことによって組み立てることができる．」

【問2・5】　式（2･26）が表2･5を満たしていることを確かめよ．

【問2・6】　表2･4を式（2･26）の形で表せ．

2・3・2　論理関数の展開

n 変数 $X_1, X_2, X_3, \ldots, X_n$ の論理関数 $f(X_1, X_2, X_3, \ldots, X_n)$ について，次の定理が成立する．

【定理 7】　任意の変数 X_i について，次のように展開できる．

$$\begin{aligned} &f(X_1, X_2, \ldots, X_i, \ldots, X_n) \\ &\quad = X_i\cdot f(X_1, X_2, \ldots, X_{i-1}, 1, X_{i+1}, \ldots, X_n) \\ &\qquad + \overline{X}_i\cdot f(X_1, X_2, \ldots, X_{i-1}, 0, X_{i+1}, \ldots, X_n) \end{aligned}$$

〈証明〉 $f(X_1, X_2, \ldots, X_i, \ldots, X_n)$

$$= (X_i + \overline{X}_i) \cdot f(X_1, X_2, \ldots, X_i, \ldots, X_n) \qquad (公理5)$$

$$= X_i \cdot f(X_1, X_2, \ldots, X_i, \ldots, X_n) + \overline{X}_i \cdot f(X_1, X_2, \ldots, X_i, \ldots, X_n) \qquad (公理4)$$

最後の式の第1項は，$X_i = 1$ のときだけ $f(X_1, X_2, \ldots, X_i, \ldots, X_n)$ に等しく，また，第2項は $X_i = 0$ のときだけ $f(X_1, X_2, \ldots, X_i, \ldots, X_n)$ に等しいことを考えると

$$\begin{aligned} &f(X_1, X_2, \ldots, X_i, \ldots, X_n) \\ &\quad = X_i \cdot f(X_1, X_2, \ldots, X_{i-1}, 1, X_{i+1}, \ldots, X_n) \\ &\qquad + \overline{X}_i \cdot f(X_1, X_2, \ldots, X_{i-1}, 0, X_{i+1}, \ldots, X_n) \end{aligned} \qquad (2・27)$$

が成立する．これを**展開定理**という．

次に，式（2･27）のほかの変数 X_j について，定理7を繰り返して適用すると

$$\begin{aligned} &f(X_1, X_2, \ldots, X_i, \ldots, X_j, \ldots, X_n) \\ &= X_i \cdot X_j \cdot f(X_1, X_2, \ldots, 1, \ldots, 1, \ldots, X_n) \\ &\quad + X_i \cdot \overline{X}_j \cdot f(X_1, X_2, \ldots, 1, \ldots, 0, \ldots, X_n) \\ &\quad + \overline{X}_i \cdot X_j \cdot f(X_1, X_2, \ldots, 0, \ldots, 1, \ldots, X_n) \\ &\quad + \overline{X}_i \cdot \overline{X}_j \cdot f(X_1, X_2, \ldots, 0, \ldots, 0, \ldots, X_n) \end{aligned} \qquad (2・28)$$

が得られる．これをすべての変数 $X_i (i = 1 \sim n)$ について行うと，一般に論理関数は

$$\begin{aligned} f(X_1, X_2, X_3, \ldots, X_n) &= X_1 \cdot X_2 \cdot X_3 \cdot \cdots \cdot X_n \cdot f(1, 1, 1, \ldots, 1) \\ &\quad + X_1 \cdot X_2 \cdot X_3 \cdot \cdots \cdot \overline{X}_n \cdot f(1, 1, 1, \ldots, 0) \\ &\quad + X_1 \cdot X_2 \cdot X_3 \cdot \cdots \cdot \\ &\quad \cdot \overline{X}_{n-1} \cdot X_n \cdot f(1, 1, 1, \ldots, 0, 1) + \cdots\cdots \\ &\quad + X_1 \cdot \overline{X}_2 \cdot \overline{X}_3 \cdots \overline{X}_n \cdot f(1, 0, 0, \ldots, 0) \end{aligned}$$

$$+\overline{X}_1 \cdot \overline{X}_2 \cdot \overline{X}_3 \cdots \overline{X}_n \cdot f(0,0,0,\ldots,0) \qquad (2 \cdot 29)$$

と展開できる．

式（2·29）は，変数の値 0，1 のすべての組合せにおける論理関数の値と，その変数の値の組合せのときだけ，値が 1 となるような変数の AND から構成されている．たとえば第 1 項 $X_1 \cdot X_2 \cdot X_3 \cdot \cdots \cdot X_n \cdot f(1,1,1,\ldots,1)$ では，変数の値はすべて 1 であり，このときだけ $X_1 \cdot X_2 \cdot X_3 \cdot \cdots \cdot X_n$ の値は 1 になる．

式（2·29）のような論理関数の表し方を，**加法標準形**という．

定理 7 の双対として，次の展開定理も成立する．

【定理 8】 $f(X_1, X_2, \ldots, X_i, \ldots, X_n)$

$$= (X_i + f(X_1, X_2, \ldots, X_{i-1}, 0, X_{i+1}, \ldots, X_n)) \cdot (\overline{X}_i + f(X_1, X_2, \ldots, X_{i-1}, 1, X_{i+1}, \ldots, X_n))$$

定理 8 をすべての変数について適用し，論理関数を展開すると，

$$\begin{aligned} f(X_1, X_2, \ldots, X_n) = &(X_1 + X_2 + \cdots + X_n + f(0,0,\ldots,0)) \\ &\cdot (X_1 + X_2 + \cdots + \overline{X}_n + f(0,0,\ldots,1)) \\ &\cdot (X_1 + X_2 + \cdots + \overline{X}_{n-1} + X_n + f(0,0,\ldots,1,0)) \cdots \\ &\cdot (\overline{X}_1 + \overline{X}_2 + \cdots + \overline{X}_n + f(1,1,\ldots,1)) \end{aligned} \qquad (2 \cdot 30)$$

が得られる．

式（2·30）では，変数の値 0，1 のすべての組合せにおける論理関数の値と，その変数の値の組合せのときだけ，値が 0 となるような変数の OR から構成されている．たとえば第 1 項 $X_1 + X_2 + \cdots + X_n + f(0,0,\ldots,0)$ では，変数の値はすべて 0 であり，このときだけ $X_1 + X_2 + \cdots + X_n$ の値は 0 となる．

式（2·30）のような論理関数の表し方を，**乗法標準形**という．

式（2·29）(2·30）からわかるように，任意の論理関数は，·，+，を用いて表すことができる．したがって，任意の論理関数は，AND 回路，OR 回路，NOT 回路の組合せで実現できるのである．

【問 2・7】 式（2·13）を加法標準形と乗法標準形で表せ．

2・3・3　真理値表より求めた標準形

2·3·1 項で真理値表より，論理関数を求める一般的な方法の予想を行った．ここでは，その方法が正しいことを示そう．

一般に論理関数は，式（2·29）の加法標準形または，式（2·30）の乗法標準形で書くことができる．まず 2 変数の不一致回路の論理関数を例にとり，加法標準形と真理値表の対応をみてみよう．

2 変数の論理関数 $f(A, B)$ は，式（2·29）より

$$f(A, B) = A \cdot B \cdot f(1,1) + A \cdot \overline{B} \cdot f(1,0) + \overline{A} \cdot B \cdot f(0,1) + \overline{A} \cdot \overline{B} \cdot f(0,0) \quad (2 \cdot 31)$$

と展開できる．不一致回路の真理値表は**表 2·6** であるから

表 2・6　Exclusive OR の真理値表

A	B	$f(A, B)$
0	0	0
0	1	1
1	0	1
1	1	0

$$f(1,1) = f(0,0) = 0 \quad (2 \cdot 32)$$

$$f(1,0) = f(0,1) = 1 \quad (2 \cdot 33)$$

である．よって，式（2·31）は第 2 項，第 3 項だけ残り

$$f(A, B) = A \cdot \overline{B} + \overline{A} \cdot B \quad (2 \cdot 34)$$

と表され，式（2·20）の結果と一致する．

一般に加法標準形では, OR で結ばれる各項は, 変数と論理関数 f の値との AND で表されるから，f の値が 1 をとる項だけが残る．このとき，各項の f の係数は，その f の値が 1 となる各変数の値 0，1 について，0 の場合はその変数に（￣）を付け，1 の場合はそのままにして，すべての変数の AND をとった形をしており，f の値が 1 となるとき，その係数の値も 1 となる．

以上のことから，ある真理値表が与えられたとき，「結果が 1 となる変数の値 0，1 のそれぞれの組合せについて，その変数の値が 1 のときはそのまま，0 のときはその変数に（￣）を付けて，すべての変数の AND をとった項を，OR で結ぶことによって，論理関数を求めることができる．」という予想は正しかったことがわかる．

全く同様にして，乗法標準形の 2 変数については，式（2·30）より

$$f(A,B) = (A + B + f(0,0)) \cdot (A + \overline{B} + f(0,1)) \cdot (\overline{A} + B + f(1,0)) \cdot (\overline{A} + \overline{B} + f(1,1)) \qquad (2 \cdot 35)$$

である．表 2･6 の真理値表に適用すると，式（2･32）(2･33）が成立するから

$$\begin{aligned} f(A,B) &= (A + B + 0) \cdot (A + \overline{B} + 1) \cdot (\overline{A} + B + 1) \cdot (\overline{A} + \overline{B} + 0) \\ &= (A + B) \cdot (\overline{A} + \overline{B}) \end{aligned} \qquad (2 \cdot 36)$$

となり，問 2･6 の結果と一致する．

一般に乗法標準形では，AND で結ばれる各項は，変数と論理関数 f の値との OR で表されるから，f の値が 1 のときは，その項はほかの変数の値によらず 1 となるため，f の値が 0 である項だけの AND が残る．このとき，残った各項では変数より作られる OR の値も，f が 0 のときには 0 となる．

以上より，真理値表が与えられた場合,「結果が 0 となる変数の値 0，1 のそれぞれの組合せについて，その変数の値が 0 のときはそのまま，また 1 のときはその変数に（￣）を付け，すべての変数の OR をとった項を，AND で結ぶことによって，論理関数は得られる.」という予想も正しいことがわかる．

【問 2・8】 表 2･5 を式（2･29）(2･30）に適用し，結果がそれぞれ式（2･23）(2･26）に等しいことを確かめよ．

2・4　論理関数の実現に必要な基本論理回路

加法または乗法標準形によれば，任意の論理関数は AND，OR および NOT 回路を使用すれば実現できる．しかし，この三つの基本回路すべてが必ずしも必要ではない．たとえばド・モルガンの法則より

$$\overline{\overline{A} \cdot \overline{B}} = A + B \qquad (2 \cdot 37)$$

であるから，AND 回路と NOT 回路があれば，OR 回路を実現できる．したがって，AND および NOT 回路だけで，すべての論理関数は実現できることになる．

また，同様に

$$\overline{\overline{A} + \overline{B}} = A \cdot B \qquad (2 \cdot 38)$$

が成立するから，OR 回路と NOT 回路だけで，すべての論理関数を構成することもできる．

次に，一種類の論理回路で，すべての論理関数を表現することを考えてみよう．まず，次式で表される論理式を実現する 2 入力の論理回路があったとする．

$$f(A,B)=\overline{A\cdot B} \tag{2・39}$$

いま，$A=B$ とすると

$$f(A,A)=\overline{A\cdot A}=\overline{A} \tag{2・40}$$

となり，NOT 回路を実現できる．また，式 (2･39) の，$f(A,B)$ を入力と考えると

$$\begin{aligned} f(f(A,B),f(A,B)) &= \overline{(\overline{A\cdot B}).(\overline{A\cdot B})} \\ &= \overline{(\overline{A\cdot B})}=A\cdot B \end{aligned} \tag{2・41}$$

が得られ，AND 回路も実現できる．したがって，式 (2･39) を実現する回路があれば，すべての論理関数は一種類の回路だけで構成できることがわかる．

式 (2･39) は，変数 A，B の AND をとった後に NOT をとったものが出力であり，この演算を **NAND** といい，$A|B$ と表すことがある．

式 (2･40) および (2･41) は，NAND 回路により**図 2･3** のように構成される．

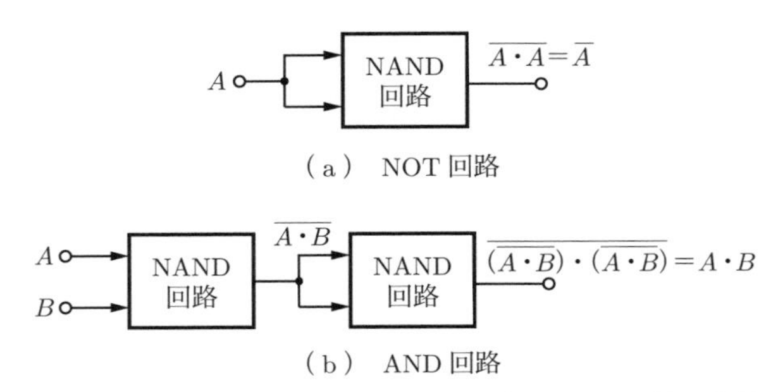

図 2・3　NAND 回路による NOT 回路と AND 回路の実現

双対な考え方により

$$f(A,B)=\overline{A+B} \tag{2・42}$$

を考えると

$$f(A,A)=\overline{A+A}=\overline{A} \quad (2\cdot 43)$$

$$f(f(A,B),f(A,B))=\overline{(\overline{A+B})+(\overline{A+B})}$$
$$=\overline{(\overline{A+B})}=A+B \quad (2\cdot 44)$$

となり，NOT と OR を作れる．したがって，式（2･42）を実現する回路があれば，すべての論理関数は，この回路の組合せで実現できる．

式（2･42）は変数 A，B の OR をとった後に NOT をとっている．この演算を **NOR** といい，$A \downarrow B$ と表すことがある．

図 2･4 は NOR 回路を用いて，NOT と OR 回路を実現したものである．

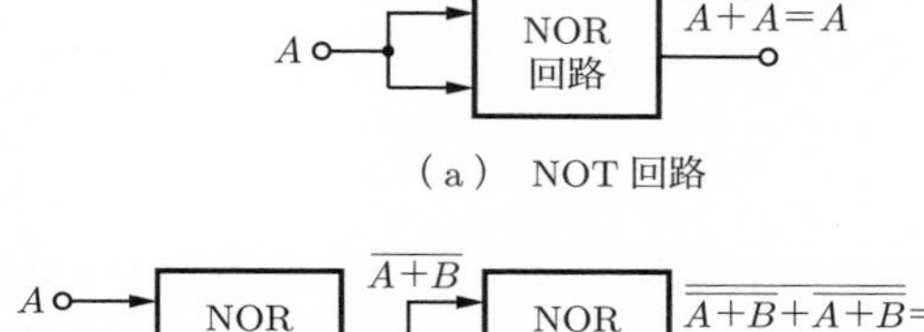

（a） NOT 回路

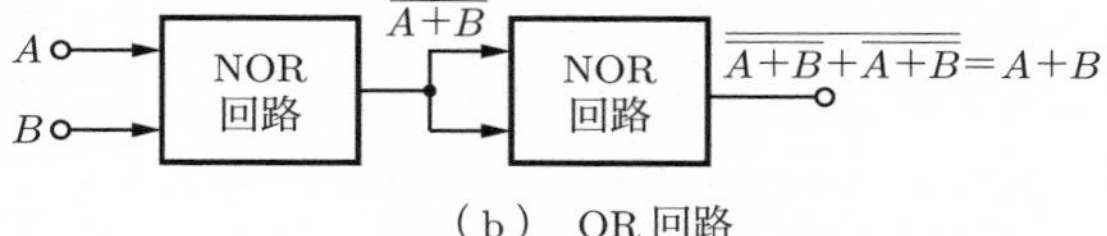

（b） OR 回路

図 2・4 NOR 回路による NOT 回路と OR 回路の実現

【問 2・9】 NAND 回路で OR 回路を構成せよ．

【問 2・10】 NOR 回路で AND 回路を構成せよ．

【問 2・11】 2 入力の NAND 回路の一つの入力端子を入力として，NOT 回路を実現するとき，ほかの入力端子はどのような状態にしたらよいか．NOR 回路を用いる場合はどうか．

演 習 問 題

2・1 **図 2･5**（a）（b）（c）に示す回路の論理関数を求めよ．

2・2 図 2･5（a）（b）（c）に示す回路の真理値表を書け．

2・3 演習問題 2･2 で求めた真理値表より，加法標準形および乗法標準形による論理関数を導け．

2・4 演習問題 2･3 で求めた論理関数を，そのまま AND，OR，NOT 回路で実現してみよ．

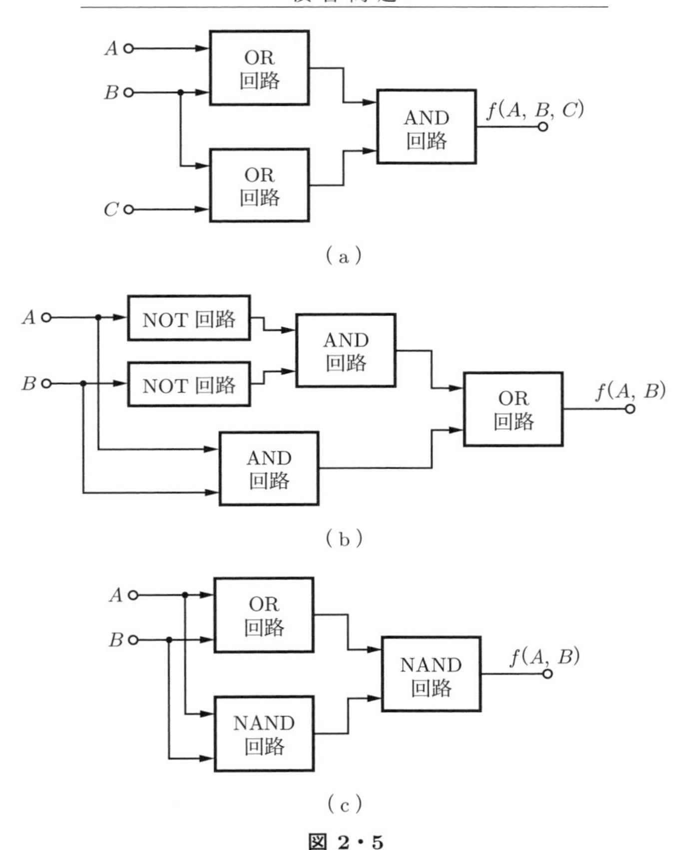

図 2・5

2・5 次の式を証明せよ.

(1) $A+\overline{A}\cdot B=A+B$

(2) $A\cdot(\overline{A}+B)=A\cdot B$

(3) $\overline{(A\cdot B+\overline{A}\cdot\overline{B})}=A\cdot\overline{B}+\overline{A}\cdot B$

(4) $(A+B)\cdot(\overline{A}+C)=A\cdot C+\overline{A}\cdot B$

(5) $(A+B)\cdot(B+C)\cdot(C+\overline{A})=(A+B)\cdot(C+\overline{A})$

2・6 $f(A,B,C)=(A+B)\cdot(B+C)$ を NOR 回路だけで実現する方法を考えよ.

2・7 (1) $(A|B)|C\neq A|(B|C)$

(2) $(A\downarrow B)\downarrow C\neq A\downarrow(B\downarrow C)$

を証明せよ.

2・8 NAND 回路が AND の NOT をとって得られることを利用して, 図 1·3 の回路と pMOS を用いて NAND 回路を実現せよ.

2・9 NOR 回路を図 1·2 のスイッチ回路と nMOS で実現するにはどうすればよいか.

第 3 章
集積化基本ゲート

任意の論理関数は，AND，OR，NOT 回路，あるいは NAND 回路，NOR 回路などによって構成できる．これらの基本論理回路は，入力の状態に応じて，出力の状態が決定される．これは見方を変えると，入力の状態に応じて，入出力の間にある“門”を開閉して，出力へ入力の状態を伝達する回路とも考えられる．そこで，このような基本論理回路を**基本ゲート**という．

基本ゲートは，トランジスタ，抵抗などの個別部品を使用しても実現できるが，集積化された基本ゲートが各種市販されており，これらの基本ゲートを用いる方が，特殊な場合を除いて，効率良く回路を設計できる．

3・1　バイポーラトランジスタから MOSFET へ

1990 年代ごろまでは，ディジタル回路はバイポーラトランジスタを使用して実現されていた．その後，集積度，消費電力，動作速度に優れた MOSFET が主流を占めるようになり，現在ではバイポーラトランジスタによる回路構成はほとんど姿を消した．本節では，バイポーラトランジスタの 2 値動作と MOSFET による 2 値動作を比較し，MOSFET が主流になった要因について述べる．

3・1・1　バイポーラトランジスタのキャリア蓄積による応答の遅延

図 3·1 は図 1·19 の入力部分をスイッチに置き換えて，H，L レベルの切り換えができるようにした回路である．この回路の動作については，すでに 1·2·2 項で述べたように NOT 回路である．図 3·1 の入出力波形を**図 3·2** に示す．図（a）は入力，すなわち V_{B} の波形，図（b）は出力波形である．この出力波形は，図 1·20（b）のバイポーラトランジスタによる NOT 回路の出力波形と異なり，オンからオフへ（出力が L レベルから H レベルに）切り換わるときに遅れが出ている．

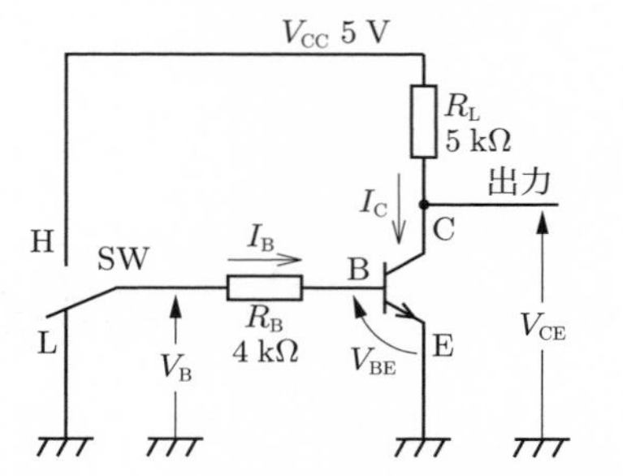

図 3・1　バイポーラトランジスタ NOT 回路

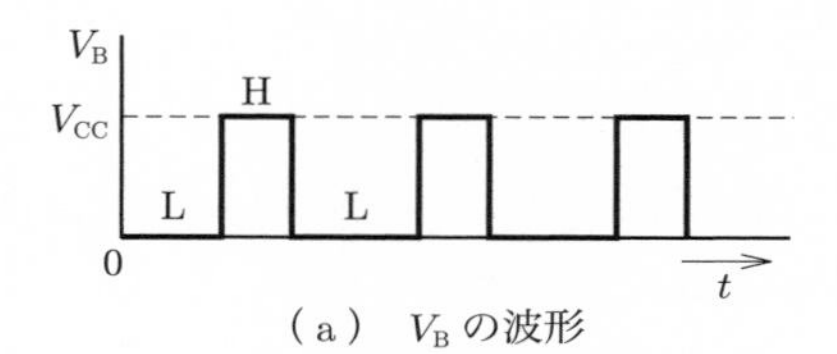

（a）V_B の波形

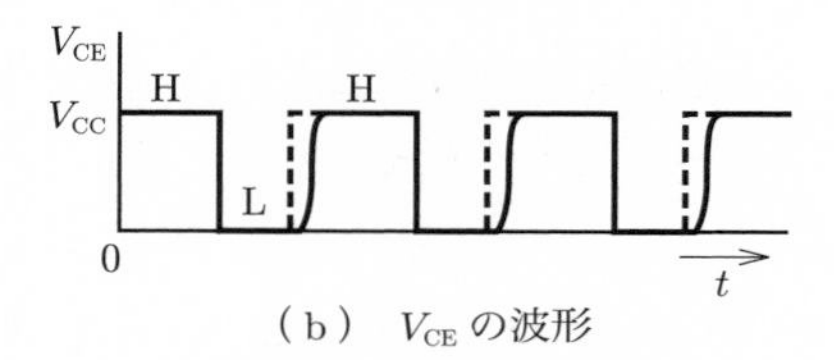

（b）V_{CE} の波形

図 3・2　図 3·1 の入出力波形

図 1·20（b）はバイポーラトランジスタが理想的にオン，オフするとして求めたもので，実際のバイポーラトランジスタの動作とは異なっていることに起因している．これは，バイポーラトランジスタを十分にオンさせるために，過剰にベース電流を流して，飽和状態にしているために生じる現象で，信号処理速度の上限が制限される要因の一つとなる．

図 3·1 において，SW を H 側に接続すると[1)]

$$I_B = \frac{V_{CC} - V_{BE}}{R_B} \tag{3・1}$$

がベースに流れる．ただし，V_{BE} はトランジスタのベース–エミッタ間の pn 接合の順方向電圧で 0.6〜0.7 V 程度の値である．このとき，式（1·5）より

1）R_B は I_B が過大となってトランジスタを破壊しないように，電流を制限するための抵抗である．MOSFET を用いた図 1·12 の場合は，MOSFET のゲートに電流が流れないので，このような抵抗は不要である．

$$I_{\mathrm{C}} = H_{\mathrm{FE}} I_{\mathrm{B}} \tag{3・2}$$

で与えられるコレクタ電流がトランジスタに流れようとする．V_{CE} は

$$V_{\mathrm{CE}} = V_{\mathrm{CC}} - R_{\mathrm{L}} I_{\mathrm{C}} \tag{3・3}$$

であるから，コレクタ電流の最大値（バイポーラトランジスタがオンしているときのコレクタ電流）I_{CMAX} は，式（3･3）の右辺を 0 とおいて

$$I_{\mathrm{CMAX}} = \frac{V_{\mathrm{CC}}}{R_{\mathrm{L}}} \tag{3・4}$$

である．このときのベース電流 I_{BMAX} は式（3･2）より

$$I_{\mathrm{BMAX}} = \frac{I_{\mathrm{CMAX}}}{H_{\mathrm{FE}}} \tag{3・5}$$

である．I_{B} が式（3･5）で与えられる最大値（I_{BMAX}）を超える場合は，過剰なキャリア（npn トランジスタの場合は電子）がトランジスタ内部のベース領域に蓄積される．このため，トランジスタをオンからオフに切り替えるときに，入力電圧を 0 にしてもすぐにコレクタ電流は 0 にならず，ベース領域に蓄積されたキャリアが放出されるまで，コレクタ電流は流れ続ける．これがバイポーラトランジスタを使用した場合の応答の遅れの原因となっている．

MOSFET にはキャリアの蓄積はほとんどないので，出力電圧の波形は図 1･13（b）のようにほぼ理想的な矩形となる．

3・1・2 バイポーラトランジスタ NOT 回路の消費電力

電流で制御するバイポーラトランジスタを使用した NOT 回路は，電圧で制御する MOSFET に比較して，多くの電力を消費する．図 3･1 の NOT 回路の消費電力を調べてみよう．SW が L 側に接続されトランジスタがオフしているときは，回路中に電流は流れないから，電源の消費する電力は 0 である．

SW が H 側に接続されトランジスタがオン状態にある場合は，ベースに流れる電流 I_{B} は式（3･1）で与えられるから，ベース側で電源の消費する電力 P_{IB} は

$$P_{\mathrm{IB}} = V_{\mathrm{CC}} I_{\mathrm{B}} = \frac{V_{\mathrm{CC}}(V_{\mathrm{CC}} - V_{\mathrm{BE}})}{R_{\mathrm{B}}} \tag{3・6}$$

となる．図 3･1 の数値例で $V_{\mathrm{BE}} = 0.7\,\mathrm{V}$ とすると，$P_{\mathrm{IB}} \approx 5.4\,\mathrm{mW}$ となる．このときコレクタ側で電源が消費する電力 P_{IC} は，$V_{\mathrm{CE}} \approx 0$ であることを考慮すると

$$P_{\mathrm{IC}} = \frac{V_{\mathrm{CC}}(V_{\mathrm{CC}} - V_{\mathrm{CE}})}{R_{\mathrm{L}}} \approx \frac{V_{\mathrm{CC}}^2}{R_{\mathrm{L}}} \qquad (3\cdot7)$$

となる．図3·1の数値では，$P_{\mathrm{IC}} \approx 5.0\,\mathrm{mW}$ である．したがって，電源の消費する電力は

$$P_{\mathrm{BP}} = P_{\mathrm{IB}} + P_{\mathrm{IC}} \approx 10.4\,\mathrm{mW} \qquad (3\cdot8)$$

となり，バイポーラトランジスタによるNOT回路1段当たり，10 mW程度の電力を消費することがわかる．

一方MOSFETによるNOT回路では，入力側には電流が流れないため，消費電力はドレイン電流による電力だけとなる．

【問3・1】 図1·12のMOSFETによるNOT回路の消費電力を求め，式（3·8）と比較せよ．ただし，$V_{\mathrm{DD}} = 5\,\mathrm{V}$，$R_{\mathrm{L}} = 5\,\mathrm{k\Omega}$，MOSFETのオン抵抗は R_{L} に比較して，十分に小さいものとする．

3・1・3　TTL

図3·3は，バイポーラトランジスタを用いた代表的な論理回路で，NANDの機能を有している．トランジスタ Q_1 は**マルチエミッタトランジスタ**と呼ばれ，**図3·4**に示すようにベース領域を作るp形半導体の中に，複数（図では2個）のエミッタ領域を組み込んだ構造をしている．2個のバイポーラトランジスタを2個並列に接続するよりも，必要とする集積回路内の面積を小さくできる[2)]．Q_2

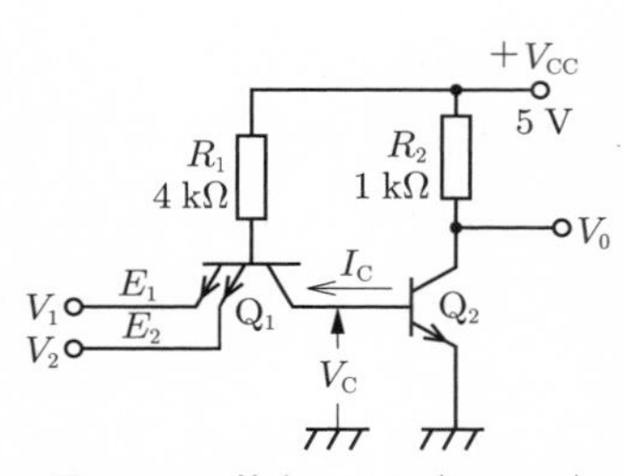

図3・3　基本TTL（NAND）

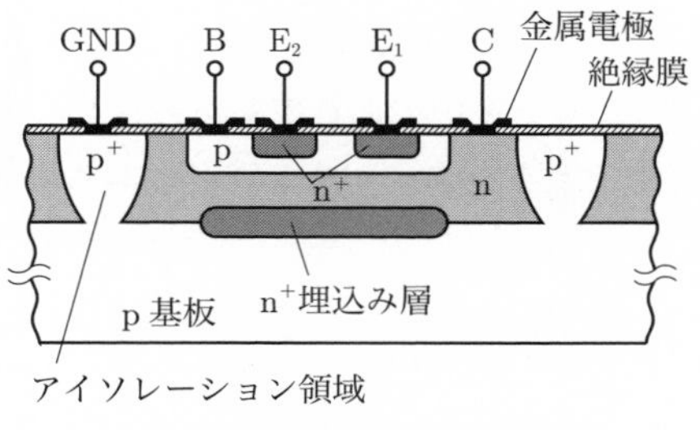

図3・4　マルチエミッタ構造

2）集積回路については，3·8節を参照のこと．

は NOT 回路である．この回路はトランジスタ–トランジスタの 2 段構成となっているため，**TTL**（Transistor-Transistor-Logic）という．

V_1 または V_2 のいずれかが L レベルのとき，Q_1 はオンの状態になり，コレクタ電圧 V_C（Q_2 のベース電圧）は L レベルになる．したがって，トランジスタ Q_2 はオフして出力 V_0 は H レベルとなる．V_1 および V_2 がともに H レベルのとき Q_1 はオフとなるが，Q_1 のベース–コレクタ間の pn 接合が順方向にバイアスされるため，電流 I_C が図の方向とは逆向きに流れる．この電流（Q_2 のベース電流）により Q_2 がオンして，出力は L レベルとなる．

以上より，図 3·3 の TTL は**表 3·1**（a）に示す入出力電圧レベルとなり，また真理値表は表 3·1（b）のようになる．これより図 3·3 の回路は，AND の出力に NOT を接続した NAND の動作をしていることがわかる．論理式で表すと

$$Y = \overline{A \cdot B} \tag{3・9}$$

である．

表 3・1 図 3·3 の入出力電圧レベルと真理値表

入力		出力
V_1	V_2	V_0
L	L	H
L	H	H
H	L	H
H	H	L

（a） 電圧レベル

A	B	Y
0	0	1
0	1	1
1	0	1
1	1	0

（b） 真理値表

TTL は 1960 年代前半に汎用集積回路として製造が開始され，74xx のように 74 で始まる 4 桁の型番が付され論理集積回路の標準品として，広く使用されてきた．しかし，消費電力が大きく，高集積密度化に適さないなどの欠点があった．そのため，MOSFET を用いた論理ゲートに徐々に置き替わり，MOS 製造技術の発展により 1980 年後半にはほぼすべて MOS 論理ゲートに移行した．

【問 3・2】 図 3·3 に示す TTL の電源消費電力を，出力が L レベルのとき，H レベルのときに分けて求めよ．ただし，トランジスタ内の pn 接合の順方向電圧は 0.7 V，トランジスタがオンしたときのコレクタ–エミッタ間の電圧 V_{CE} は 0 V とする．

3・1・4　nMOSFET 論理ゲート

〔1〕 nMOSFET NOT ゲート

図 3·5 は nMOSFET と負荷に抵抗を用いた NOT 回路である．V_1 が H レベルのとき Q_1 がオンして，負荷抵抗 R_L に電流が流れ出力 V_0 が L レベルに，また V_1 が L レベルのとき，Q_1 はオフして出力は H レベルとなる．図 3·5 の回路の真理値表は図 3·1 のバイポーラトランジスタの場合と同じで，**表 3·2** となり NOT の動作をしていることがわかる．

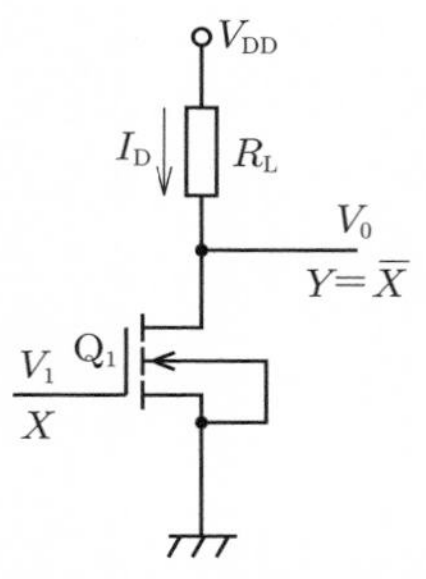

図 3・5　nMOSFET NOT（抵抗負荷）

表 3・2　NOT 回路の真理値表

V_1	V_O
0	1
1	0

図 3·6 はさらに負荷抵抗 R_L をデプレション形 nMOSFET Q_2 に置き換えた回路で，Q_2 は抵抗として動作している．このようなトランジスタによる負荷を**能動負荷**という．デプレション形 nMOSFET は，図 1·4（b）の nMOSFET のゲート直下の p 領域にあらかじめ薄い n 形のチャネルを形成した構造をしている．デプレション形 nMOSFET のしきい電圧は負の値を持ち，ゲート–ソース間電圧 V_{GS} とドレイン電流 I_D の関係は**図 3·7** に示すように，V_{GS} が 0 でも I_D（I_{DSS}）が流れる特性となっている．そのため，図 3·6 の Q_2 のように，ゲート–ソースを

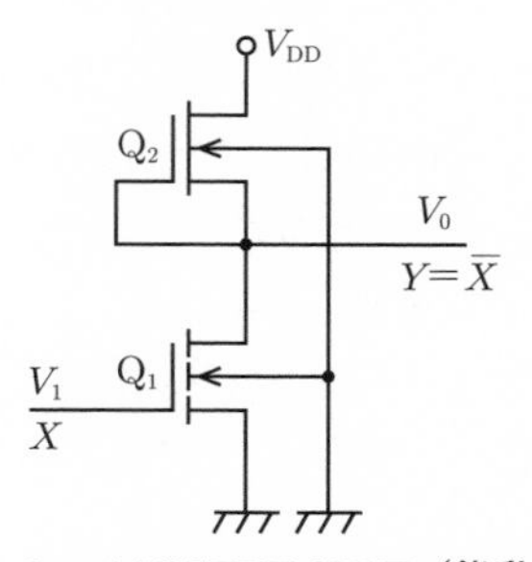

図 3・6　nMOSFET NOT（能動負荷）

直結するとドレイン–ソース間を抵抗とみなすことができる．NOT 回路としての動作は図 3·5 と同じである．論理式は

$$Y = \overline{X} \tag{3・10}$$

である．

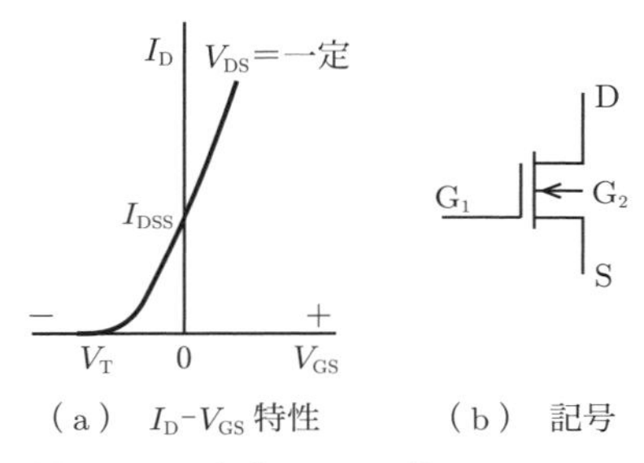

（a） I_D-V_{GS} 特性　　（b） 記号

図 3・7 デプレション形 nMOSFET

図 3·8 は，図 3·6 を集積化した回路の断面を示すものである．p 形半導体基板の上に Q_1，Q_2 ともに形成されている．デプレション形 nMOSFET Q_2 はそのゲート電極下の p 領域に，あらかじめ薄い n 形層を形成することにより実現している．

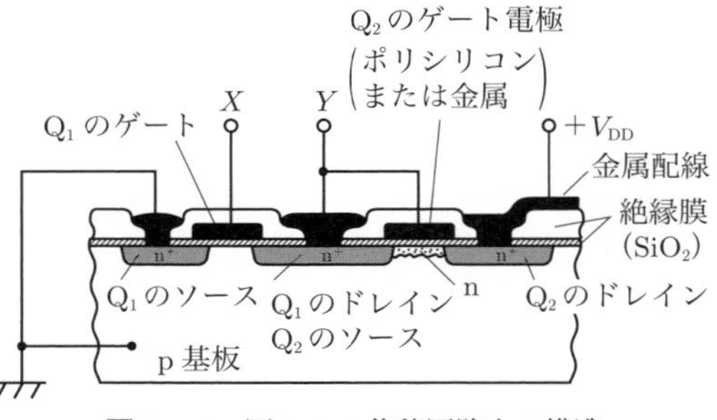

図 3・8 図 3·6 の集積回路上の構造

〔2〕 nMOSFET NAND ゲート

図 3·9 は nMOSFET を用いた NAND ゲートである．直列に接続された 2 つの nMOSFET Q_1，Q_2 は，それぞれの入力の状態によりスイッチとして動作する．すなわち V_1 および V_2 がともに H レベルのときだけ Q_1，Q_2 がオンして，負荷抵抗 R_L に電流が流れ出力 V_0 が L レベルになる．図 3·9 の回路の真理値表は図 3·3 と同じで，表 3·1 となり，NAND の動作をしていることがわかる．論理式は

$$Y = \overline{A \cdot B} \tag{3・11}$$

である．

図 3·10 は図 3·9 の負荷抵抗 R_L をデプレション形 nMOSFET に置き換えた NAND である．MOSFET はゲートに電流が流れないので，入力側では電力を消費せず，電力消費はドレイン側だけであるため，TTL に比較して低消費電力となる．

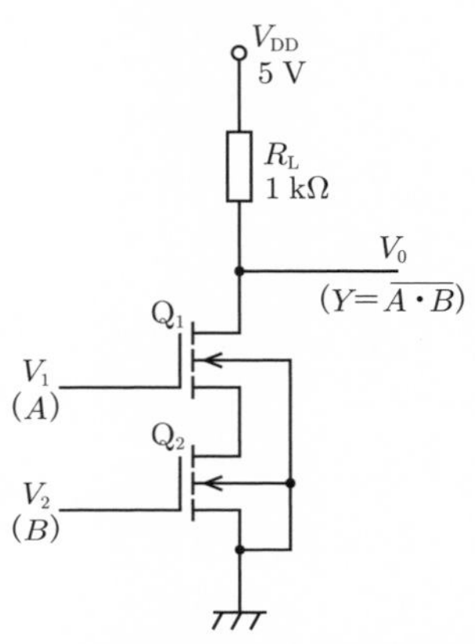

図 3・9 nMOSFET NAND（抵抗負荷）

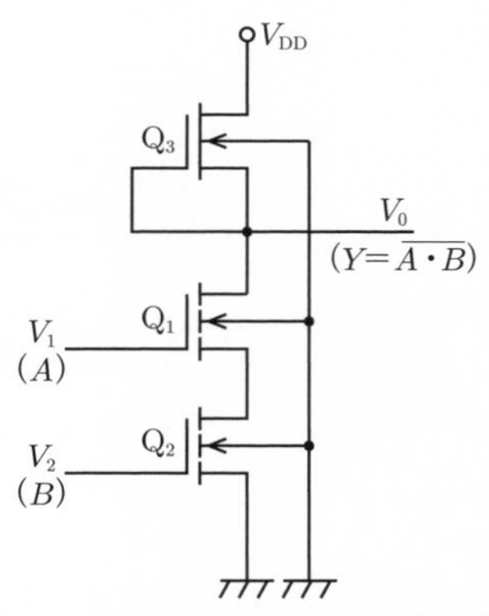

図 3・10 nMOSFET NAND（能動負荷）

〔3〕 nMOSFET NOR ゲート

図 3·11 は nMOSFET で構成した NOR ゲートである．**表 3·3** に示すように，V_1 または V_2 のいずれかまたは両方が H レベルのとき，出力が L となる NOR 動作をする．論理式は

$$Y = \overline{A + B} \tag{3・12}$$

である．

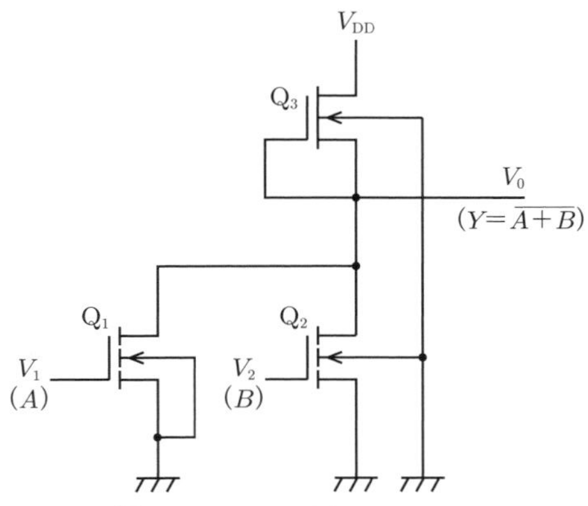

図 3・11　nMOSFET NOR

表 3・3　NOR 回路の真理値表

A	B	Y
0	0	1
0	1	0
1	0	0
1	1	0

図 3･10，3･11 はすべて nMOSFET で構成できるため微細加工が容易になり，高集積度のディジタル回路が実現できる．しかし，nMOSFET Q_1，Q_2 がオンのときに能動負荷 Q_3 の抵抗で電力を消費することは避けられない．これを解決するために，次節で述べる CMOS 回路が使用される．現在ではディジタル回路は，ほとんどすべてが CMOS 回路で構成されている．

〔4〕 pMOSFET 論理ゲート

pMOSFET だけを使用した論理ゲートもあり，負の電源電圧で動作させる．pMOSFET は，正孔が動作の主体となるため，電子が主体である nMOSFET に比較して動作が遅く，nMOSFET が多くの場合使用される．

【問 3・3】 図 3･5 の電源消費電力を出力が L レベル，H レベルに分けて求めよ．ただし $V_{DD}=5\,\mathrm{V}$，$R_L=5\,\mathrm{k\Omega}$ とする．

【問 3・4】 図 3･5 の NOT 回路のエンハンスメント形 MOSFET Q_1 をデプレション形 MOSFET に置き換えると，出力の H レベル，L レベルはどうなるか．

3・2 CMOS 論理ゲート

図 3·10，3·11 に示す nMOSFET による論理ゲートは，能動負荷のデプレション形 nMOSFET に電流が流れるため，出力が L レベルのときに電力を消費する．消費電力を低減するには，能動負荷の抵抗値を大きくして，電流を制限すればよい．最も有効な高抵抗の実現は能動負荷をスイッチに置き換えて，出力が L レベルのときに，これをオフにして電流を 0 にすることによって可能である．このスイッチは pMOSFET により実現できる．このようにして構成された論理ゲートは, pMOSFET と nMOSFET の両方の MOSFET を含んでおり，これを **CMOS**（Complementary MOS）論理ゲートという．

3・2・1 CMOS NOT ゲート

図 3·12 に CMOS による NOT ゲートを示す．pMOSFET Q_2 はゲート電位がそのソース電位より低いときにオンするため，ソースを回路中の最高電位，すなわち V_{DD} に接続し，その逆の動作をする nMOSFET Q_1 のソースは，回路中の最低電位（接地）に接続する．

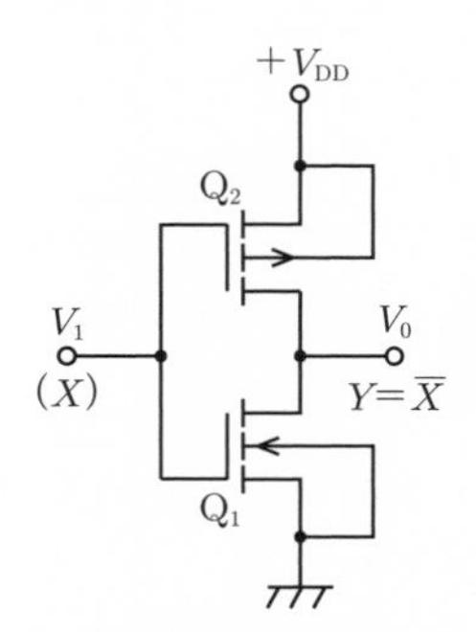

図 3・12 CMOS NOT ゲート

V_1 が H レベル（$V_1 \approx V_{DD}$）では，Q_1 はオン，Q_2 はオフして，出力 V_0 は L レベルとなる．Q_2 がオフしているため，電源 V_{DD} を定常的に流れる電流はない．V_1 が L レベル（約 0 V）では，Q_1 はオフ，Q_2 はオンとなり，出力は H レベルとなる．このとき，出力端子には次段の CMOS 論理ゲートが接続されているとすると，MOSFET のゲート端子には電流が流れないから，オンしている Q_2 にも電流が流れず，電源は電力を消費しない．

このように，CMOS ゲートは，H レベル，L レベルのどちらの状態でも定常的流れる電流を 0 にして，直流電力の消費を低減した回路である．

図 3･13 は図 3･12 を集積化した CMOS NOT ゲートの断面図である．図 1･7 で示したように，pMOSFET と nMOSFET では基板の極性が異なるため，CMOS 回路では，n 形基板を共通の基板として使用する．このとき，pMOSFET は直接この n 形基板中に作成できるが，nMOSFET は p 形基板を必要とするため，n 形基板中に直接構成できない．そこで n 形基板中に p 形の島（**ウェル**という）を作り，その中に pMOSFET を実現する．このようにして一つの基板の中に pMOSFET, nMOSFET を作り込むことにより，回路の小型化，高集積密度化が可能となっている．p 形のウェルを回路中の最低電位（接地）に接続し，また n 形基板は回路中の最高電位 V_{DD} に接続して，素子間の分離を行う．

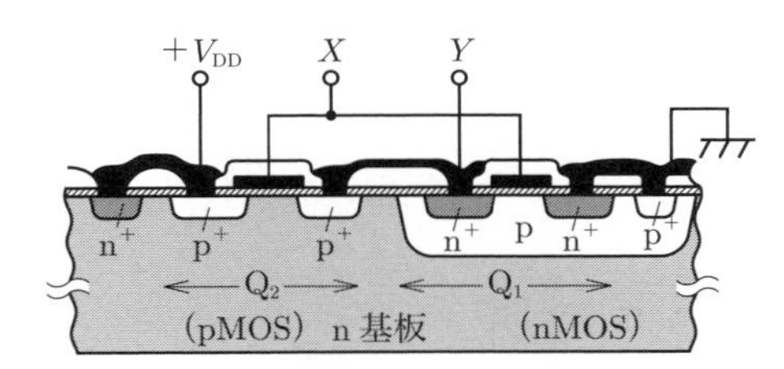

図 3・13 CMOS NOT ゲートの集積回路上の構造

【問 3・5】 図 3･13 の CMOS NOT ゲートを p 形基板の集積回路として，作成するとその構造（断面図）はどのようになるか考えてみよ．

3・2・2 CMOS NAND ゲート

図 3･14 は図 3･10 の NAND ゲートの能動負荷のデプレション MOSFET Q_3 を，2 個の pMOSFET Q_3，Q_4 の並列接続に置き換えた回路である．いま，Q_1，Q_2 の入力 V_1，V_2 がともに H レベルとすると，Q_1，Q_2 がオンして出力 V_0 は L レベルとなる．このとき，Q_3，Q_4 のゲート電圧も H レベルとなっているため，Q_3，Q_4 はオフしている．つぎに，入力 V_1（または V_2）が L レベルとすると，Q_1（または Q_2）はオフになるとともに Q_3（または Q_4）がオンとなり，出力は H レベルとなる．これより図 3･14 は NAND ゲートであることがわかる．論理式は式（3･11）である．

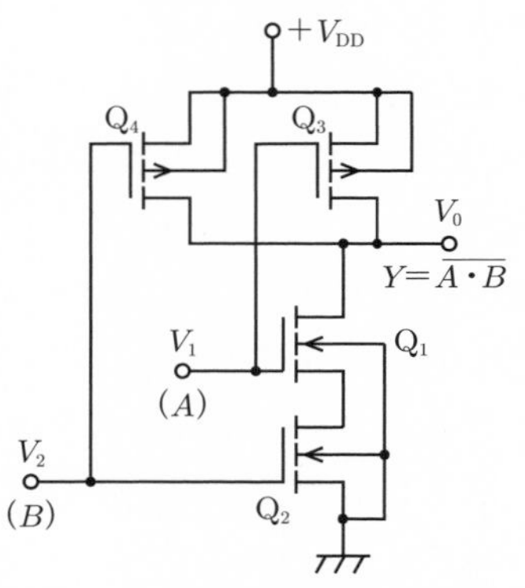

図 3・14 CMOS NAND ゲート

CMOS ディジタル回路の出力には，ふつう次段のゲートが接続されているため，Q_3（または Q_4）がオンになって出力が H レベルでも電源から電流が流れない．また出力が L レベルのときは，Q_3，Q_4 もオフするため，電流は流れない．すなわち，図 3･14 の CMOS NAND ゲートは，出力が H，L いずれの状態でも電源から定常的に電流が流れず，電力を消費しない[3]．

3・2・3 CMOS NOR ゲート

図 3･15 は図 3･11 の NOR ゲートの能動負荷を 2 個の pMOSFET の直列接続

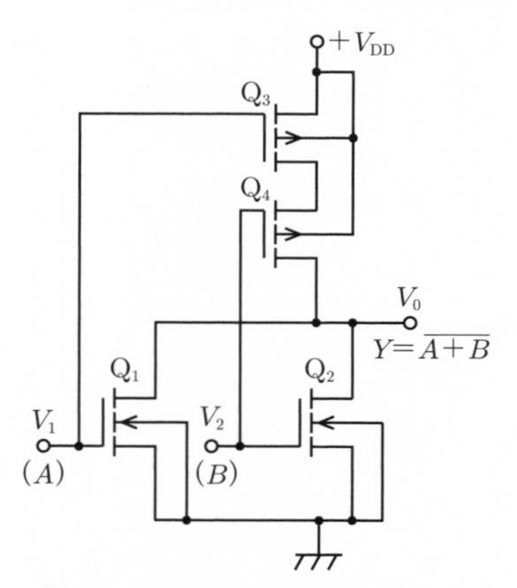

図 3・15 CMOS NOR ゲート

3) MOFET のオン，オフの過渡期に寄生容量などを充放電するわずかな電流，pMOSFET，nMOSFET が同時に瞬時に導通するとき，V_{DD} から接地にわずかな電流（**貫通電流**という）が流れ電力を消費する．

に置き換えた回路である．V_1，V_2 がともに L レベルのときだけ，出力が H レベルとなり，論理式は式（3·12）である．CMOS NOR ゲートも定常状態では電流が流れず，電力を消費しない．

【問 3・6】 3 入力の CMOS NAND ゲートはどのような回路になるか．また，その真理値表はどうなるか．

【問 3・7】 3 入力の CMOS NOR ゲートの回路を描き，その真理値表を求めよ．

3・2・4　CMOS 複合ゲート

CMOS NAND ゲート，NOR ゲートは，MOSFET を並列，または直列に接続して構成されていた．さらに並列，直列の MOSFET 数を増やせば，多入力の NAND，NOR ゲートが実現できることは容易に予想できる（問 3·6，3·7）．並列，あるいは直列だけではなく，直並列を混在させると，異なった機能を実現できる．

図 3·16（a）は，信号処理に多用される積和演算を行う回路である．図 3·9 の NAND 回路の直列 nMOSFET Q_1，Q_2 に Q_3 を並列に接続したものである．Q_1，Q_2 が作る AND と，Q_3 の並列接続が OR になっていること，また負荷抵抗 R_L により，MOSFET の出力電圧は入力電圧に対して反転することに注意すると，

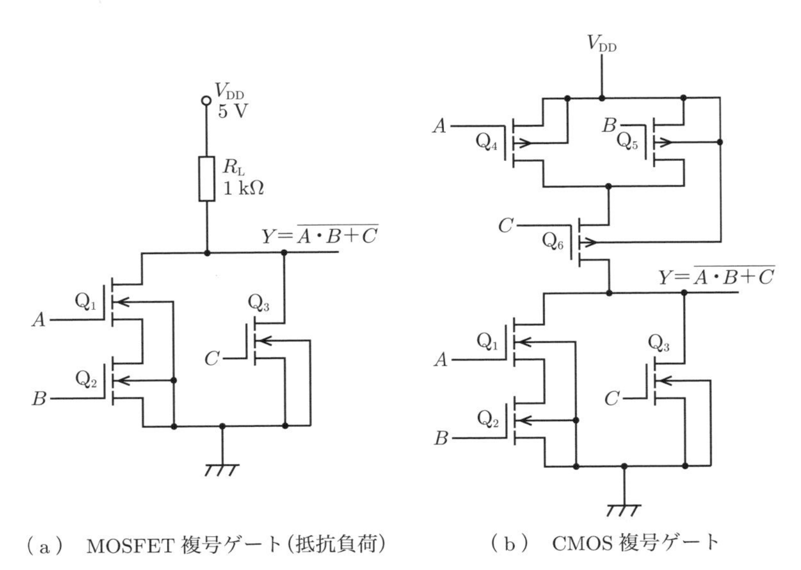

（a）MOSFET 複号ゲート（抵抗負荷）　（b）CMOS 複号ゲート

図 3・16　CMOS 積和演算回路

$$Y = \overline{A \cdot B + C} \qquad (3 \cdot 13)$$

が出力の論理値となり，積和演算が行われている．

図3･16（a）の抵抗をpMOSFETに置き換えればCMOS回路となる．図3･14, 3･15を参考にすると，CMOSゲートの下側のnMOSFET部分と上側のpMOSFET部分は互いに相反の形をしている．すなわち

直列接続 ↔ 並列接続

nMOSFET ↔ pMOSFET

入力変数 $X \leftrightarrow \overline{X}$

と互いに変換すればCMOSゲートを実現することができる．このようにして，図3･16（a）の下側のnMOSFET部分を変換して得られた回路を R_{L} と置き換えた回路が図3･16（b）である．これを**複合ゲート**と呼んでいる．

複合ゲートは，入力から出力まで1段構成となっているため，信号の遅れが少ないという特徴を持っている．これをNAND，NOR，NOTで構成するとゲートが3段必要となる．

【問3・8】 式（3･13）をNAND，NOR，NOTゲートを用いて構成せよ．

3・3　CMOSトランスファーゲート（CMOSスイッチ）

前項の基本ゲートは，NOT，NAND，NORの論理を実行する回路であり，これらのゲート回路では，信号の伝達はできない．トランスファーゲートは入力と出力の間をスイッチでオン，オフすることにより，信号の伝達を制御する回路である．

3・3・1　nMOSFETスイッチとpMOSFETスイッチ

CMOSスイッチに入る前に，nMOSFET，pMOSFET単独のスイッチについて学んでおこう．

〔1〕 nMOSFETスイッチ

図3･17（a）にnMOSFETを用いたスイッチを示す．MOSFETは図1･4に示すように，基本的に構造はドレインとソースの区別はないので，どちらを入力側

としてもよい．コンデンサ C はスイッチの出力側に接続される回路の入力容量，寄生容量などをまとめた容量である．サブストレートは回路中の最低電位（接地）に接続して使用する．

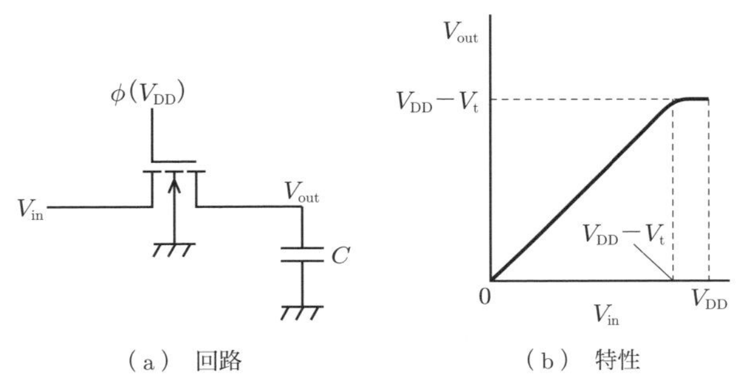

（a）回路　　（b）特性

図 3・17　nMOSFET スイッチ

ゲートを高電位（V_{DD}）に設定し，入力電圧 V_{in} を 0 から V_{DD} まで変化させると，V_{in} が $V_{\mathrm{DD}}-V_{\mathrm{t}}$ までは nMOSFET がオンして，出力 V_{out} は図（b）に示すように入力電圧と等しく直線的に変化する．ただし V_{t} は MOSFET のしきい電圧である．V_{in} が $V_{\mathrm{DD}}-V_{\mathrm{t}}$ を超えると（ゲート–ソース間電圧が V_{t} 以下となり）nMOSFET はオフし C の電荷が保持されるため，V_{out} は変化せず一定となる．したがって，図 3･17（a）の nMOS スイッチが入力信号を正確に伝送できるのは，図（b）の直線区間だけとなる．

【問 3・9】　図 3･17（a）の C に電荷が蓄えられているとき，V_{in} を 0 にすると電荷はどうなるか．

〔2〕 pMOSFET スイッチ

図 3･18（a）は pMOSFET を使用したスイッチである．サブストレートは回路中の最高電位（V_{DD}）に接続して使用する．ゲートを最低電位（0 V）として，入力電圧 V_{in} を V_{DD} から 0 まで減少させると，V_{out} は V_{DD} より V_{t} までは直線的に減少するが，V_{t} 以下になると pMOSFET はオフして出力は V_{t} より下がらない．したがって，図 3･18（a）の入出力特性は図（b）のようになり，正確に入力信号を出力に伝えることができるのは，直線で表される範囲に限られる．

このように，nMOSFET，pMOSFET を単独で使用した場合，正確に信号を伝えることができる範囲が制限される．

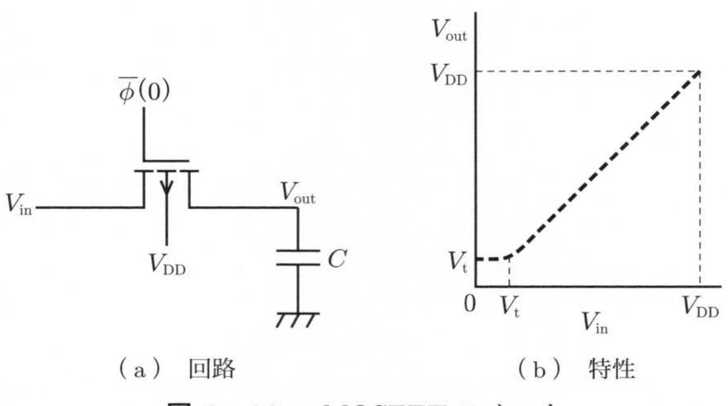

（a）回路　（b）特性

図 3・18　pMOSFET スイッチ

3・3・2　CMOS スイッチ

〔1〕 トランスファーゲート

pMOSFET，nMOSFET スイッチは入力の 0 付近，あるいは V_{DD} 付近の特性が不完全で信号の正確な伝送ができない．**図 3･19** はこの欠点を取り除いた CMOS 構造のスイッチである．pMOSFET と nMOSFET のソース，ドレインをそれぞれ互いに接続した構成となっている．その入出力特性は図 3･19（b）に示すように，図 3･17（b）と図 3･18（b）を重ね合わせた特性となり，入力が 0 から V_{DD} まですべての範囲で直線となり，正確に入力情報を伝達できる．この CMOS スイッチを**トランスファーゲート**ともいう．

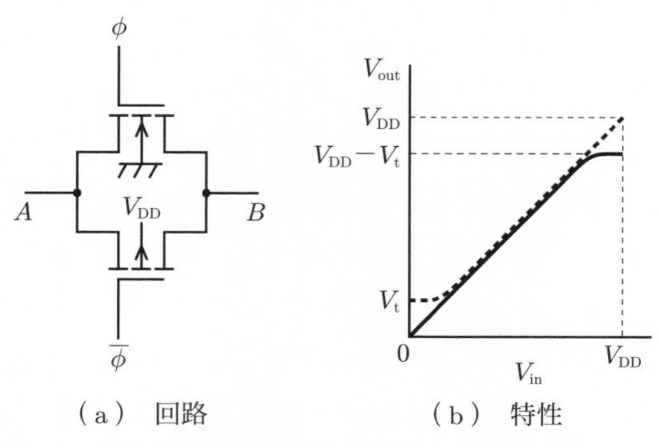

（a）回路　（b）特性

図 3・19　CMOS スイッチ（トランスファーゲート）

ϕ を H レベル（$\overline{\phi}$ は L レベル）にすると A–B 間が導通し，ϕ を L レベル（$\overline{\phi}$ は H レベル）にすると A–B 間は切り離される．このように CMOS スイッチは制御信号 ϕ により，二つの端子間をオン，オフすることができる．

〔2〕 セレクタ（マルチプレクサ）

CMOS スイッチを利用すると，複数の入力信号から特定の信号を選択する回路を構成できる．**図 3·20**（a）は，二つの入力 A，B のいずれか一方を選択して，Y に出力する回路である．サブストレートの結線は記載を省略してある．トランスファーゲート TG_1，TG_2 は互いに逆相の信号 ϕ によって，TG_1，TG_2 の一方が導通して A，B のどちらかが Y に出力される．このような働きをする回路を**セレクタ**，または**マルチプレクサ**といい，その記号を図（b）に示す．また，逆に一つの入力信号から複数の出力に信号を振り分ける働きをする回路（**デマルチプレクサ**）を作ることもできる．

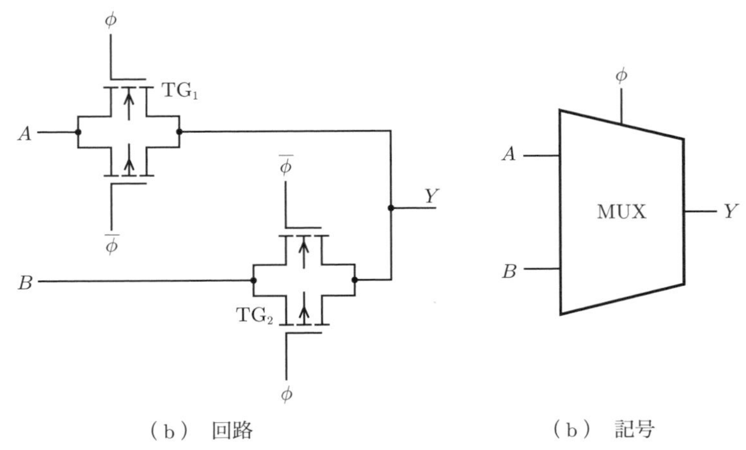

（b） 回路　　（b） 記号

図 3・20　トランスファーゲート（TG）によるセレクタ

並列信号を時間的に直列な信号に変換（**パラレル－シリアル変換**）し，1 本の信号線路を使用して，受信端でこれを複数の情報に振り分ける方法により，複数の信号を 1 本の信号線路により伝送できる．

トランスファーゲートによって，複数のゲートどうしや複数の配線どうしを接続したり切断することにより，種々の機能を有する回路を実現できる．この接続の情報を記憶しておくことにより，いつでも同一機能を再現でき，また，接続情報を変更することにより，異なった機能の回路を構成することもできる．これを大規模に実現したのが次章 4·5·4 項で述べる **FPGA** である．

3・4 CMOSゲートの貫通電流とラッチアップ

3・4・1 貫通電流

CMOSゲートは静的な状態では，pMOSFETまたはnMOSFETのいずれかオフしているため，電源から電流は流れず電力を消費しないのが特徴である．しかし，オン，オフを切り換える過渡状態では，pMOSFET，nMOSFETが同時にオンとなる瞬間がある．**図3·21**はCMOS NOTゲートとそのの直流伝達特性を示したものである．ただし図（b）のV_{tn}，V_{tp}はそれぞれnMOSFET，pMOSFETのしきい電圧である．入力V_{I}が0，V_{DD}付近では，nMOSFETまたはpMOSFETがオフしているため電源より電流は流れないが，V_{tn}と$V_{\mathrm{DD}}-V_{\mathrm{tp}}$の間では，図（b）の点線で示した電流$I_{\mathrm{S}}$が図（a）に示すように電源から接地に直接流れる．この電流を**貫通電流**という．

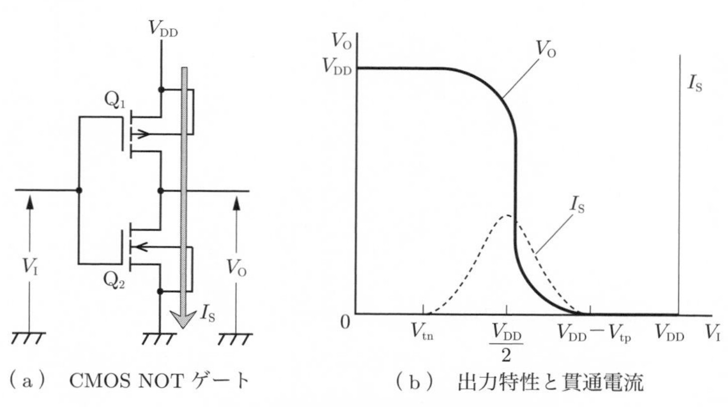

（a） CMOS NOTゲート　（b） 出力特性と貫通電流

図3・21 CMOSの貫通電流

貫通電流の大きさはMOSFETのオン抵抗に依存し，数A以上になることもあるが，CMOSゲートの入力信号の変化はきわめて早い（数ns）ので，貫通電流による電力消費はわずかである．しかし，大電流のオン，オフは雑音発生の原因になるばかりでなく，不完全な電源（内部インピーダンスが高いなど）を使用した場合は，電源電圧の変動につながる危険があるため，電源ラインにコンデンサを接続するなどの対策が必要な場合もある．

3・4・2　CMOS におけるラッチアップ

CMOS 回路の構造をみると，本来の MOSFET のほかに，バイポーラトランジスタが寄生素子として含まれていることがわかる．**図 3·22**（a）は CMOS 構造における寄生バイポーラトランジスタを示したものである．これは図（b）に示すような等価回路で表すことができる．R_1，R_2 は p 形および n 形領域の抵抗である．

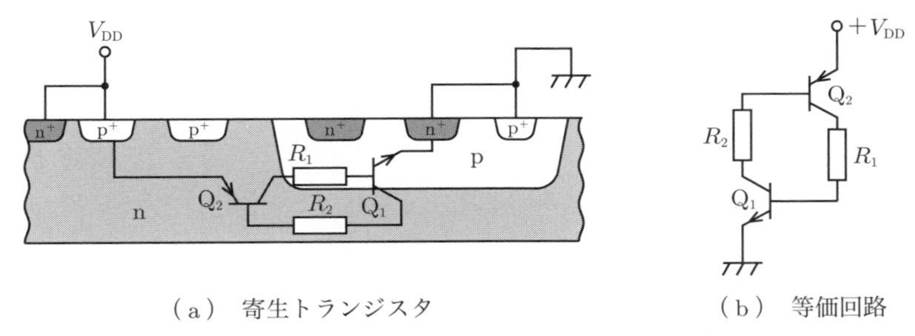

（a）寄生トランジスタ　　（b）等価回路

図 3・22　CMOS 回路の寄生バイポーラトランジスタ

この回路は正帰還回路となっている．いま，なんらかの原因で Q_2 のベース–エミッタ間が順方向にバイアスされ Q_2 が導通を始めると，Q_2 のコレクタ電流により Q_1 も導通する．Q_1 のコレクタ電流が Q_2 のベースに流れ，Q_2 の電流がさらに増える．このようにして，Q_1，Q_2 に過大な電流が流れ，ときには素子の破壊を招く．この現象を CMOS 回路の**ラッチアップ**という．

ラッチアップは，雑音，過大な V_{DD} などによって発生する．ラッチアップを防止するには，CMOS 構造としては，Q_1，Q_2 の電流増幅率が小さくなるようにする．また，CMOS 使用にあたっては，V_{DD} が最大定格を越えないような注意が必要である．

【問 3・10】　CMOS 回路のラッチアップを防止するために，なぜ寄生トランジスタの電流増幅率を低下させるのが有効か．

3・5　MOS トランジスタの記憶作用

MOS トランジスタのゲート電極と，ゲート電極下の半導体の間には，図 3·8 に示すように厚さ 1 μm 程度の非常に薄い絶縁膜がある．この部分は一種の容量とみなすことができ，**図 3·23** に示すように，等価的にゲートと接地間に容量 C_0

(0.1 pF 程度) が接続されることになる.

Q_1 のゲートに，図に示すように Q_2 を接続した回路を考えてみよう．ϕ を H レベルにすると，Q_2 がオンして入力電圧 V_i で C_0 が充電される．次に ϕ が L レベルとなると，Q_2 がオフする．MOS トランジスタのゲート端子には電流が流れないから，C_0 の電荷は保存され Q_1 のゲート電圧は変わらない．

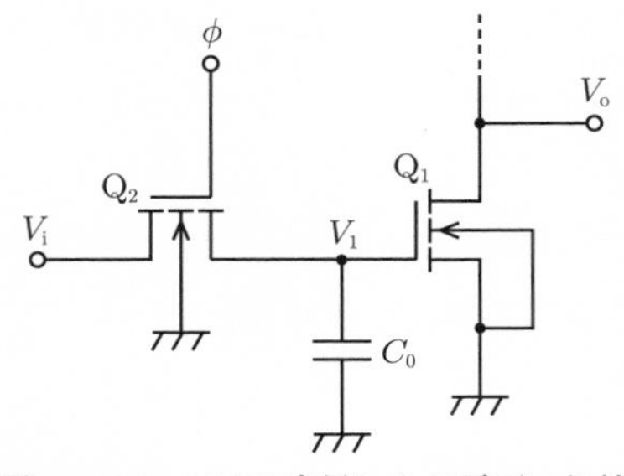

図 3・23　MOS 容量による電圧の保持

このように，MOS トランジスタの入力容量 C_0 を利用することにより，電荷を保持することができ，情報の記憶に利用することができる．C_0 の電荷は Q_2 のソース–サブストレート間の pn 接合の逆方向電流により徐々に放電するため，定期的に Q_2 をオンにして，入力電圧 V_i で再充電しなければならない．これを**リフレッシュ**という．このような動作をする回路を，**ダイナミック回路**という．これに対して，今まで述べてきた回路を**スタティック回路**という．

図 3·24 はダイナミック回路による論理回路（NOT 回路，または NOR 回路の一部）である．ϕ を H レベルにすることにより，前段の nMOS 回路の出力 V_0' が C_0 に充電され，Q_4 の状態が決定される．次に ϕ が L レベルになり Q_3 がオフすると，Q_4 の状態が保持される．このとき Q_1 の能動負荷である Q_2 もオフする．また，Q_4 の負荷も Q_2 と同じ能動負荷が使われるため，状態保持のとき V_{DD} より電流が流れず消費電力が低減される．

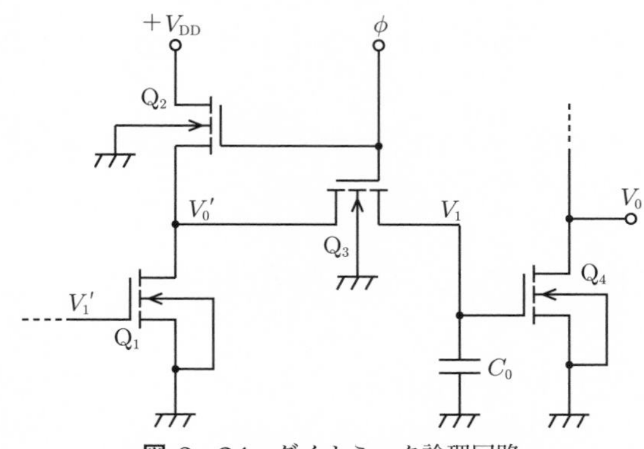

図 3・24　ダイナミック論理回路

ダイナミック論理回路は，情報を記憶するメモリ回路や，入力情報を次々に後段に伝達するシフトレジスタなどにしばしば利用される．

3・6 各種論理ゲートの特性

表 3·4 に今まで述べた各種論理ゲートの特性をまとめて示す．

表 3・4 各種論理ゲートの比較

シリーズ名	TTL 7400	nMOS	CMOS 4000B	CMOS 74HC00	単位
V_{OH}(min)	2.4	9.6	4.95	3.7	V
V_{OL}(max)	0.4	0.4	0.05	0.4	V
V_{IH}(min)	2.0	4.1	3.5	3.5	V
V_{IL}(max)	0.8	1.5	1.5	1.0	V
NM_H(min)	0.4	5.5	1.45	0.2	V
NM_I(min)	0.4	1.1	1.45	0.6	V
t_{pd}	10	15	35	10	ns
電源電圧	5	10	3〜18	2〜6	V
消費電力	10	5	−	2	mW

（注）CMOS の各数値は，電源電圧が 5 V のときのものを示してある．

異なる種類の論理ゲートを接続する際，互いに論理レベルが異なるなどの点から，直接接続できない場合が生じる．このようなとき，互いにレベルを合わせる回路が必要となる．この目的で使用される回路を，**インターフェース回路**という．

CMOS–TTL のインターフェースは比較的簡単である．**図 3·25** にその例を示す．CMOS 論理ゲート（4000B シリーズ）は，TTL との接続を容易にするため，図 3·25 に示すように入出力にバッファ回路が設けられている．電源電圧が 5 V のときは，TTL と CMOS は直接接続できる．このとき，TTL の V_{OH}（min）は CMOS の V_{IH}（min）より低いため，図 3·25 の抵抗 R（10 kΩ 程度）を付けて，TTL の出力が H レベル時に，CMOS 入力バッファの pMOS が完全にオフするようにする必要がある．この抵抗を**プルアップ抵抗**という．

74HC シリーズの CMOS 論理回路は，LS–TTL とほぼ同一規格で，そのまま TTL と置き換えが可能である．

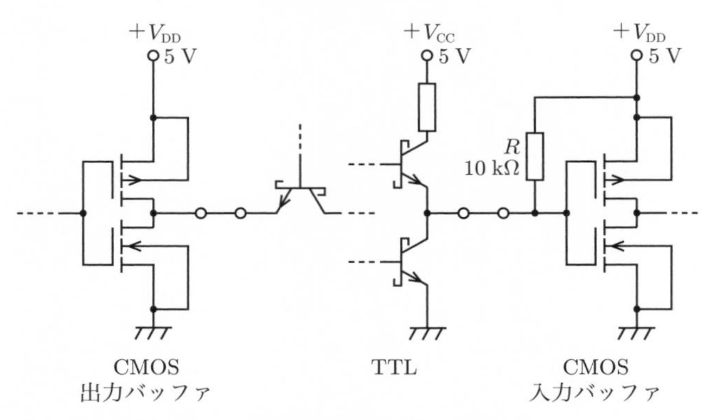

図 3・25　CMOS–TTL インターフェース

3・7　論理ゲートの記号

表 3·5 に論理ゲートの記号を示す．**MIL 記号**は米国軍用規格に用いられている記号で，記号の形が機能を表し，一目でわかるため広く用いられている．**JIS 記号**は日本産業規格による記号で，枠の中に書かれている記号によりその機能を表現している．JIS 記号は直線で書くことができるため，機械による作図に適し

表 3・5　論理ゲートの記号

	MIL 記号	JIS 記号
NOT	A → $\overline{A}$	A → [1] → $\overline{A}$
AND	A, B → $A \cdot B$	A, B → [&] → $A \cdot B$
OR	A, B → $A+B$	A, B → [≧1] → $A+B$
NAND	A, B → $\overline{A \cdot B}$	A, B → [&] → $\overline{A \cdot B}$
NOR	A, B → $\overline{A+B}$	A, B → [≧1] → $\overline{A+B}$
Exclusive NOR	A, B → $\overline{A \oplus B}$	A, B → [=1] → $\overline{A \oplus B}$

ており，計算機の出力図形として使用されるようになってきた．

本書では，MIL 記号による表記を行うことにする．

3・8　集積回路の概要

図 3·4，3·8，3·13 などに集積回路の断面図を示したが，このような構造はどのようにして作られるのだろうか．

集積回路は数 mm 角のシリコン基板（**チップ**という）上に，トランジスタ，抵抗，小容量のコンデンサを，拡散，エピタキシャル成長，エッチング，フォトリソグラフィ，蒸着などにより同時に作り，配線を行ったもので，隣り合った素子どうしの絶縁の方法，配線が重なり合わないような部品配置など，個別部品とは異なった方法がとられている．本節では集積回路[4)]の構造とその製造プロセスについて簡単に述べる．

3・8・1　集積回路素子の構造

図 3·26 は集積回路中の npn トランジスタと抵抗の断面図である．図でわかるように各素子は，p 形基板上に作られた n 形の“島”の中に形成されている．p 形基板を回路中のもっとも低い電位に接続しておくと，n 形の各島と p 形基板の間は pn 接合の逆バイアスとなり，空乏層を介して各島が分離できる．これを pn 接合による分離（**アイソレーション**）という．抵抗は n 形の島の上に p 形領域を形成し，この p 形半導体の有する抵抗を利用する．このとき，n 形の島の電位を回路中のもっとも高い電位に接続しておけば，p 形の抵抗は n 形の島より絶縁できる．

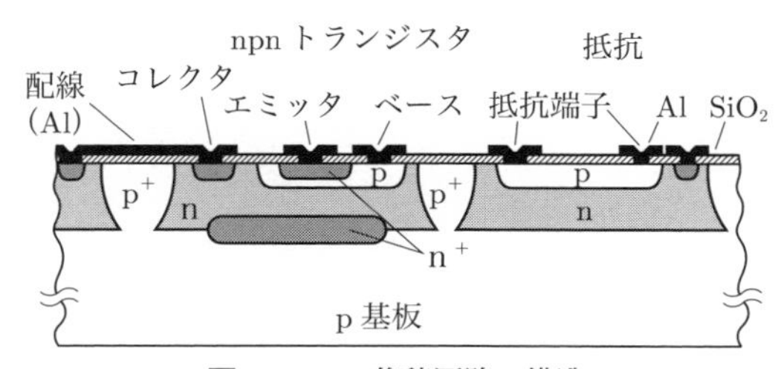

図 3・26　集積回路の構造

4)　ここで述べる集積回路を**モノリシック IC** といい，このほかに抵抗，コンデンサを印刷技術や，蒸着により作り，トランジスタと組み合わせる**ハイブリッド IC** がある．

トランジスタは，さらに p 形領域の中に n 形のエミッタ領域（n^+）を作り，図のように縦に npn の構造となるようにする．エミッタの n 形を作るとき，その深さを制御することにより，ベース幅を 0.5〜1 μm 程度にできる．コレクタ領域の n 形にある n^+ の層は，不純物濃度の高い n 形層で，ベース–コレクタ接合面からコレクタ端子までの抵抗を小さくする目的で作られている．これを**コレクタ埋込み層**という．

SiO_2 はシリコンの酸化膜で，非常に良い絶縁膜である．各素子間の配線はアルミニウムを蒸着することによって行う．

集積回路では素子の占める面積は，トランジスタが最小で，次に抵抗，容量の順である．したがって，容量は特別な場合を除いて，あまり使用されない．実用的な抵抗値の範囲は，100 Ω〜30 kΩ，容量値は 50 pF 以下である．集積回路に作られる素子の値は，その絶対値精度は 10〜30 % と誤差が大きく，個別部品（±1〜20 %）と比較してあまり良くない．一方，素子の相対誤差は 0.1〜1 % 程度で非常に整合性が良いのが特徴である．また，集積回路自体が非常に小さく，各素子が近接して配置されるため素子間の温度差がなく，温度的な性質も集積回路素子では良く揃うのも特徴の一つである．

3・8・2　集積回路の製造工程

集積回路製造の基本は，不純物の拡散である．**図 3·27** は n 形層の表面を酸化膜で覆い，その一部に穴（**拡散窓**という）をあけ，この穴より周期表の 13 族の元素であるボロン（B）を拡散している様子を示す．n 形基板を 1000〜1300 °C 程度に加熱し，気体化された不純物ガス中を通すと，熱エネルギーにより B が n 形 Si 中に拡散し，p 形領域を作る．このようにして pn 接合を形成する．必要な部分に拡散窓を開けるには，フォトリソグラフィとエッチングが利用される．**図 3·28** に示すように，SiO_2 で覆った n 基板の表面に感光剤（**フォトレジスト**と呼ぶ）を塗付する．次に拡散窓を作りたい部分だけに光が当たるように，**フォトマスク**を通して紫外線で露光する．その

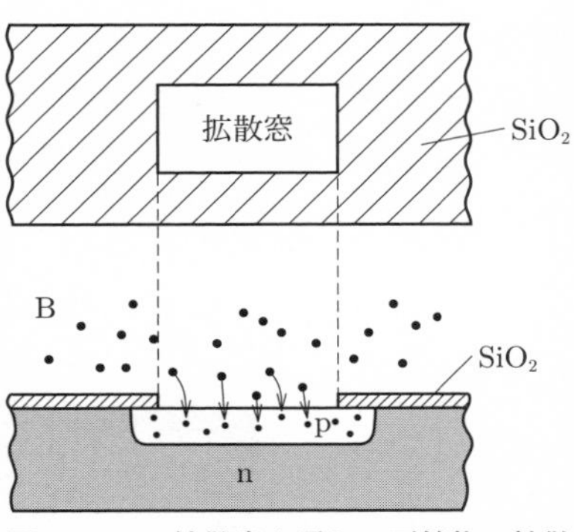

図 3・27　拡散窓を通して不純物の拡散

後，溶剤により感光した部分の感光剤を取り除き，残った感光剤を保護膜にしてエッチングにより拡散窓を開ける．最後に感光剤を除去する．

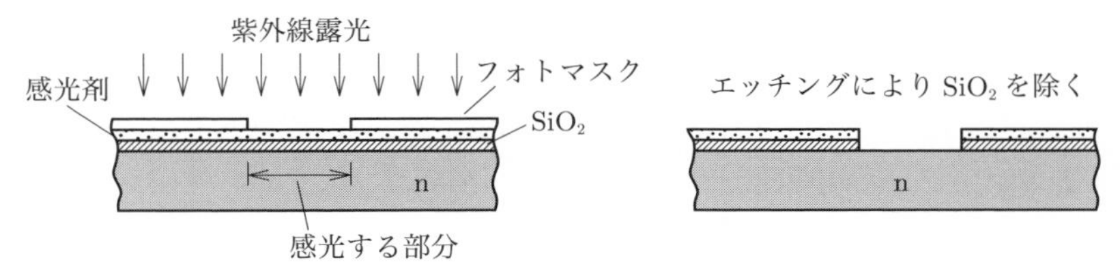

図 3・28 拡散窓の形成

以上の工程を数回繰り返すことによって，集積回路は製造される．**図 3·29** に npn トランジスタのできるまでの工程を示す．図（a）は n^+ 形埋込み層の拡散による形成である．埋込み層形成の後，酸化膜を取り除き，その上に図（b）の

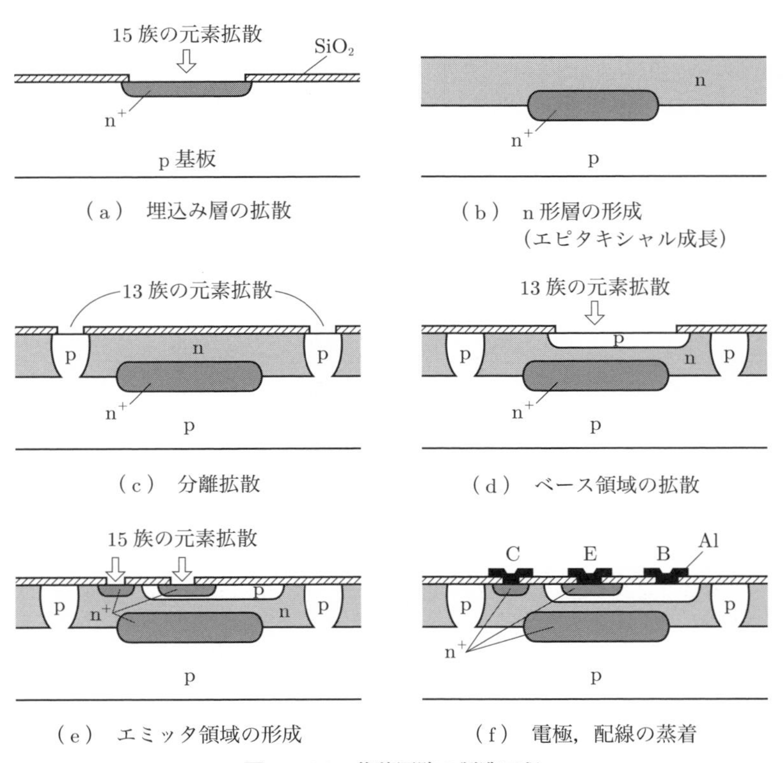

図 3・29 集積回路の製造工程

ようにn形層を結晶成長させる（これを**エピタキシャル成長**という）．次にpn接合分離を作るため，p形不純物を拡散窓を通して拡散する（図（c））．以下同様に，図（d）（e）に示すようにベース領域，エミッタ領域の順に不純物拡散を行い，最後に電極および配線を蒸着して集積回路ができる．

抵抗，コンデンサ，FETなども，上記工程の中で同時に作られる．

集積回路には，不純物拡散量や深さの制御，微細なマスクのパターンの精度，各拡散時におけるマスクの正確な位置合せなど，きわめて高度な技術が要求される．

演習問題

3・1 **図3·30**でスイッチSWがH側に接続され，バイポーラトランジスタは飽和状態にあるとする．ただし，$V_{CE} = 0.2\,\mathrm{V}$，$V_{BE} = 0.7\,\mathrm{V}$とする．

（1） コレクタ電流I_Cはいくらか．

（2） ベース電流I_Bはいくらか．

（3） つぎに，SWをL側に接続し，$V_B = 0$とした．このときベースに流れる電流の最大値とその向きを示せ．（V_{BE}は0.7Vから徐々に減少し0になるものとする．）

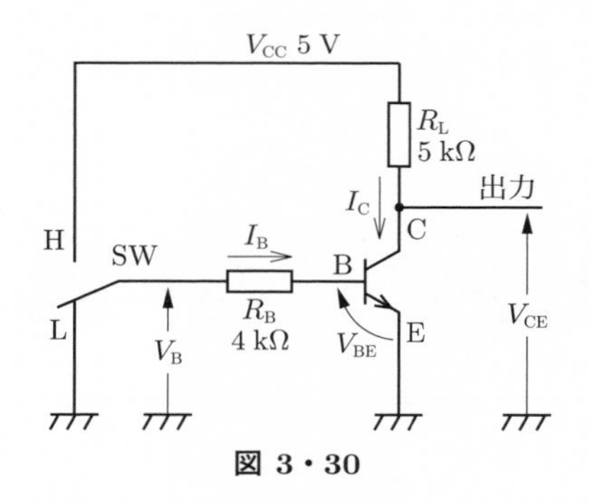

図 3・30

3・2 **図3·31**は図3·5の抵抗負荷nMOSFET NOTで，出力がHレベルの状態を示している．このとき出力に抵抗R（$= 15\,\mathrm{k\Omega}$）を接続すると，出力電圧V_0は何Vになるか．

3・3 図3·12のNOT回路の出力がHレベルのとき，出力に抵抗R（$= 15\,\mathrm{k\Omega}$）を接続した場合，出力V_0は何Vになるか．ただしQ_2のオン抵抗は十分小さいとする．

3・4 **図3·32**（a）は図3·12のCMOS NOTゲートのnMOSFETとpMOSFETを入れ替えた回路である．この入力に図（b）の波形の電圧を加えた．このとき出力の波形はどのようになるか．ただし，nMOSFET，pMOSFETのしきい電圧はとも

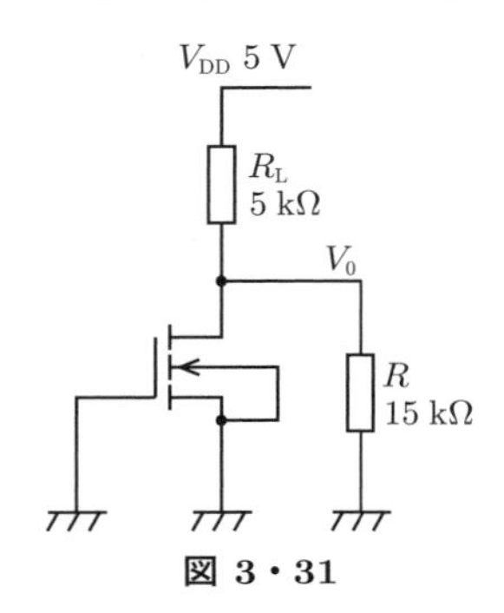

図 3・31

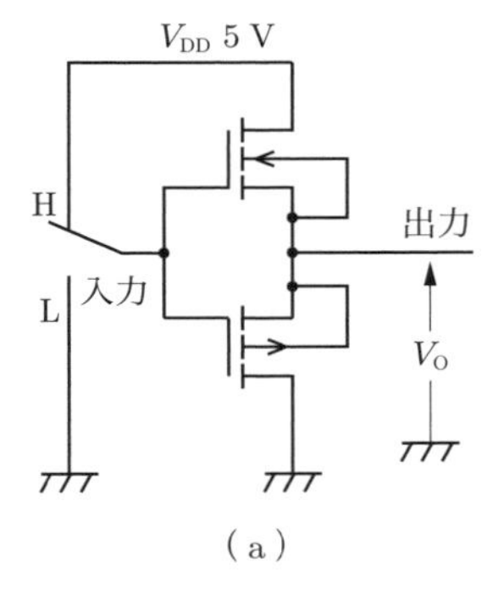

（a）

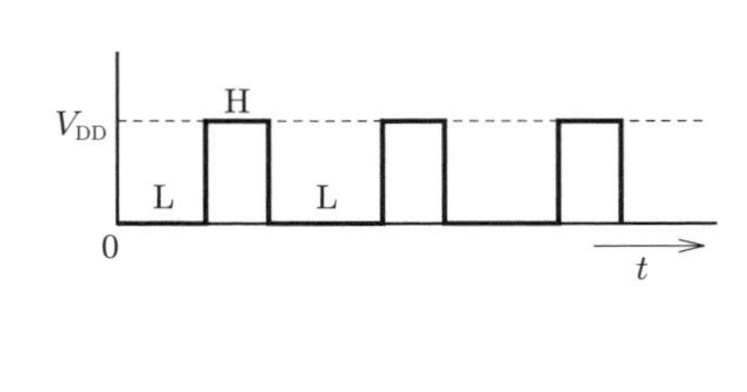

（b） 入力波形

図 3・32

に 1 V とする.

3・5 **図 3·33** は CMOS NOT を 2 段接続した回路である. 図 3·32（b）の入力を加えた場合の出力の波形はどうなるか. 問題 3·4 の出力波形と比較せよ.

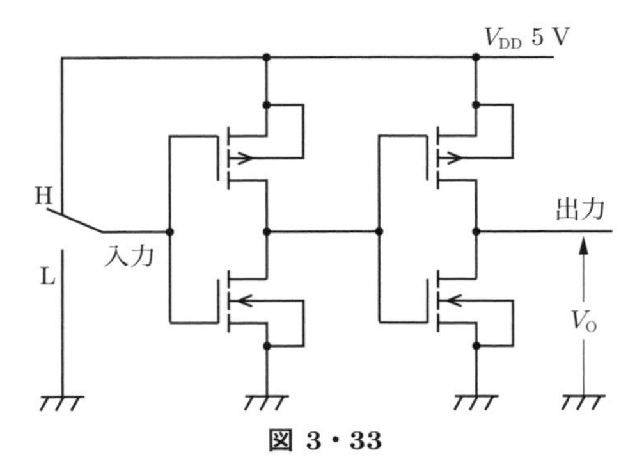

図 3・33

3・6　図 3·34（a）は，トランスファーゲートを用いたセレクタ（マルチプレクサ）である．その入出力は，$\phi = 1$ のとき $Y = X_1$，$\phi = 0$ のとき $Y = X_2$ という関係がある．

（1）図（b）は A，B を入力とし Y を出力とする論理回路である．その真理値表を求めよ．

（2）（1）で求めた真理値表を実現する論理回路を AND，OR，NOT で作れ．

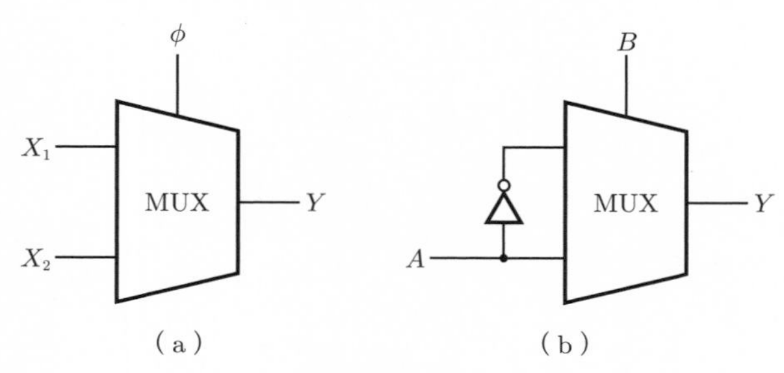

図 3・34

3・7　$Y = \overline{A \cdot B + C \cdot D}$ を複合ゲートにより実現せよ．

3・8　図 3·35（a）（b）に示す回路の論理関数を求めよ．

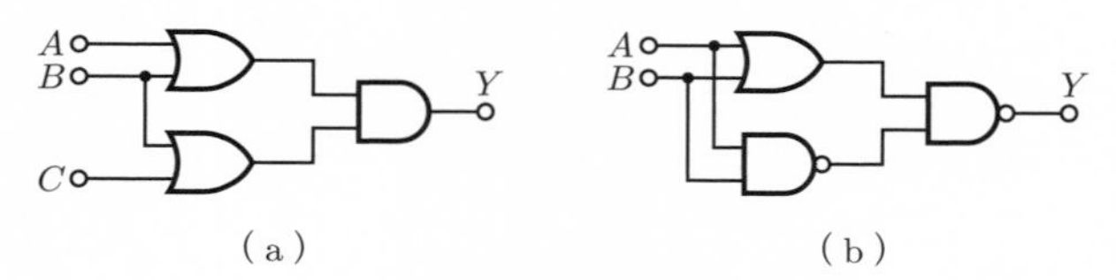

図 3・35

3・9　図 3·36（a）（b）に示す回路は，同一論理関数を実現する回路である．論理関数を求め，どのような演算を行う回路か考えよ．

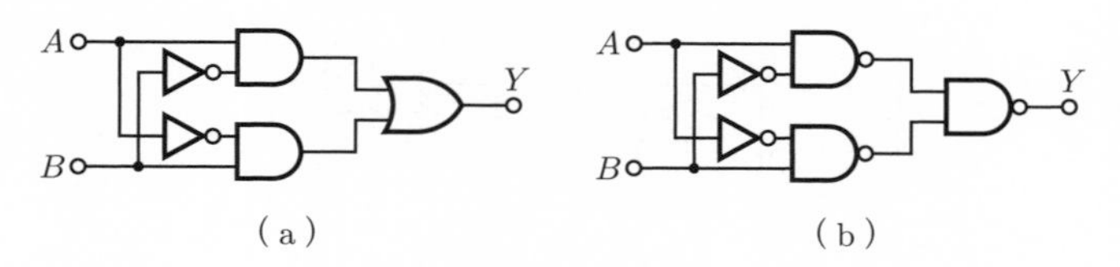

図 3・36

第 4 章
組合せ論理回路

論理回路のある時刻の出力の状態が，その時刻における入力の状態によって決定される場合，その論理回路を**組合せ論理回路**という．

組合せ論理回路は，AND，OR，NOT ゲートを用いて，あるいは NAND または NOR ゲートだけを用いて実現され，一般に出力が入力に戻るループ（帰還路）を持っていない．

組合せ論理回路の実現には，与えられた真理値表より論理関数を求め，次にこれを簡略化して，できるだけ少ないゲート数で実現するという方法がとられる．

本章では，論理関数の簡略化の方法を中心として，組合せ論理回路の解析，設計法および集積回路化された組合せ論理回路のいくつかの例について述べる．

4・1　組合せ論理回路の解析

ある組合せ論理回路が，どのような動作をするかを調べるには，論理回路から論理関数を求めることが重要である．ここでは与えられた論理回路より，論理関数を求める方法について述べる．

4・1・1　AND，OR，NOT ゲートより構成される論理回路の解析

AND，OR，NOT ゲートにより構成される組合せ回路の論理関数は，出力から順次各論理ゲートの出力状態を，その入力状態で表すことにより容易に求められる．

たとえば**図 4·1** に示す回路では

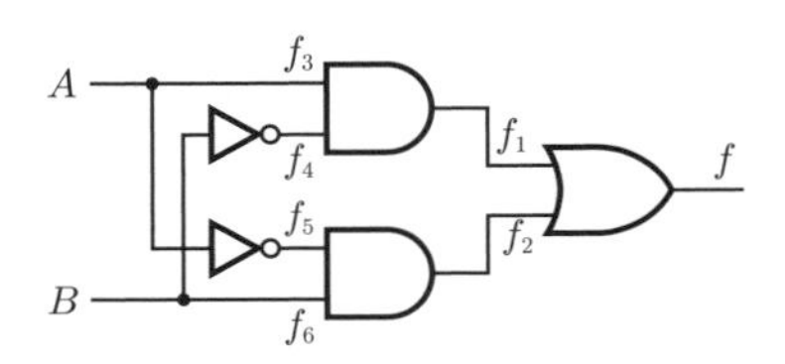

図 4・1　AND，OR，NOT ゲートの回路

$$\left.\begin{aligned} f\ &= f_1 + f_2 \\ f_1 &= f_3 \cdot f_4 \\ f_2 &= f_5 \cdot f_6 \\ f_3 &= A \\ f_4 &= \overline{B} \\ f_5 &= \overline{A} \\ f_6 &= B \end{aligned}\right\} \tag{4・1}$$

と表されるから，各 f_i を順次代入することにより

$$f = A \cdot \overline{B} + \overline{A} \cdot B \tag{4・2}$$

となる．

式 (4·2) より，入力変数 A，B の各値に対する f の値を求めると，**表 4·1** の真理値表が得られ，図 4·1 は Exclusive OR 回路であることがわかる．

表 4・1　図 4·1 の真理値表

A	B	f
0	0	0
0	1	1
1	0	1
1	1	0

4・1・2　NAND，NOR ゲートより構成される論理回路の解析

〔1〕　直接的解析

NAND または NOR ゲートだけで構成されている回路も，AND，OR，NOT ゲートの場合と同様に解析できるが，この場合 NAND あるいは NOR の性質により，否定の回数が多くなり，得られた関数の形の見通しが悪い．

たとえば**図 4·2** を考えてみよう．

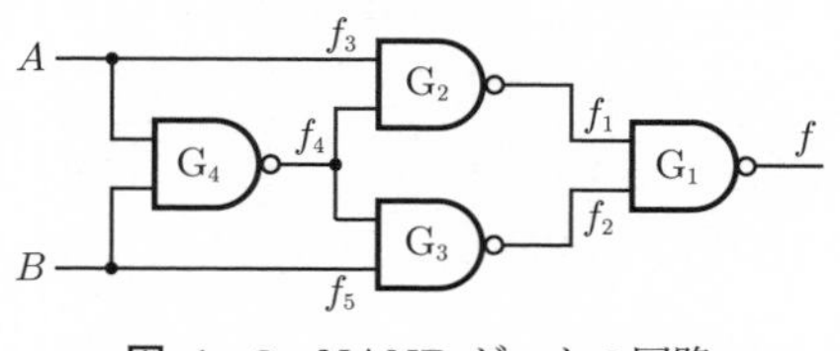

図 4・2　NAND ゲートの回路

$$\left.\begin{aligned} f\ &= \overline{f_1 \cdot f_2} \\ f_1 &= \overline{f_3 \cdot f_4} \\ f_2 &= \overline{f_4 \cdot f_5} \\ f_3 &= A \\ f_4 &= \overline{A \cdot B} \\ f_5 &= B \end{aligned}\right\} \qquad (4\cdot3)$$

であるから，順次 f_i を代入すると

$$f = \overline{(\overline{A \cdot \overline{A \cdot B}}) \cdot (\overline{\overline{A \cdot B} \cdot B})} \qquad (4\cdot4)$$

となる．ド・モルガンの法則を適用して，式（4·4）の変形を繰り返せば，AND と OR を用いた表現に直すことができる．しかし，否定の回数が多くなるとこの変形も復雑になってくる．

【問 4・1】 式（4·4）を変換すると式（4·2）が得られることを示せ．

〔2〕 NAND，NOR ゲートの等価変換

NAND あるいは NOR ゲートよりなる回路を AND，OR，NOT ゲート回路に変換する方法を考えてみよう．

図 4·3（a）は NAND ゲートである．出力は

$$f = \overline{A \cdot B} \qquad (4\cdot5)$$

と表されるが，ド・モルガンの法則により

$$f = \overline{A} + \overline{B} \qquad (4\cdot6)$$

と変形できる．式 (4·6) より，入力変数 A および B の NOT をとってから OR 演算を行っても，NAND が得られることがわかる．いま，入力側で NOT をとる記号を図 4·3（b）の入力側に付けた○印で表すことにすると，式（4·6）は OR ゲートと，入力側での否定の記号を用いて，図 4·3（b）のように表すことができる．

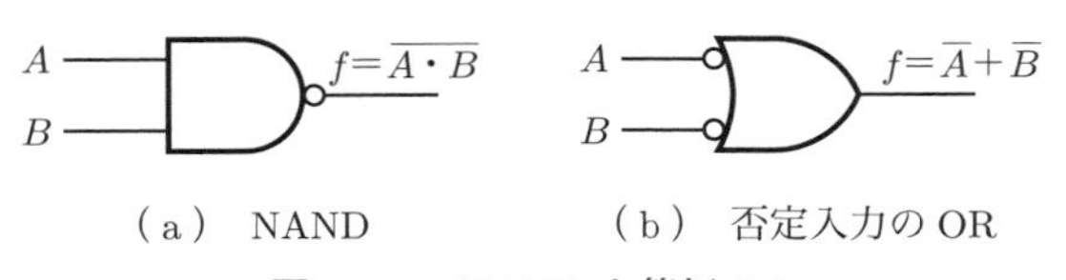

（a） NAND　　（b） 否定入力の OR

図 4・3　NAND と等価 OR

全く同様にして，**図 4·4**（a）の NOR ゲートは，入力側で否定を用いた図 4·4（b）の AND ゲートで表現できる[1]．この NAND，NOR ゲートの変換を用いることにより，AND，OR，NOT ゲートによる回路に変形できる．

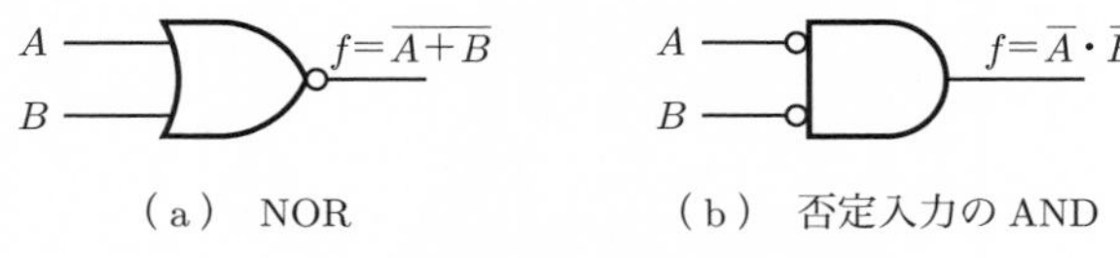

（a） NOR　　（b） 否定入力の AND

図 4・4　NOR と等価 AND

図 4·2 の NAND ゲートの回路に適用してみよう．まず G_1 を図 4·3（b）によって書き直すと，**図 4·5**（a）が得られる．この図で，G_2 の出力から G_1' の入力へ，および G_3 の出力から G_1' への入力へは，否定が 2 回行われており，2 重否定は元の状態に戻るから否定記号は不要となり，図（b）が得られる．図（b）では G_4 も図 4·3（b）により書き直し G_4' となっている．G_4' の入力側の NOT 記号は打ち消すことができないから，NOT ゲートを用いて実現すると，図 4·5（c）の回路となり，すべて AND，OR，NOT ゲートで表現できた．これより f を求めると

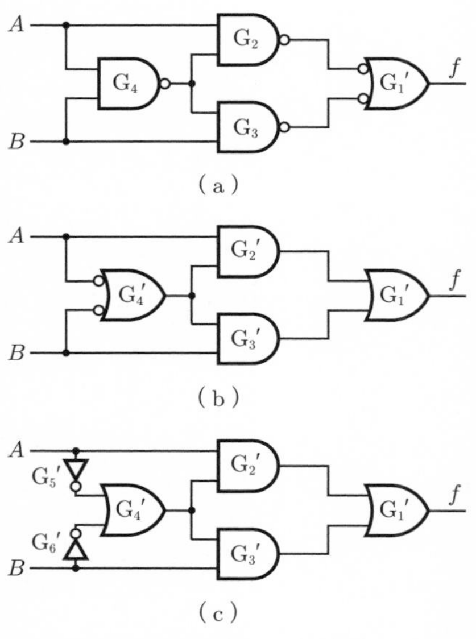

図 4・5　図 4·2 の 変 形

$$f = A \cdot (\overline{A} + \overline{B}) + B \cdot (\overline{A} + \overline{B}) = A \cdot \overline{A} + A \cdot \overline{B} + B \cdot \overline{A} + B \cdot \overline{B}$$

$$= A \cdot \overline{B} + B \cdot \overline{A} \qquad (4 \cdot 7)$$

が得られる．式（4·7）は式（4·2）と同じで，Exclusive OR 回路であることがわかる．

【問 4・2】　**図 4·6**（a）に示すように（点線の部分はないとする），出力側から NAND ゲートを並べたとき，各段のゲートの入力がその直前のゲートの出力によってのみ決定される回路の場合，図 4·3 の変換を行うと AND ゲートと OR ゲートが図（b）に示すように交互に現れることを示せ．

1）図 4·3，4·4 を**ド・モルガンの等価ゲート**と呼ぶ．

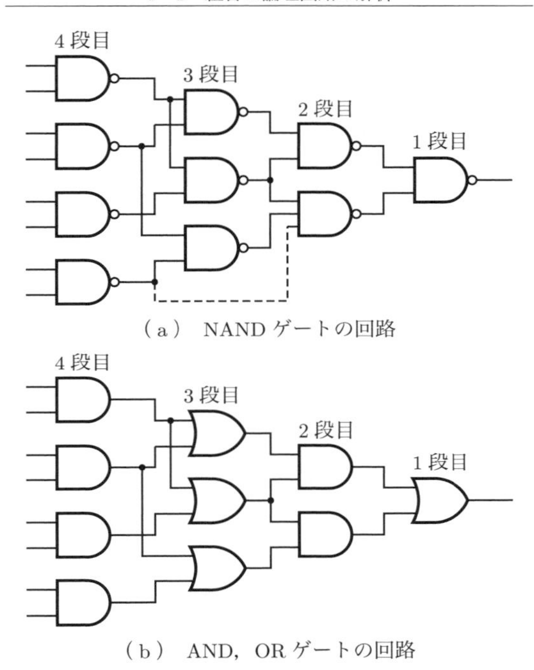

（a） NAND ゲートの回路

（b） AND，OR ゲートの回路

図 4・6 NOT ゲートを必要としない変換例

【問 4・3】 図 4·6（a）で点線部分を付け加えると，NAND ゲートの AND，OR ゲートへの変換はどこでできなくなるか．

〔3〕 一般的な NAND ゲート回路の解析

NAND ゲートだけで構成されている回路を，AND，OR，NOT ゲートの回路に変換するには，

（1） 回路を出力側より，図 4·6（a）のように順に並べ，各段に番号を付ける．

（2） 奇数段目の NAND ゲートを，図 4·3（b）の入力側否定の OR ゲートで置き換える．

（3） 2 重否定の部分の否定記号を取り除く．

の手順を行えばよい．しかし，（3）の手順が実行できない場合がある．たとえば**図 4·7**（a）（b）に示すような場合である．（a）は 2 重否定の中間から出力を取り出している場合，（b）は打ち消すべき否定が片方しかない場合である．このような回路では，**図 4·8** に示すように，NOT ゲートを挿入することにより否定記号を取り除くことができる．

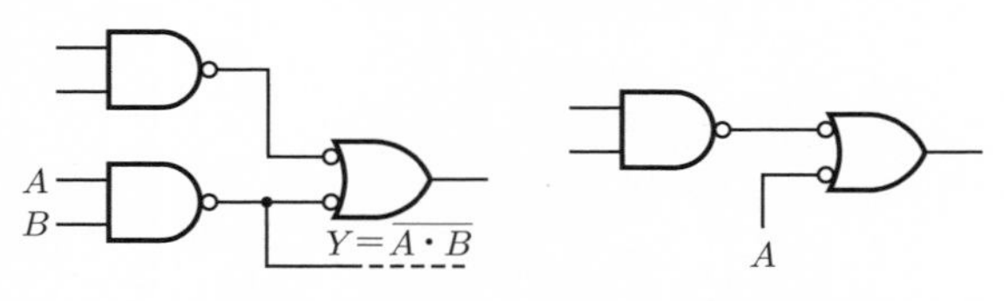

（a）　2 重否定の中間から
　　　出力が出ている場合

（b）　否定が片側にしか
　　　存在しない場合

図 4・7　2 重否定が取り除けない例

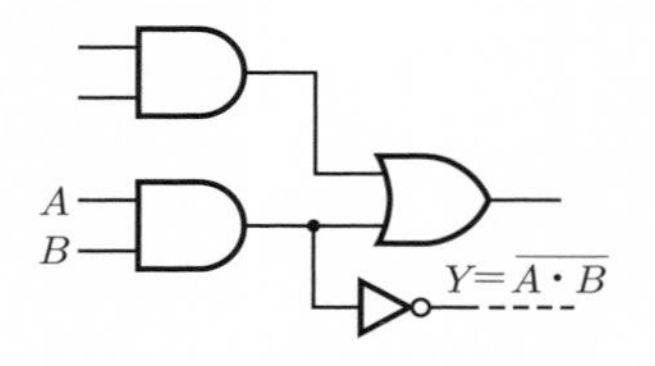

（a）　NOT ゲートを通して
　　　出力を得る

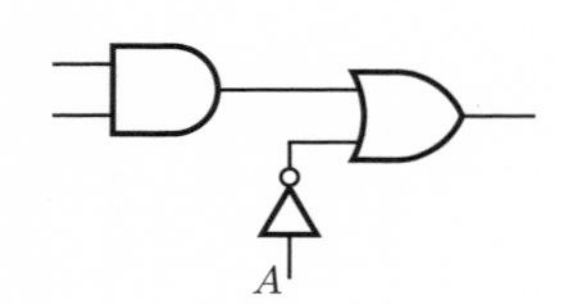

（b）　NOT ゲートを通して
　　　入力を加える

図 4・8　NOT ゲートの導入

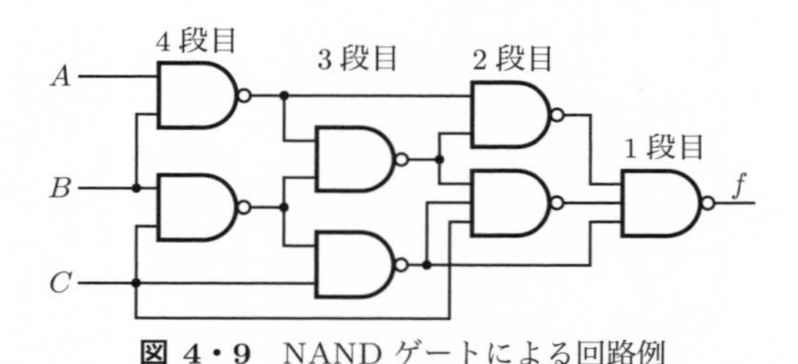

図 4・9　NAND ゲートによる回路例

例として，**図 4·9** に示す回路を AND，OR，NOT ゲートによる回路に変換し，その論理関数を求めてみよう．奇数段目をド・モルガンの等価 NAND ゲートで置き換えると，**図 4·10**（a）が得られる．ここで太線部分は否定記号（o 印）を取り除くために，NOT ゲートを必要とする部分である．NOT ゲートを挿入し，2 重否定を取り除くと，図 4·10（b）の回路が得られる．この図より，次式が得られる．

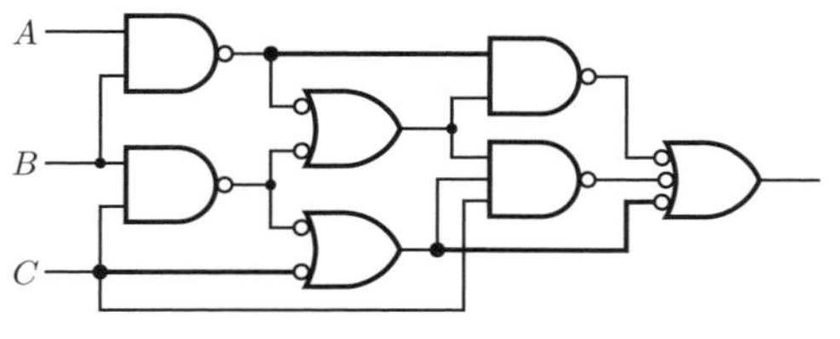

（a）　奇数段を変更

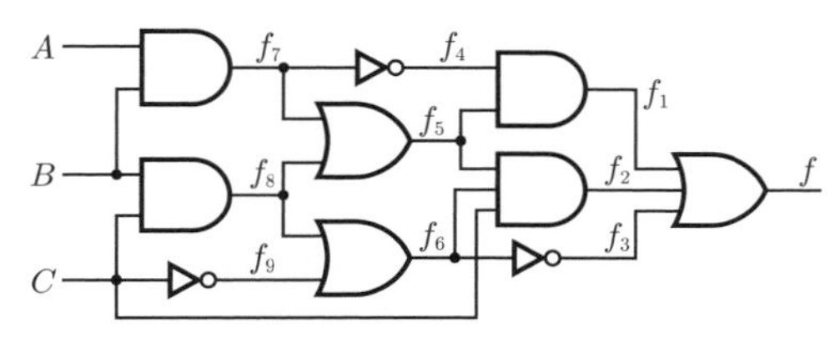

（b）　AND，OR，NOT ゲートによる表現

図 4・10　図 4·9 の 変 換

$$\left.\begin{aligned}
f\ &= f_1 + f_2 + f_3 \\
f_1 &= f_4 \cdot f_5 \\
f_2 &= f_5 \cdot f_6 \cdot C \\
f_3 &= \overline{f_6} \\
f_4 &= \overline{f_7} \\
f_5 &= f_7 + f_8 \\
f_6 &= f_8 + f_9 \\
f_7 &= A \cdot B \\
f_8 &= B \cdot C \\
f_9 &= \overline{C}
\end{aligned}\right\} \qquad (4 \cdot 8)$$

これより，f_i を順次代入することにより f を求めることができる．

NOR ゲートだけより構成される回路も，ド・モルガンの等価 NOR ゲートで，奇数段目を置き換えることにより，全く同様に変換できる．

【問 4・4】　図 4·6（a）の点線部分は，図 4·6（b）ではどうなるか．

【問 4・5】　式（4·8）より論理関数を求めよ．

4・2　組合せ論理回路の実現

組合せ論理回路の論理関数は，真理値表が与えられれば，2 章で示した方法により求めることができる．こうして求められた論理関数は一般に冗長であるため，簡単化を行った後，組合せ論理回路として実現される．論理関数の簡単化については次節で述べるので，本節では簡単化された論理関数が与えられたとして，その実現法を示そう．

4・2・1　AND，OR，NOT ゲートによる実現

論理関数は式（2･29）の加法標準形に示すように，論理変数の AND をとったいくつかの項の OR で表される**積和形**と，式（2･30）の乗法標準形のように，論理関数の OR をとった項の AND で表される**和積形**に分けられる．

積和形，和積形はそれぞれ**図 4･11**（a）（b）に示すように，AND ゲート，OR ゲートの 2 段で構成できる．図 4･11（a）は

$$f = A \cdot B \cdot \overline{C} + B \cdot C + A \cdot \overline{B} \cdot C \tag{4・9}$$

図（b）は

$$f = (A + \overline{B} + C) \cdot (B + C) \cdot (A + B + \overline{C}) \tag{4・10}$$

を実現する回路である．

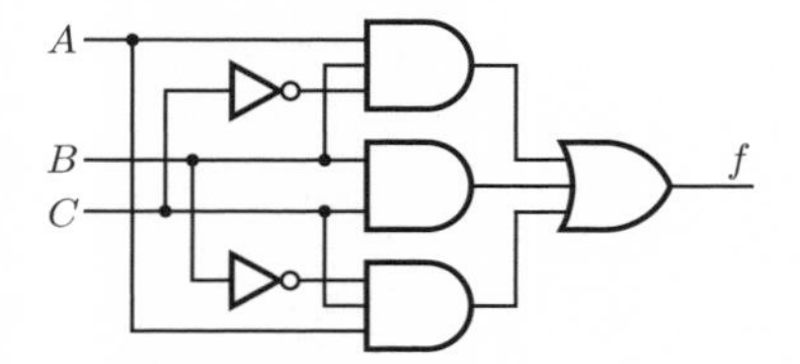

（a）　積和形（$f = AB\overline{C} + BC + A\overline{B}C$）

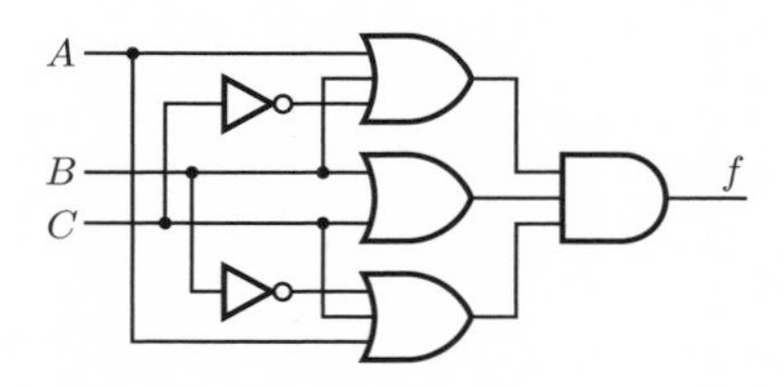

（b）　和積形（$f = (A + \overline{B} + C) \cdot (B + C) \cdot (A + B + \overline{C})$）

図 4・11　AND–OR 2 段構成

図 4･11 の構成は論理ゲートの段数が少ない構成法で，信号の遅延が少ないが各ゲートの入力数が多くなる．式（4･9）を

$$f = A \cdot (B \cdot \overline{C} + \overline{B} \cdot C) + B \cdot C \tag{4・11}$$

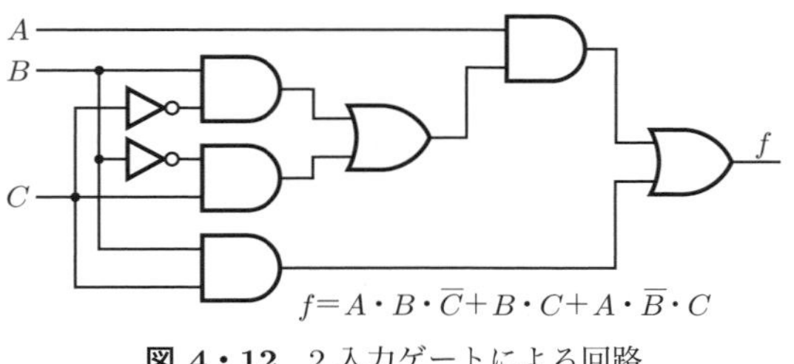

図 4・12　2 入力ゲートによる回路

と変形し，これを実現すると**図 4･12** のように 4 段構成となるが，各ゲートはすべて 2 入力のゲートとなる．

このように，同一論理関数でも関数の変形により種々の等価回路が得られることがわかる．

一般に AND，OR ゲートで回路を実現すると，AND ゲートと OR ゲートが図 4･12 の例のように交互に接続される．積和形では出力側から数えて奇数段目が OR ゲート，和積形では奇数段目が AND ゲートになる．

【問 4・6】　式（4･11）の双対を考え，和積形の 4 段ゲート回路を構成せよ．

4・2・2　NAND ゲートによる実現

〔1〕　関数の 2 重否定による方法

NAND または NOR ゲートだけで論理回路を実現する場合は，積和形あるいは和積形で表された論理関数の 2 重否定をとることによって，NAND あるいは NOR ゲートに適した関数に変換できる．例として，積和形の

$$f = A \cdot B + B \cdot C + C \cdot A \tag{4・12}$$

の NAND ゲートによる実現を考えてみよう．式(4･12)の 2 重否定をとり，ド・モルガンの法則を用いると

$$\begin{aligned} f = \overline{\overline{f}} &= \overline{\overline{A \cdot B + B \cdot C + C \cdot A}} \\ &= \overline{(\overline{A \cdot B}) \cdot (\overline{B \cdot C}) \cdot (\overline{C \cdot A})} \end{aligned} \tag{4・13}$$

であるから，回路は**図 4･13** となる．

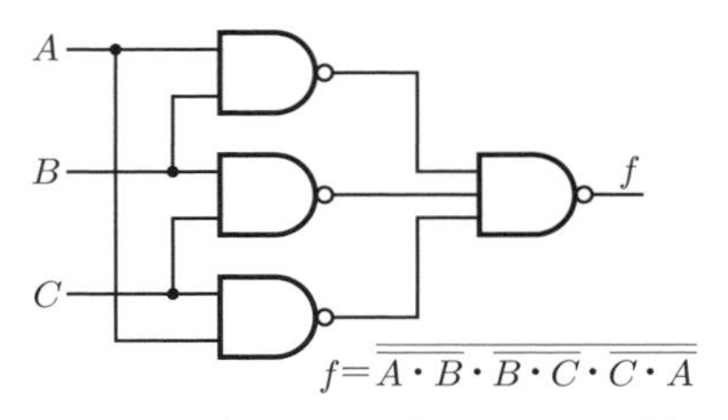

図 4・13　NAND ゲートによる回路

〔2〕 AND，OR，NOT ゲート回路から変換する方法

論理関数の2重否定は，複雑な論理関数の場合は容易ではない．4･1節でNAND（あるいはNOR）ゲートだけで構成されている回路は，ド・モルガンの等価ゲートを用いて，AND，OR，NOT ゲートによる回路に変換できることを述べた．

この手法を逆に応用すると，AND，OR，NOT ゲートで実現された回路から，次の手順によりNAND またはNOR ゲートによる回路を導くことができる．

（1） 与えられた論理関数を AND，OR，NOT ゲートにより実現する．

（2） 出力側より各段のゲートの種類をそろえて，各段に番号をつける．

（3） 奇数段の論理ゲートの入力側と，偶数段の論理ゲートの出力側に否定記号（o印）を付ける．このとき，信号線の両端にo印がある場合はそのまま，片側にだけo印がある場合は，その信号線の途中にNOT ゲートを挿入する．

（4） 入力側否定の論理ゲートを，ド・モルガンの等価ゲートにより，NAND またはNOR ゲートに置き換える．

（5） 必要ならばNOT ゲートをNAND またはNOR ゲートで実現する．

例として，図4･12の回路をNAND ゲート回路に変換してみる．上記の（1）（2）は満たしているので（3）より始めると，**図4･14**（a）の回路が得られる．この

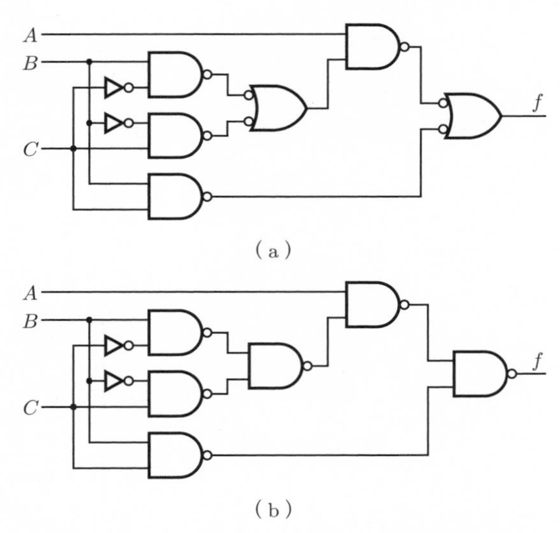

図4・14　図4･12のNAND ゲート回路への変換

回路では新たにNOTゲートを必要とする場所は存在しないから，（4）のステップにより図（b）の回路が得られる．

AND，OR，NOTゲートによる回路より，NANDあるいはNORゲートの回路に変換するこの方法は，機械的に行うことができ，AND，OR，NOTゲートによる回路が容易に得られる場合は便利であるが，NOTゲートの処理などに問題点がある．

【問4・7】 図4･10（b）の回路を図4･9に変換せよ．

4・3　論理関数の簡単化

真理値表から直接求められる加法標準形，あるいは乗法標準形による論理関数は，冗長でそのまま論理ゲートを用いて実現すると，必要とするゲート数が多くなり，また回路も複雑になる．このため，論理関数の簡単化を行う必要がある．

論理関数の簡単化には，論理関数の諸定理を利用して，論理関数を直接変形する方法と，カルノー図などの図表を用いて機械的に行う方法がある．

4・3・1　論理関数の諸定理を利用した簡単化

2･2節で述べた論理関数の諸定理を用いることにより，論理関数を簡単化できる．

簡単な例で説明しよう．**表4･2**はOR回路の真理値表であり，論理関数 f は

$$f = A + B \qquad (4\cdot 14)$$

が最終結果であるが，加法標準形から順にこれを導いてみよう．式（2･29）を用いて，表4･2より，加法標準形を求めると

表4・2　OR回路の真理値表

A	B	f
0	0	0
0	1	1
1	0	1
1	1	1

$$f = \overline{A}\cdot B + A\cdot\overline{B} + A\cdot B \qquad (4\cdot 15)$$

となる．右辺の第2項と第3項を A でまとめると

$$f = \overline{A}\cdot B + A\cdot(\overline{B} + B) \qquad (公理4)$$

$$= \overline{A}\cdot B + A \qquad (公理5)$$

となり，これ以上簡単化できず，式（4·14）まで到達しない．

式（4·15）に再び戻り

$$
\begin{aligned}
f &= \overline{A} \cdot B + A \cdot \overline{B} + A \cdot B \\
&= \overline{A} \cdot B + A \cdot \overline{B} + A \cdot B + A \cdot B && \text{(定理 1)} \\
&= (\overline{A} + A) \cdot B + A \cdot (\overline{B} + B) && \text{(公理 4)} \\
&= B + A && \text{(公理 5)}
\end{aligned}
$$

と変形すると，最終結果である OR が得られる．

このように，論理関数に適当な変形を施すことにより簡単化が行われる．しかし，変形が不適当であると，簡単化は途中で行き詰まってしまう．論理関数の変形には熟練を要し，特に変数が多い場合には，この方法による論理関数の簡単化は困難である．

【問 4・8】 $f = A \cdot B \cdot \overline{C} + A \cdot \overline{B} \cdot C + \overline{A} \cdot B \cdot C + A \cdot B \cdot C$ を簡単化せよ．（**ヒント：** $A \cdot B \cdot C = A \cdot B \cdot C + A \cdot B \cdot C + A \cdot B \cdot C$ を使うこと．）

4・3・2　カルノー図による簡単化

〔1〕 カルノー図

論理変数のすべての AND についての組合せを，平面上に表す方法を考えてみよう．

2 変数 A, B の場合, $A \cdot B$, $\overline{A} \cdot B$, $A \cdot \overline{B}$, $\overline{A} \cdot \overline{B}$ の 4 通りの組合せがある．これを**図 4·15** のようにます目で表し，互いに隣りどうしのます目間では，変数の状態はただ一か所だけ異なるように配置する．このような図を**カルノー図**という．ます目 a は $\overline{A} \cdot \overline{B}$ を，b は $\overline{A} \cdot B$，c は $A \cdot \overline{B}$，d は $A \cdot B$ をそれぞれ表している．

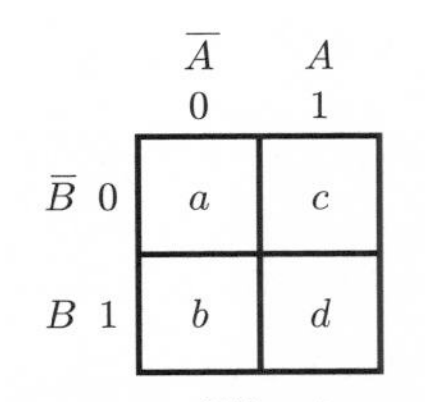

図 4・15　2 変数のカルノー図

図 4·16 に 3，4 変数のカルノー図を示す．いずれの場合も，隣りどうしのます目間では 1 個の変数の状態だけが異なっている．カルノー図では，右端のます目と左端のます目は，隣りどうしであり，また上端のます目と下端のます目も変数が 1 個だけ状態が異なり，隣りどうしとみなす．

4 変数までのカルノー図は簡単に表され，隣りどうしのます目も良くわかるが，5 変数以上では，少し複雑になる．**図 4·17**（a）（b）は 5 変数と 6 変数のカル

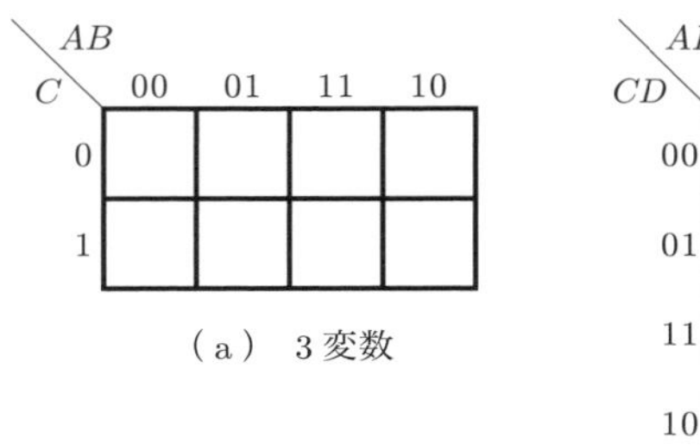

（a）　3 変数

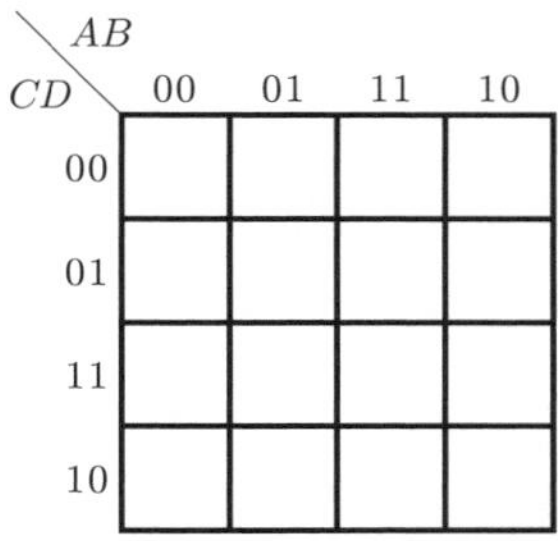

（b）　4 変数

図 4・16　3，4 変数のカルノー図

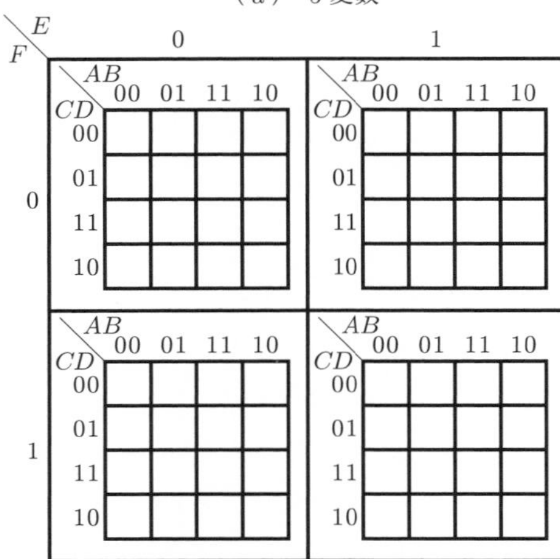

（a）　5 変数

（b）　6 変数

図 4・17　5，6 変数のカルノー図

ノー図で，1 枚の図では表されず，いくつかの部分に分割されている．この場合，ます目の隣りどうしの関係には注意が必要である．たとえば図（a）のます目 a と隣りどうしのます目は，a のまわりの四つの b だけでなく，右側の図の b も隣りどうしである．

6 変数を超えるカルノー図も理論的には可能であるが，実際には非常に複雑になるため，実用上は 6 変数まででであろう．

【問 4・9】 図 4·17（a）のます目 c と隣りどうしのます目はどれか．

〔2〕 論理関数のカルノー図上での表現

カルノー図により論理関数を表すことができる．加法標準形で論理関数を表すとき，論理関数の各項に相当するカルノー図上のます目に 1 を記入する．たとえば

$$f(A,B,C,D) = \overline{A}\cdot B\cdot \overline{C}\cdot \overline{D} + A\cdot B\cdot \overline{C}\cdot \overline{D} + \overline{A}\cdot B\cdot C\cdot D + A\cdot \overline{B}\cdot C\cdot D + A\cdot \overline{B}\cdot C\cdot \overline{D} \qquad (4\cdot 16)$$

を考えてみると，各項は**図 4·18** に示す 1 の記入してあるます目となる．

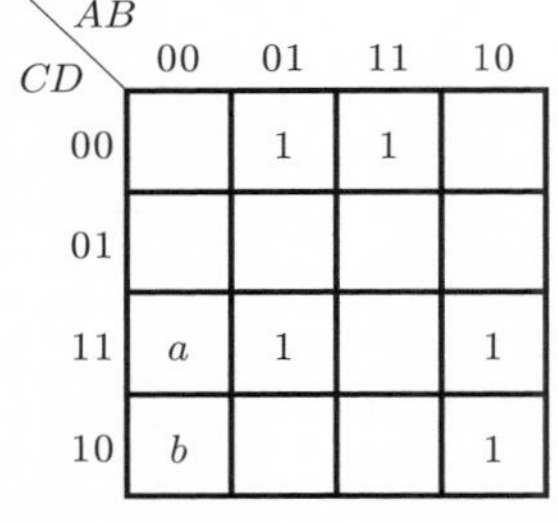

図 4・18 カルノー図上の論理関数表現

このように，任意の論理関数を積和形（必ずしも標準形でなくてもよい）で表して，各項を表すます目に 1 を記入することにより，カルノー図上に論理関数を表現できる．

カルノー図の一つのます目は，カルノー図上で分割できる最小の領域を示している．この領域を論理変数で表した項を**最小項**という．最小項はすべての論理変数の AND で表される．式（4·16）の各項はすべて最小項である．たとえば，$\overline{A}\cdot\overline{B}\cdot C$ は変数 D が欠け，D の値は 1 でも 0 でもよいから，図 4·18 のカルノー図上では，ます目 a，b の両方の領域を表し，最小項ではない[2)]．

カルノー図が与えられた場合，論理関数はカルノー図に 1 と記入された最小項の OR として表現でき，これが加法標準形である．

【問 4・10】 4 変数の論理関数 $f = A\cdot B\cdot C\cdot D + \overline{A}\cdot\overline{B}\cdot\overline{C} + \overline{C}\cdot\overline{D}$ のカルノー図を描き，加法標準形で f を表せ．

2) 最小項の双対として，すべて変数の OR で表した項，たとえば 4 変数では $(A + \overline{B} + \overline{C} + D)$ のような項を**最大項**という．

〔3〕 隣接するます目の性質

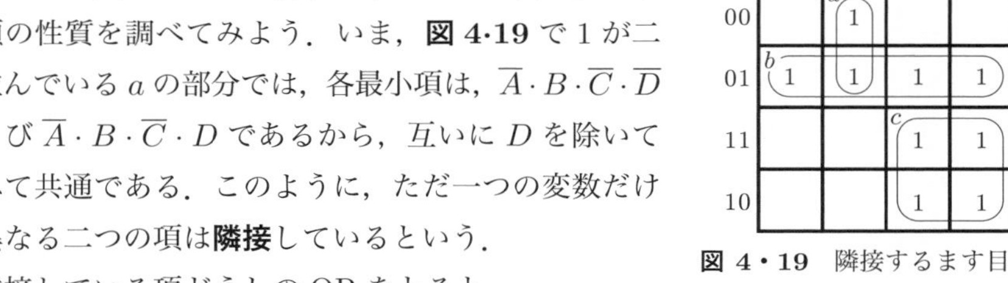

図 4・19　隣接するます目

カルノー図上で互いに隣りどうしのます目の表す最小項の性質を調べてみよう．いま，**図 4･19** で 1 が二つ並んでいる a の部分では，各最小項は，$\overline{A}\cdot B\cdot\overline{C}\cdot\overline{D}$ および $\overline{A}\cdot B\cdot\overline{C}\cdot D$ であるから，互いに D を除いてすべて共通である．このように，ただ一つの変数だけが異なる二つの項は**隣接**しているという．

隣接している項どうしの OR をとると

$$\begin{aligned}\overline{A}\cdot B\cdot\overline{C}\cdot\overline{D}+\overline{A}\cdot B\cdot\overline{C}\cdot D&=\overline{A}\cdot B\cdot\overline{C}\cdot(\overline{D}+D)\\&=\overline{A}\cdot B\cdot\overline{C}\end{aligned}\tag{4・17}$$

となり，非共通の変数が一つ消去される．隣接は縦方向だけでなく，横方向に並んだ二つのます目についても同じである．

全く同様にして，カルノー図で横方向あるいは縦方向に四つの 1 が並ぶ場合，たとえば図 4･19 の b の部分では，各最小項の OR は

$$\begin{aligned}&\overline{A}\cdot\overline{B}\cdot\overline{C}\cdot D+\overline{A}\cdot B\cdot\overline{C}\cdot D+A\cdot B\cdot\overline{C}\cdot D+A\cdot\overline{B}\cdot\overline{C}\cdot D\\&\quad=(\overline{A}\cdot\overline{B}+\overline{A}\cdot B+A\cdot B+A\cdot\overline{B})\cdot\overline{C}\cdot D\\&\quad=(\overline{A}+A)\cdot(\overline{B}+B)\cdot\overline{C}\cdot D=\overline{C}\cdot D\end{aligned}\tag{4・18}$$

となり，非共通の 2 変数が消去される．また図 4･19 の c の部分のような四つのます目についても，非共通の 2 変数が消去される．

一般に 2^n 個の最小項が隣接している場合には，それらの最小項の OR をとると，n 個の変数が消去される．

【問 4・11】　図 4･19 の c の部分の最小項の OR を求めよ．

〔4〕 カルノー図による論理関数の簡単化

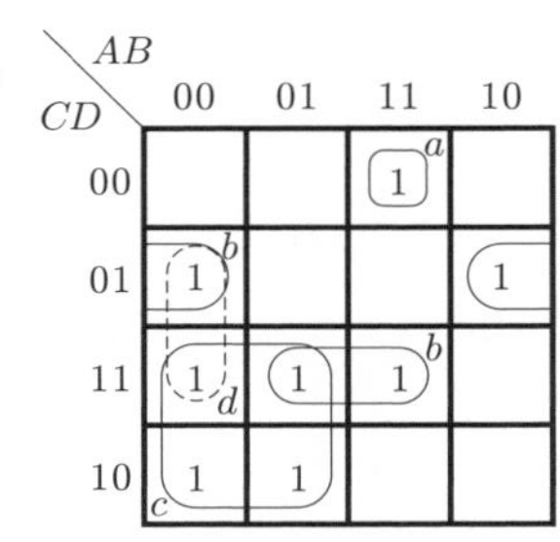

図 4・20　簡単化の例

任意の論理関数は，カルノー図上に記入された 1 を表す最小項の OR として表現されるから，最小項の OR をとる際に，隣接関係を利用して論理変数が消去され，簡単化を行うことができる．これは次に示すステップで行われる（**図 4･20** も同時に参照のこと）．

［ステップ 1］　カルノー図上でほかの 1 と隣接しない孤立した 1 を□で囲む（図 4･20 では，a の部分）．

［ステップ 2］　隣接する 2 個の 1 の組で，2^n 個（$n \geq 2$）の隣接する 1 の組に含まれてしまわない 1 を□で囲む（図 4･20 では，b の部分）．

［ステップ 3］　隣接する 4 個の 1 の組で，2^n 個（$n \geq 3$）の隣接する 1 の組に含まれてしまわない 1 を□で囲む（図 4･20 では，c の部分）．

［ステップ 4］　隣接する 2^i 個（$i \geq 3$）の 1 の組で，2^n 個（$n \geq i+1$）の隣接する 1 の組に含まれてしまわない 1 を順次□で囲む．

［ステップ 5］　すべての 1 がいずれかの□で囲まれるまで，これを続ける．

［ステップ 6］　□で囲まれたそれぞれの最小項（これを**主項**という）についてORをとり，非共通の変数を消去した後，その結果をすべてORで結ぶことによって，簡単化した論理関数が求められる．このとき，図 4･20 の d の組のように，いずれの 1 もほかの組に属している項は不要であるため，ORを求める必要はない．

例として，図 4･20 のカルノー図で与えられる論理関数 $f(A, B, C, D)$

$$f(A,B,C,D) = A \cdot B \cdot \overline{C} \cdot \overline{D} + \overline{A} \cdot \overline{B} \cdot \overline{C} \cdot D + A \cdot \overline{B} \cdot \overline{C} \cdot D$$
$$+ \overline{A} \cdot \overline{B} \cdot C \cdot D + \overline{A} \cdot B \cdot C \cdot D + A \cdot B \cdot C \cdot D$$
$$+ \overline{A} \cdot \overline{B} \cdot C \cdot \overline{D} + \overline{A} \cdot B \cdot C \cdot \overline{D} \qquad (4 \cdot 19)$$

を簡単化してみよう．

図 4･20 の a は，孤立しているから，これを表す最小項 $A \cdot B \cdot \overline{C} \cdot \overline{D}$ は論理関数には必要な項である．次に，b の部分は

$$\overline{A} \cdot \overline{B} \cdot \overline{C} \cdot D + A \cdot \overline{B} \cdot \overline{C} \cdot D = \overline{B} \cdot \overline{C} \cdot D \qquad (4 \cdot 20)$$

および

$$\overline{A} \cdot B \cdot C \cdot D + A \cdot B \cdot C \cdot D = B \cdot C \cdot D \qquad (4 \cdot 21)$$

となる．c の部分では

$$\overline{A} \cdot \overline{B} \cdot C \cdot D + \overline{A} \cdot B \cdot C \cdot D + \overline{A} \cdot \overline{B} \cdot C \cdot \overline{D} + \overline{A} \cdot B \cdot C \cdot \overline{D}$$
$$= \overline{A} \cdot C \qquad (4 \cdot 22)$$

が得られる．d の部分は不要である．以上より，式(4･19)の論理関数 $f(A,B,C,D)$ は，次のように簡単化される．

$$f(A,B,C,D)=A\cdot B\cdot \overline{C}\cdot \overline{D}+\overline{B}\cdot \overline{C}\cdot D+B\cdot C\cdot D+\overline{A}\cdot C \quad (4\cdot 23)$$

カルノー図による論理関数の簡単化は，機械的に行うことができるため，非常に有用であるが，論理変数が多くなると，最小項の隣接関係を調べるのが困難になってくる．変数が多い場合は，次に示すクワイン・マクラスキーの方法が用いられる．

【問 4・12】 図 4･19 のカルノー図に示す論理関数の簡単化を行え．

4・3・3　クワイン・マクラスキーの方法

論理関数の簡単化は，隣接する最小項を見つけ出し，非共通項を消去することによって行われる．したがって，隣接する最小項をどのように見つけ出すかが重要である．クワイン・マクラスキーの方法は，表を使用して隣接する最小項を機械的に探し出す方法で，コンピュータを用いてこれを行うこともできる．

〔1〕　1ビットだけ値の異なる二つの2進数の性質

下位から i 番目のビットの値だけが異なる二つの2進数 $(A)_2$ と $(B)_2$ を考える．2進数の各ビットは，“1” または “0” で構成されているから，二つの2進数 $(A)_2$，$(B)_2$ を構成する “1” の数の差は1である．また，$(A)_2$ と $(B)_2$ を10進数 $(A)_{10}$，$(B)_{10}$ に直したとき，二つの数の差は

$$(A)_{10}\sim(B)_{10}=2^{i-1} \quad (4\cdot 24)$$

である．たとえば $(A)_2=(1001)_2$，$(B)_2=(1101)_2$ とすると，下位より3番目のビットの値が異なっており，$(A)_{10}=9$，$(B)_{10}=13$ であるから，2数の差は

$$(A)_{10}\sim(B)_{10}=4=2^{3-1}\quad (i=3) \quad (4\cdot 25)$$

である．

これより，下位より i 番目の1ビットだけ値の異なる二つの2進数の間には，次の二つの性質が存在することがわかる．

（1）　二つの2進数を構成する “1” の数の差は1である．

（2）　二つの2進数の差は，10進数で表すと，2^{i-1} である．

この性質は論理関数の二つの最小項の隣接関係を調べるのに応用できる．

まず，最小項を構成している各変数を一定の順序で並べ，各変数が肯定の場合

は “1”，否定（補元）の場合は “0” を割当て，これを2進数とみなす．たとえば，$A\cdot B\cdot\overline{C}\cdot D$ と $A\cdot\overline{B}\cdot\overline{C}\cdot D$ は二つの2進数 $(1101)_2$ および，$(1001)_2$ で表される．

こうして表された2進数が，前記の（1）（2）の性質を満たしていれば，二つの最小項は，ただ一か所だけ変数が異なる隣接項となる．$(1101)_2$ と $(1001)_2$ は “1” の数の差は1であり，二つの数の差は，$4=2^{3-1}$ であるから，$A\cdot B\cdot\overline{C}\cdot D$ および，$A\cdot\overline{B}\cdot\overline{C}\cdot D$ は隣接していることになる．

【問4・13】 4·3·3項〔1〕の（2）の性質が満たされない場合，二つの2進数の関係はどうなるか．

〔2〕　クワイン・マクラスキーの方法

クワイン・マクラスキーの方法は，加法標準形で表された論理関数の各最小項を2進数で表現し，〔1〕で示した性質（1）（2）を満たす項の組を見つけ出すことにより，隣接項を探すものである．式（4·19）を例にその手順を示す．

［ステップ1］　加法標準形で表された論理関数の各最小項について，変数が肯定の場合は “1”，否定（補元）の場合は “0” を割り付けて，これを2進数とみなす．式（4·19）は，次のようになる．

$$\begin{aligned}f(A,B,C,D)&=A\cdot B\cdot\overline{C}\cdot\overline{D}+\overline{A}\cdot\overline{B}\cdot\overline{C}\cdot D+A\cdot\overline{B}\cdot\overline{C}\cdot D\\&\quad+\overline{A}\cdot\overline{B}\cdot C\cdot D+\overline{A}\cdot B\cdot C\cdot D+A\cdot B\cdot C\cdot D\\&\quad+\overline{A}\cdot\overline{B}\cdot C\cdot\overline{D}+\overline{A}\cdot B\cdot C\cdot\overline{D}\\&\rightarrow 1100+0001+1001+0011+0111+1111+0010+0110\end{aligned}\tag{4・26}$$

［ステップ2］　各2進数を “1” の数によって分類し，**表4·3** を作る．このとき，各2進数に対する10進数を記入しておく．✓欄は無記入のままでよい．

［ステップ3］　“1” の数の少ないグループから，順次隣接するグループの各項を比較し，10進数で 2^{i-1}（$i=1,2,3,\cdots$）異なる二つの10進数の組をすべて探し出し，**表4·4** の左側の

表4・3　最小項の2進表現

1の数	A	B	C	D	10進数	✓欄
0	なし					
1	0	0	0	1	1	✓
	0	0	1	0	2	✓
2	0	0	1	1	3	✓
	0	1	1	0	6	✓
	1	0	0	1	9	✓
	1	1	0	0	12	*
3	0	1	1	1	7	✓
4	1	1	1	1	15	✓

欄に示すように，その組合せを記入する．さらにその二つの10進数の差 2^{i-1} を隣の欄に書く．この二つの10進数に相当する2進数は，i 番目のビットを除いてすべてほかのビットは共通であるから，共通部分だけを右側の欄に記入し，非共通ビットには－を書く．このとき，組合せに使った項について，表4･3の✓欄に✓印を記入しておく．例では“1”の数が0の2進数はないから，“1”の数が1と2のグループの比較から始める．10進数で1，3の組合せは，その差が $2 = 2^{2-1}$ であり，$i = 2$ となるから，下から2ビット目が非共通ビットとなり，右側の欄には C の部分に－が記入されている．1，9の組では差は $8 = 2^{4-1}$ であるから，4ビット目に－を記入する．以下同様に，7，15の組合せまでの7種の組が表4･4に示すように得られる．このステップにより，隣接する二つの最小項の組合せがすべて判明する．

表4・4　隣接関係にある2項の組合せ

10進数の組	10進数の差 2^{i-1}	A	B	C	D	✓欄
1, 3	2	0	0	－	1	*
1, 9	8	－	0	0	1	*
2, 3	1	0	0	1	－	✓
2, 6	4	0	－	1	0	✓
3, 7	4	0	－	1	1	✓
6, 7	1	0	1	1	－	✓
7, 15	8	－	1	1	1	*

［**ステップ4**］　ステップ3で得られた表4･4の10進数の組について，隣接するグループ間で，10進数の差（2^{i-1}）が等しい組どうしを比較し，二つの組の間で再び 2^{j-1}（$j = 1, 2, 3, \ldots$）異なる組合せを探して**表4･5**を作る．こうして得られた四つの10進数の組では，それに相当する2進数の j 番目のビットが新たに非共通となるから，－を記入する．このとき，表4･4の✓欄に，組合せに用いた項について✓印を記入する．表4･5には1回目の組合せの10進数の差と，2回目の組合せの10進数の差の両者を記入する．表4･4で1番目のグループと2番目のグループでは，10進数の差の欄で1と4が共通に含まれている．まず，差1について組み合わせると（2, 3)，(6, 7）の組

表4・5　隣接関係にある4項の組合せ

10進数の組	10進数の差 2^{i-1}	2^{j-1}	A	B	C	D	✓欄
2, 3, 6, 7	1,	4	0	－	1	－	*
(2, 6, 3, 7)	4,	1	0	－	1	－	

が得られる．これらの組の間には10進数で$4 = 2^{3-1}$の差がある．したがって，(2, 3) と (6, 7) の組合せでは，3ビット目が異なっていることになり，表の右側の3ビット目に－を記入する．この組合せでは，すでに1ビット目は－が記入されているから，共通のビットは二つのビットである．次に10進数の差が4の場合は，(2, 6)，(3, 7) が組み合わせられるが，これは (2, 3)，(6, 7) の組合せと同一であるから不要である．このステップにより，隣接する四つの最小項の組合せが得られる．

［ステップ5］ ステップ4で得られた表4·5について，再び隣接関係を調べ，隣接する八つの最小項の組を求める．これを組合せがなくなるまで続ける．例では，隣接する四つの最小項が一組得られた時点で終了している．

［ステップ6］ ステップ5までで✓印の付かなかった項（これを**主項**という）を取り出し，**表4·6**のように左側の欄に書く．表の上側にはすべての最小項に対する10進数を横に並べ，各主項が表すことのできる最小項の欄に✓印を付ける．たとえば，10進数の組 (1, 3) は，最小項1および3を実現できるので2個✓印が付く．

表4・6 選択表

10進数の組	最小項								A B C D
	1	2	3	6	7	9	12	15	
12							✓⃝		1 1 0 0
1, 3	✓		✓						0 0 － 1
1, 9	◎✓				✓	✓⃝			－ 0 0 1
7, 15					✓			✓⃝	－ 1 1 1
2, 3, 6, 7		✓⃝	◎✓	✓⃝	◎✓				0 － 1 －

［ステップ7］ 各最小項を表現するのに必要な✓を○で囲む．まず縦に1か所だけにしか✓がない場合は，その✓を○で囲む．最小項2，6，9，12，15はこの例である．次に，残った最小項を実現するのに必要な✓を，10進数の組合せ数が少なくなるように○で囲む．例では最小項3，7は，10進数2，3，6，7の組を選べば同時に○印が付く[3)]．

［ステップ8］ 表4·6より，✓⃝が付いている10進数の組に対する2進数から，－の記入されている変数を取り除いて，変数の組合せを再び構成し，これら

3) 表4·6では区別のため2回目につけた○印を◎で表してある．

を OR で結ぶことにより，簡単化された論理関数が得られる．表 4･6 より，必要な組合せは，(12)，(1, 9)，(7, 15)，(2, 3, 6, 7) の 4 項であるから，表の右端の 2 進数表示より

$$f(A,B,C,D)=A\cdot B\cdot \overline{C}\cdot \overline{D}+\overline{B}\cdot \overline{C}\cdot D+B\cdot C\cdot D+\overline{A}\cdot C \quad (4\cdot 27)$$

となり，カルノー図より求めた式（4･23）の結果と一致する．

【問 4・14】 図 4･19 のカルノー図で表される論理関数を加法標準形で表し，クワイン・マクラスキーの方法により簡単化せよ．

4・3・4　禁止項を利用した簡単化

これまでは，論理変数のすべての組合せについて，論理関数の値が 1 または 0 に定まっていた．しかし，論理変数のある特定の組合せが起こらない場合もある．このような場合，その論理変数の組合せに対しては，論理関数の値も定められていない．このような論理変数の組を，**禁止項**または**ドント・ケア**という．

禁止項に対する論理関数の値は，1，0 のいずれでもよいから，これを適当に定めることにより，論理関数を簡単化することができる．

たとえば図 4･19 のカルノー図で表される論理関数において，論理変数 C，D は同時に 1 となることはないとすると，$C\cdot D$ が禁止項である．禁止項が表すカルノー図のます目に ϕ を記入すると，**図 4･21** が得られる．このとき，ϕ と 1 が重なるます目は，禁止項が優先するから ϕ を記入しておく．ϕ を 1 または 0 とみなして，隣接関係を調べる．図 4･21 の場合はすべての ϕ を 1 とすると，a，b，c の 3 種の隣接関係が得られる．a からは変数が一つ，b から三つ，c から二つそれぞれ消去され

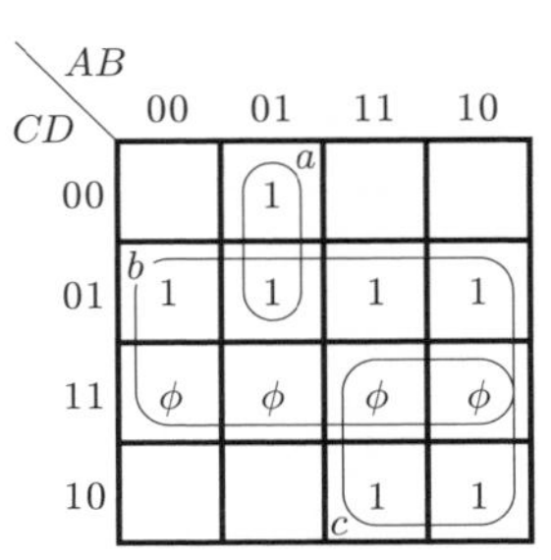

図 4・21　禁止項がある場合

$$f(A,B,C,D)=\overline{A}\cdot B\cdot \overline{C}+D+A\cdot C \quad (4\cdot 28)$$

が簡単化の結果である．

禁止項のある論理関数のクワイン・マクラスキーの方法による簡単化も，4･3･3 に示した方法により全く同様に行うことができる．

4・4　組合せ論理回路の簡単な例

前節まで一般的な組合せ論理回路の解析，設計について述べた．本節では比較的簡単な2，3の組合せ論理回路の例を示す．

4・4・1　半加算器

1ビットの2進数を二つ加算し，和と桁上りを出力する回路を**半加算器**という．**表4･7**にその真理値表を示す．これより，論理関数は

表4・7　半加算器の真理値表

入力 A	入力 B	和 S	桁上り C
0	0	0	0
0	1	1	0
1	0	1	0
1	1	0	1

$$S = \overline{A} \cdot B + A \cdot \overline{B} \tag{4・29}$$

および

$$C = A \cdot B \tag{4・30}$$

となる．式（4･29），（4･30）はこれ以上簡単化はできない．これをAND，OR，NOTゲートで実現すると，**図4･22**が得られる．

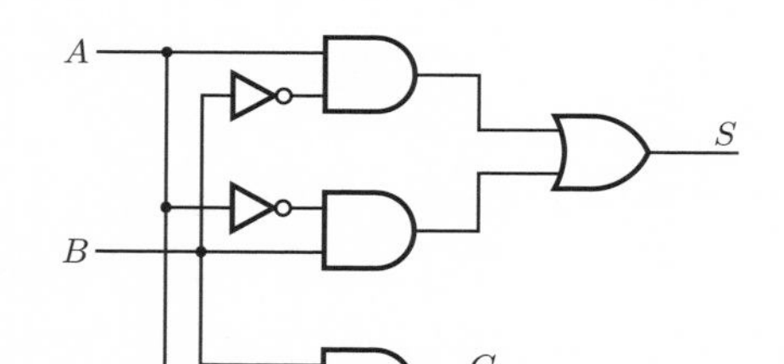

図4・22　AND，OR，NOTゲートによる半加算器

NANDゲートだけで，式（4･29）を実現するには，4･2･2項〔2〕で述べたように，図4･22の回路より変換することが必要になり，結果，**図4･23**（a）の回路のようになる．この回路はNOTゲート（NANDゲートで実現される）が3個必要となる．NANDゲートによる回路は，ド・モルガンの法則を使って，式（4･29）を変形することによっても求められる．

$$\begin{aligned} S &= \overline{\overline{\overline{A} \cdot B + A \cdot \overline{B}}} = \overline{\overline{(\overline{A} \cdot B)} \cdot \overline{(A \cdot \overline{B})}} \\ &= \overline{\overline{(\overline{A} \cdot B + \overline{B} \cdot B)} \cdot \overline{(A \cdot \overline{B} + \overline{A} \cdot A)}} \\ &= \overline{\overline{((\overline{A} + \overline{B}) \cdot B)} \cdot \overline{(A \cdot (\overline{B} + \overline{A}))}} \\ &= \overline{\overline{(\overline{A \cdot B} \cdot B)} \cdot \overline{(A \cdot \overline{A \cdot B})}} \end{aligned} \tag{4・31}$$

であるから，図 4·23（b）のように NAND ゲート 3 段で構成される．桁上り C は

$$C = A \cdot B = \overline{\overline{A \cdot B}} \tag{4・32}$$

であるから，A と B の NAND の後で NOT をとればよい．この回路は NOT ゲートが 1 個ですむ．

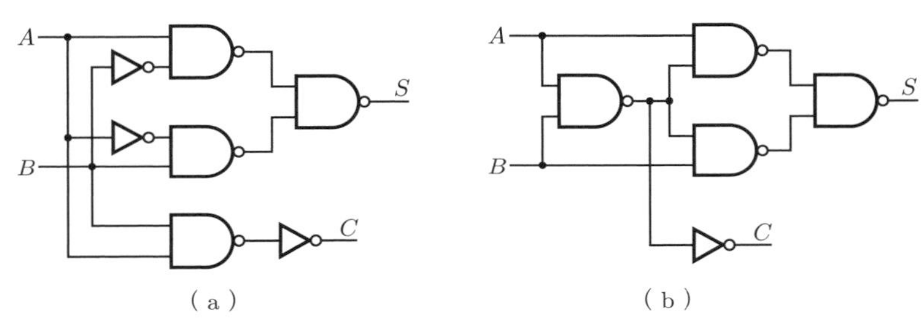

図 4・23 NAND ゲートによる半加算器

4・4・2 全 加 算 器

多ビットの 2 進数の加算を行う場合，二つの 1 ビットの 2 進数の加算のほかに，下位ビットの加算で生じた桁上りの加算も行う必要がある．このような加算器を**全加算器**という．

全加算器は**図 4·24** に示すように，半加算器（HA）を用いて実現することがで

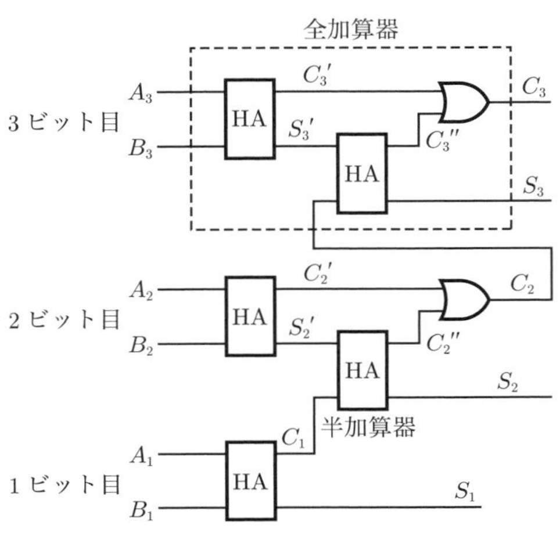

図 4・24 半加算器を用いた全加算器

きる．2ビット目から3ビット目への桁上り C_2 の処理をみてみよう．3ビット目の入力 A_3 と B_3 の加算結果は，和 $S_3{}'$ と桁上り $C_3{}'$ である．$S_3{}'$ に2ビット目からの桁上り C_2 が加えられ，その結果が和 S_3 と桁上り $C_3{}''$ である．$C_3{}'$ と $C_3{}''$ は同時に桁上りすることはないから，$C_3{}'$ と $C_3{}''$ の OR が，3ビット目の桁上り C_3 の値となる．

全加算器を真理値表から求めた論理関数により実現することもできる．**表4·8** は全加算器の真理値表である．加法標準形により論理関数を表現すると

表 4・8 全加算器の真理値表

入力 A_i	B_i	下位よりの桁上げ C_{i-1}	和 S_i	桁上げ C_i
0	0	0	0	0
0	0	1	1	0
0	1	0	1	0
0	1	1	0	1
1	0	0	1	0
1	0	1	0	1
1	1	0	0	1
1	1	1	1	1

$$S_i = \overline{A}_i \cdot \overline{B}_i \cdot C_{i-1} + \overline{A}_i \cdot B_i \cdot \overline{C_{i-1}} + A_i \cdot \overline{B}_i \cdot \overline{C_{i-1}} + A_i \cdot B_i \cdot C_{i-1} \quad (4 \cdot 33)$$

$$C_i = \overline{A}_i \cdot B_i \cdot C_{i-1} + A_i \cdot \overline{B}_i \cdot C_{i-1} + A_i \cdot B_i \cdot \overline{C_{i-1}} + A_i \cdot B_i \cdot C_{i-1} \quad (4 \cdot 34)$$

となる．これより，カルノー図を描くと，**図4·25** が得られる．図（a）では隣接する1は存在しないから，式（4·33）は簡単化できない．C_i は図に示すように，1の隣接関係より a，b，c の3グループに分けられ，簡単化された C_i は

$$C_i = A_i \cdot B_i + B_i \cdot C_{i-1} + C_{i-1} \cdot A_i \quad (4 \cdot 35)$$

となる．

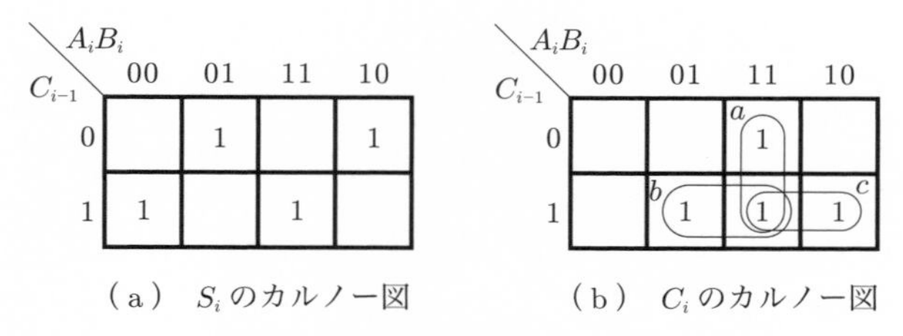

（a） S_i のカルノー図　（b） C_i のカルノー図

図 4・25 全加算器のカルノー図

式（4·33），（4·35）を AND，OR，NOT ゲートで実現すると**図4·26** が得られる．NAND ゲートによる回路は，この図から4·2·2項〔2〕で述べた変換方法により，直ちに求めることができる．

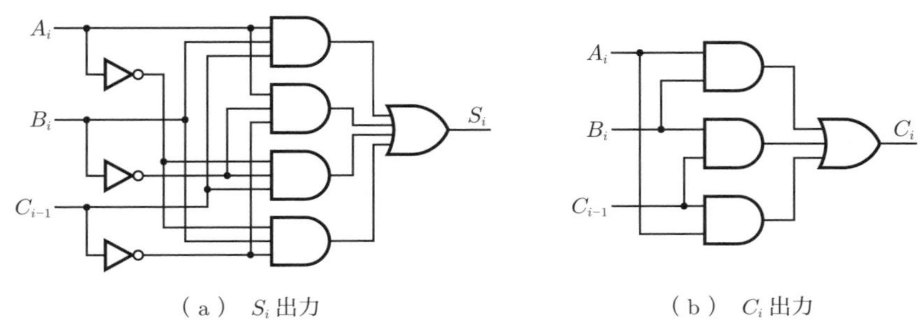

（a）　S_i 出力　　（b）　C_i 出力

図 4・26　全加算器の AND，OR，NOT ゲート構成

4・4・3　7 セグメント数字表示回路

4 ビットの 2 進符号の入力に対して，**図 4·27** に示す 7 セグメントの 10 進数 0〜9 を表示させる論理回路を考えてみよう．

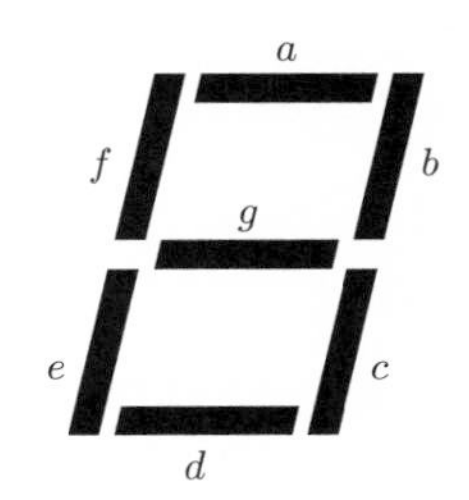

図 4・27　7 セグメント数字書示

表 4·9 に各セグメントに対する真理値表を示す．ただし，10 進数で 10〜14 までに対する 2 進符号入力については，E（error）を表示し，10 進数で 15 すなわち 2 進符号で 1111 を入力すると，すべ

表 4・9　7 セグメント数字表示回路の真理値表

表示	入　力				出　力						
	A	B	C	D	a	b	c	d	e	f	g
0	0	0	0	0	1	1	1	1	1	1	0
1	0	0	0	1	0	1	1	0	0	0	0
2	0	0	1	0	1	1	0	1	1	0	1
3	0	0	1	1	1	1	1	1	0	0	1
4	0	1	0	0	0	1	1	0	0	1	1
5	0	1	0	1	1	0	1	1	0	1	1
6	0	1	1	0	0	0	1	1	1	1	1
7	0	1	1	1	1	1	1	0	0	0	0
8	1	0	0	0	1	1	1	1	1	1	1
9	1	0	0	1	1	1	1	0	0	1	1
E	1	0	1	0	1	0	0	1	1	1	1
E	1	0	1	1	1	0	0	1	1	1	1
E	1	1	0	0	1	0	0	1	1	1	1
E	1	1	0	1	1	0	0	1	1	1	1
E	1	1	1	0	1	0	0	1	1	1	1
8	1	1	1	1	1	1	1	1	1	1	1

てのセグメントが点灯して，ランプのテストができるものとする．

この表より，各セグメントに対する論理関数を求めるのであるが，表よりわかるように，1の数より0の数のほうが非常に少ない．そこで，出力値が0となる変数の組合せを用いて，論理関数を表現する方が簡単である．加法標準形は，次のようになる．

$$\begin{aligned}
\overline{a} &= \overline{A}\cdot\overline{B}\cdot\overline{C}\cdot D+\overline{A}\cdot B\cdot\overline{C}\cdot\overline{D}+\overline{A}\cdot B\cdot C\cdot\overline{D}\\
\overline{b} &= \overline{A}\cdot B\cdot\overline{C}\cdot D+\overline{A}\cdot B\cdot C\cdot\overline{D}+A\cdot\overline{B}\cdot C\cdot\overline{D}+A\cdot\overline{B}\cdot C\cdot D\\
&\quad +A\cdot B\cdot\overline{C}\cdot\overline{D}+A\cdot B\cdot\overline{C}\cdot D+A\cdot B\cdot C\cdot\overline{D}\\
\overline{c} &= \overline{A}\cdot\overline{B}\cdot C\cdot\overline{D}+A\cdot\overline{B}\cdot C\cdot\overline{D}+A\cdot\overline{B}\cdot C\cdot D+A\cdot B\cdot\overline{C}\cdot\overline{D}\\
&\quad +A\cdot B\cdot\overline{C}\cdot D+A\cdot B\cdot C\cdot\overline{D}\\
\overline{d} &= \overline{A}\cdot\overline{B}\cdot\overline{C}\cdot D+\overline{A}\cdot B\cdot\overline{C}\cdot\overline{D}+\overline{A}\cdot B\cdot C\cdot D+A\cdot\overline{B}\cdot\overline{C}\cdot D\\
\overline{e} &= \overline{A}\cdot\overline{B}\cdot\overline{C}\cdot D+\overline{A}\cdot\overline{B}\cdot C\cdot D+\overline{A}\cdot B\cdot\overline{C}\cdot\overline{D}+\overline{A}\cdot B\cdot\overline{C}\cdot D\\
&\quad +\overline{A}\cdot B\cdot C\cdot D+A\cdot\overline{B}\cdot\overline{C}\cdot D\\
\overline{f} &= \overline{A}\cdot\overline{B}\cdot\overline{C}\cdot D+\overline{A}\cdot\overline{B}\cdot C\cdot\overline{D}+\overline{A}\cdot\overline{B}\cdot C\cdot D+\overline{A}\cdot B\cdot C\cdot D\\
\overline{g} &= \overline{A}\cdot\overline{B}\cdot\overline{C}\cdot\overline{D}+\overline{A}\cdot\overline{B}\cdot\overline{C}\cdot D+\overline{A}\cdot B\cdot C\cdot D
\end{aligned} \qquad (4\cdot 36)$$

式 (4･36) のそれぞれについて，カルノー図を描き，論理式の簡単化を行う．たとえば，$\overline{c}$ と $\overline{e}$ についてカルノー図を描くと，**図4･28**が得られる．図（a）では，a，b，c，d の四つの隣接関係に分けられるから

$$\overline{c}=A\cdot B\cdot\overline{C}+A\cdot\overline{B}\cdot C+A\cdot C\cdot\overline{D}+\overline{B}\cdot C\cdot\overline{D}$$

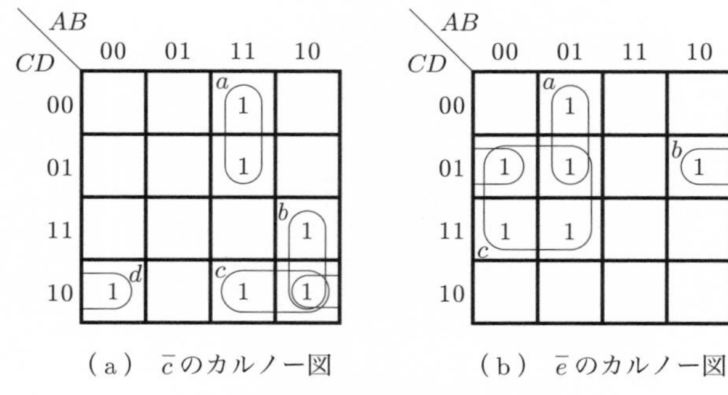

（a）$\overline{c}$ のカルノー図　　（b）$\overline{e}$ のカルノー図

図 4・28　表4･9のカルノー図

また，図（b）より

$$\overline{e}=\overline{A}\cdot B\cdot\overline{C}+\overline{B}\cdot\overline{C}\cdot D+\overline{A}\cdot D$$

となる．ほかの出力に対しても全く同様にして，簡単化を行うと，次式が得られる．

$$\left.\begin{aligned}
\overline{a}&=\overline{A}\cdot\overline{B}\cdot\overline{C}\cdot D+\overline{A}\cdot B\cdot\overline{D}\\
\overline{b}&=A\cdot B\cdot\overline{C}+B\cdot\overline{C}\cdot D\\
&\quad+B\cdot C\cdot\overline{D}+A\cdot\overline{B}\cdot C\\
\overline{c}&=A\cdot B\cdot\overline{C}+A\cdot\overline{B}\cdot C\\
&\quad+\overline{B}\cdot C\cdot\overline{D}+A\cdot C\cdot\overline{D}\\
\overline{d}&=\overline{A}\cdot B\cdot\overline{C}\cdot\overline{D}+\overline{A}\cdot B\cdot C\cdot D\\
&\quad+\overline{B}\cdot\overline{C}\cdot D\\
\overline{e}&=\overline{A}\cdot B\cdot\overline{C}+\overline{B}\cdot\overline{C}\cdot D+A\cdot D\\
\overline{f}&=\overline{A}\cdot\overline{B}\cdot D+\overline{A}\cdot\overline{B}\cdot C\\
&\quad+\overline{A}\cdot C\cdot D\\
\overline{g}&=\overline{A}\cdot\overline{B}\cdot\overline{C}+\overline{A}\cdot B\cdot C\cdot D
\end{aligned}\right\} \tag{4・37}$$

これを，AND–OR の 2 段で実現し，4·2·2 項〔2〕で述べた方法により，NAND ゲートに変換すると，**図 4·29** の回路が得られる．

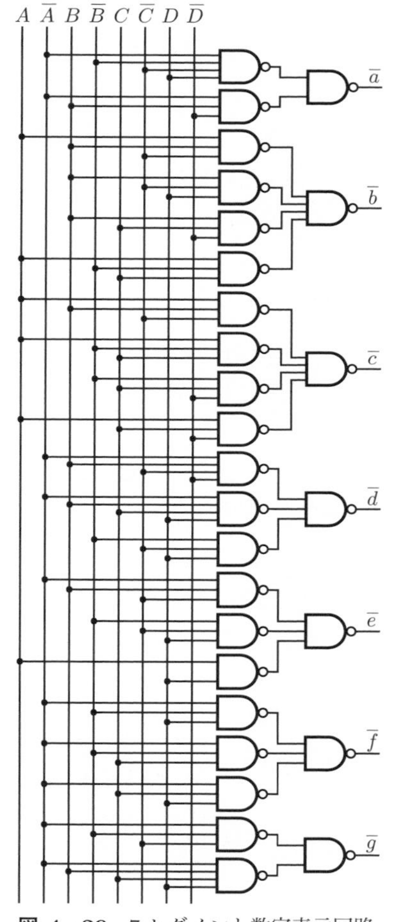

図 4・29　7 セグメント数字表示回路

10 進数の各桁を 4 ビットの 2 進符号で表す方法を，**2 進化 10 進符号（BCD 符号）**という．2 進化 10 進符号の各桁に，図 4·29 を用いると，任意の桁数の BCD 符号–10 進数表示の変換を行うことができる．図 4·29 は数多くの NAND ゲートを必要とするが，全体を一つの集積回路化したものが市販されている．

次節では，このように一つの機能を集積回路化した組合せ論理回路の代表例を示す．

4・5　集積化組合せ論理回路

集積回路を 1 mm^2 の基板（チップ）上に組み込んだ素子数で分類すると，100 個未満の小規模集積回路（SSI），100〜1 000 個の中規模集積回路（MSI），1 000 個以上の大規模集積回路（LSI）に分けられる．この大規模集積回路よりさらに密度を高め，100 万素子を超える超大規模集積回路（VLSI）もある．

一般に汎用の論理回路として集積化されているのは，ほとんどが中規模集積回路で，大規模集積回路以上は，メモリなどのような特定の用途のものが多い．ここでは一般に良く使用されるいくつかの集積化組合せ論理回路の概要を示す．

4・5・1　デコーダとエンコーダ

2 進数を 8 進数や 16 進数に変換したり，あるいは，2 進化 10 進符号を 10 進数に変換する論理回路を，**デコーダ（復号器）**という．前節で述べた 7 セグメント数字表示回路も，一種のデコーダと考えてよい．これらの集積回路は多くの場合，**図 4･30** に示すようなパッケージに収められている．

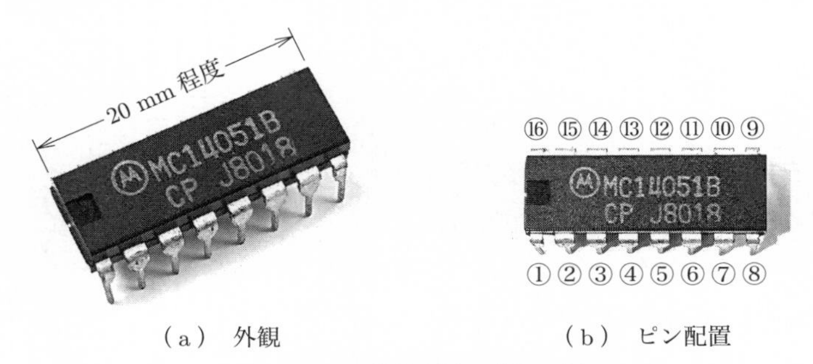

（a）　外観　　　　（b）　ピン配置

図 4・30　集積回路の外観の例

図 4･31 は標準的な 2 進化 10 進符号–10 進デコーダの回路図である．○の中の数字は，図 4･30（b）のピン番号である．入力 A〜D に与えられた 2 進符号に相当する出力端子が L レベルになるように設計されている．2 進数 1010 以上に対する入力については，出力端子はすべて H レベルとなる．

デコーダとは逆に，10 進数を 2 進化 10 進符号に，あるいは 8 進数を 2 進数に変換するなどを行う論理回路を，**エンコーダ（符号器）**という．エンコーダも各

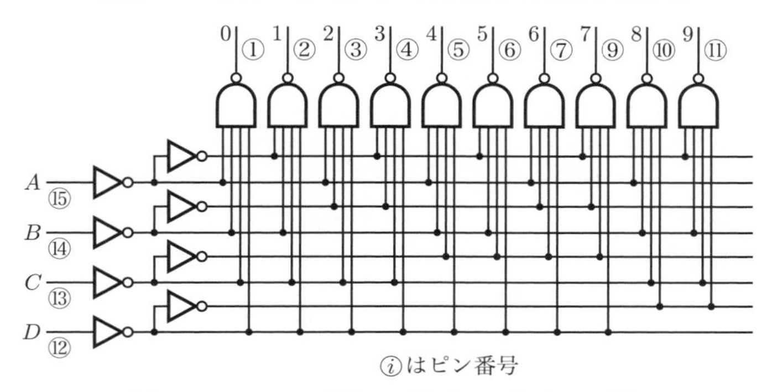

図 4・31　BCD 符号–10 進デコーダ（7442 型）

種集積化されている．

エンコーダとデコーダを用いることにより，10 進数を 2 進数にエンコーダで変換し，各種論理回路で処理し，再びデコーダで 10 進数に直すような回路，たとえば，10 進数の四則演算等を 2 進数の論理演算回路で行うなどに応用できる．

4・5・2　マルチプレクサとデマルチプレクサ

複数個の情報を 1 本の伝送路を用いて送り，再びそれぞれの情報別に出力を振り分ける際，**マルチプレクサ**（多重化装置）と**デマルチプレクサ**（多重化信号複号装置）が用いられる．

図 4·32（a）（b）に 4 ビットのマルチプレクサとデマルチプレクサの回路を示す．マルチプレクサでは入力選択 S_1，S_0 の組合せにより，x_0〜x_3 の入力のう

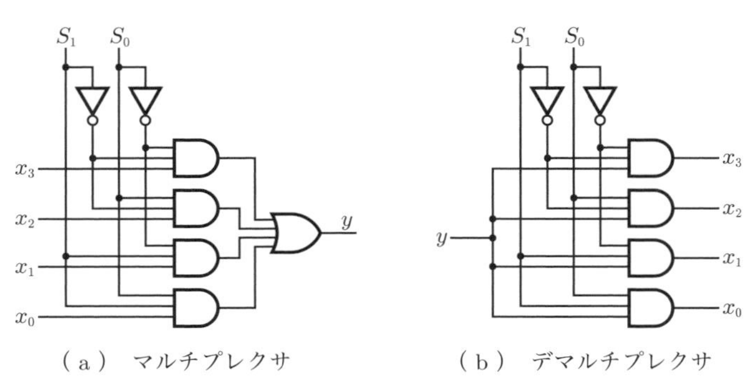

（a）　マルチプレクサ　　　（b）　デマルチプレクサ

図 4・32　マルチプレクサとデマルチプレクサ

ち一つだけが選択されて y に出力される．また，デマルチプレクサでは，S_1，S_0 により入力 y を出力 x_0～x_3 に振り分ける．

図 4·33 のように，マルチプレクサとデマルチプレクサを共通の選択信号により制御すると，一つの伝送路を用いて等価的に四つの伝送路を実現できる．これを伝送路の**多重化**という．コンピュータの内部では，数多くの論理回路の入出力信号を，共通の伝送路（これを**バス**という）を通して送受している．このとき，マルチプレクサ，デマルチプレクサの考え方が用いられる．

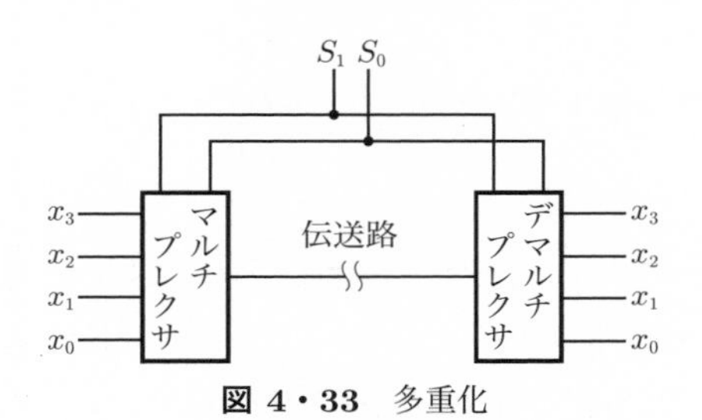

図 4・33　多重化

マルチプレクサはデータセレクタとも呼ばれ，デマルチプレクサとともに 2，4，8，16 ビットのものが集積回路化され，市販されている．

4・5・3　PAL（プログラマブル・アレイ・ロジック）

前項までは特定の目的を満たすように，すでに集積回路内で配線などが行われている論理回路について述べた．しかし，特殊な用途の論理回路が要求される場合，AND，OR，NAND などの個別の論理ゲートを使用して設計すると，回路が大きくなってしまう欠点がある．

一般に組合せ論理回路の論理関数は，入力変数の AND をとった項を OR で結ぶことによって得られるから，入力部分と，AND–OR ゲートによる出力部だけをあらかじめ構成しておき，入力変数と AND ゲートの入力を結ぶ回路を，必要に応じて自由に結線できるようにした回路があれば便利である．この回路を **PAL** という．

図 4·34 に 3 変数の PAL の回路の一部を示す．プログラムラインとインプットタームの各線の交点には，**図 4·35** に示すように，ダイオードとヒューズが接続されている．AND 回路を構成するには，不要な交点のヒューズを切断すればよい．図 4·35 では I_1 と P_1 および，I_2 と P_2 の交点のヒューズが切断されており，

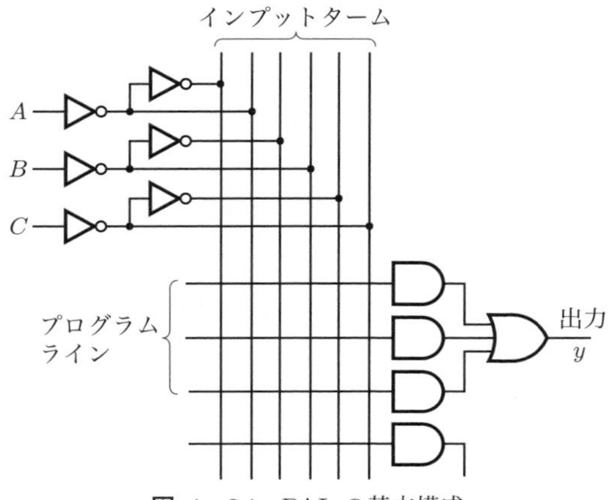

図 4・34　PAL の基本構成

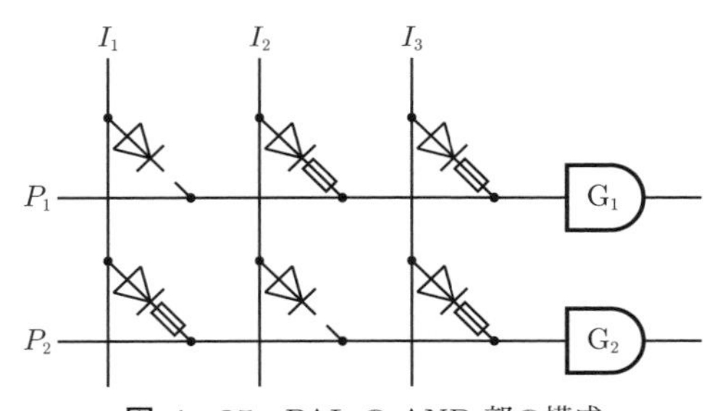

図 4・35　PAL の AND 部の構成

G_1 の出力は I_2 と I_3 に接続されている入力変数の AND が，また G_2 の出力には，I_1 と I_3 に接続されている入力変数の AND が得られる．全体の出力 y は，AND ゲートの出力の OR として得られ，任意の積和形の組合せ論理関数を実現できる．

不要な交点のヒューズは，プログラムラインとインプットターム間に，大きな電流を流して溶断すればよい．

PAL は入力変数の数，出力数などが異なるものが集積回路として市販されており，目的に応じて選択して使用する．PAL を用いることにより，比較的複雑な論理回路も，少数の集積回路で実現することができる．

PAL は出力側の OR 回路が固定されているため，目的によっては数種類の PAL を使用しなければならない場合も生じる．出力側の OR 部分も自由に設計できる回路が **PLA**（プログラマブル・ロジック・アレイ）である．PLA では PAL と同様にヒューズを溶断することにより，出力側の OR 回路の構成も行われる．

4・5・4　FPGA（Field Programmable Gate Array）

前項で述べたPAL，PLAは，ヒューズを切断することにより，回路を構成している．ヒューズはいったん切断すると，再接続できないため回路の修正はできない．

回路の修正が容易に可能な集積回路に**FPGA**（Field Programmable Gate Array）がある．Fieldは「現場」という意味で，設計現場，テスト現場，製造現場などで，回路の修正を容易にした集積回路で，**図4·36**にその基本的な構造を示す．集積回路基板の上に，プログラム可能な論理ブロック（PLB），スイッチボックス（SB），および配線領域を配置している．初期状態では配線はまだ行われていない．SBは第3章で述べたCMOSスイッチ（トランスファーゲート）と，スイッチの接続状態を記憶しておく書き換え可能なメモリを内蔵している．

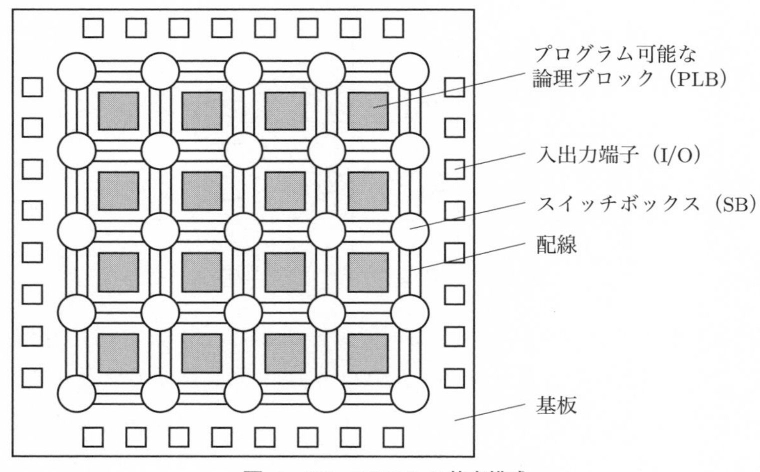

図4・36　FPGAの基本構成

PLBは**図4·37**に示すように，書き換え可能なメモリS_iとマルチプレクサ（MUX）から構成されている．図は4ビットのメモリ（S_0～S_3）と2つの論理入力（A，B）の例である．実現したい論理関数に応じたデータをメモリに格納すると，入力（A，B）に応じた論理結果がYに出力される．MUXは**図4·38**において，$\phi=0$のときX_1を選択し，$\phi=1$のときX_2を選択して，Yに出力する機能を持っている．

いま，例として，**図4·39**のようなメモリS_iの内容を考えてみよう．この図で

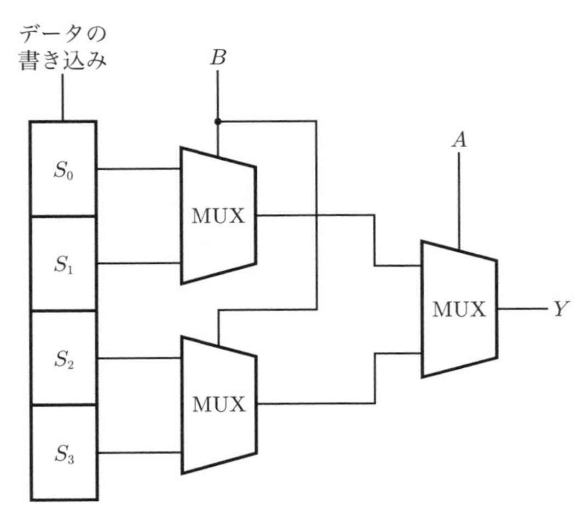

図 4・37　PLB の基本構成

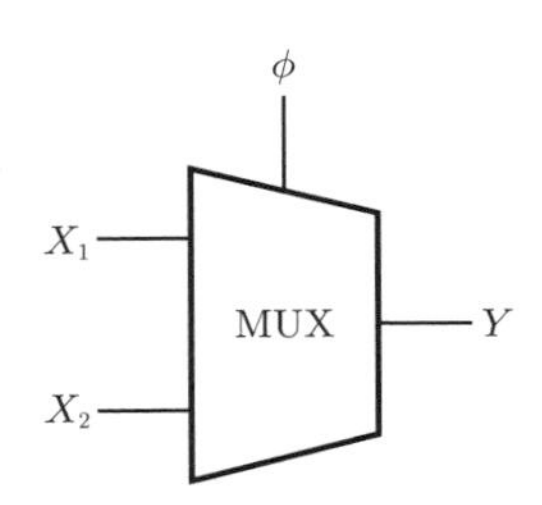

図 4・38　MUX の入出力

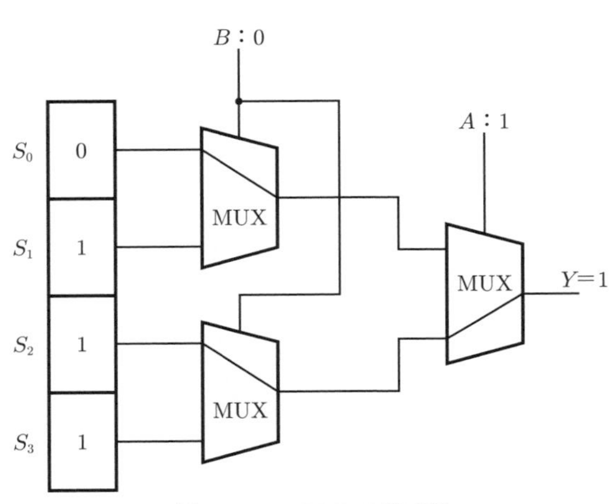

図 4・39　PLB の構成例

は，$A = 1$，$B = 0$ の MUX の状態を示している．この場合，出力は S_2 の中身が伝送されて $Y = 1$ となる．同様にすべての A，B の組合せについて，出力を調べると**表 4·10** が得られ，Y は A，B に関して OR の演算結果となっていることがわかる．もう一つの例として，$(S_0, S_1, S_2, S_3) = (0, 0, 0, 1)$ とすると，その出力は**表 4·11** のようになる．この場合は AND の演算結果となっている．

表 4・10　図 4·39 の真理値表

A	B	Y
0	0	0
0	1	1
1	0	1
1	1	1

表 4・11　AND の真理値表

A	B	Y
0	0	0
0	1	0
1	0	0
1	1	1

このように，メモリの内容を書き換えるだけで，AND と OR を実現できる．これが FPGA の特徴である．各 PLB を設計した後，それらの間の配線を SB 内のスイッチにより行い，複雑な論理関数が実現される．PLB，SB 内のメモリ内容は，外部コンピュータなどに記憶しておくことにより，必要なときにいつでも読み出して，論理関数を再現できる．FPGA を設計するには，**HDL**（Hardware Description Language）などのコンピュータプログラムを使用し，PLB，SB 内のメモリに書き込む情報を求める．

大規模な集積回路を 1 から製造するには，高額な費用と長期の設計期間を必要とし，製造後の修正もできない．一方 FPGA では，HDL を利用して PC などで求めた情報を FPGA 内のメモリに読み込むだけで設計でき，修正も簡単にできる．FPGA は大量生産には不向きであるが，大規模集積回路設計の段階で，その機能を FPGA で実証した後，専用の IC として製造することにより，大量生産にも貢献している．

【問 4・15】　$Y = \overline{A} \cdot B + A \cdot \overline{B}$ を実現するには，図 4·39 の S_i をどのように設定すればよいか．

演 習 問 題

4・1　図 4・40（a）（b）について，

（1）　論理関数を求めよ．

（2）　それぞれの真理値表を描き，両者が等しい動作をする回路であることを示せ．

（3）　同一論理関数を NAND ゲートだけで実現せよ．

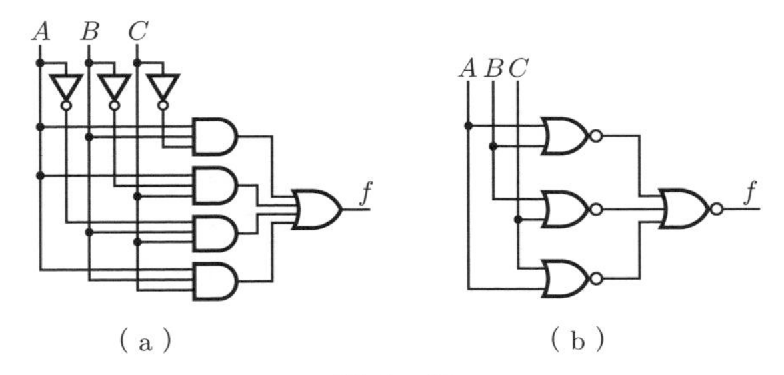

図 4・40

4・2　次の論理式の簡単化を行え

（1）　$f=(A+C)\cdot(A+D)\cdot(B+C)\cdot(B+D)$

（2）　$f=\overline{A}\cdot\overline{B}\cdot\overline{C}+\overline{A}\cdot B\cdot\overline{C}+A\cdot\overline{B}\cdot\overline{C}+A\cdot B\cdot\overline{C}$

（3）　$f=(A+B+C)\cdot(A+\overline{B}+C)\cdot(\overline{A}+B+C)\cdot(\overline{A}+\overline{B}+C)$

（4）　$f=\overline{A}\cdot\overline{B}\cdot\overline{C}+\overline{A}\cdot\overline{B}\cdot C+\overline{A}\cdot B\cdot\overline{C}+A\cdot\overline{B}\cdot\overline{C}$

（5）　$f=\overline{A}\cdot\overline{B}\cdot\overline{C}\cdot\overline{D}+\overline{A}\cdot\overline{B}\cdot C\cdot D+A\cdot\overline{B}\cdot C\cdot D+A\cdot B\cdot\overline{C}\cdot\overline{D}$
$\quad+\overline{A}\cdot B\cdot C\cdot D+\overline{A}\cdot B\cdot\overline{C}\cdot\overline{D}+A\cdot B\cdot C\cdot D$

（6）　$f=\overline{A}\cdot\overline{B}\cdot\overline{C}\cdot\overline{D}+\overline{A}\cdot B\cdot\overline{C}\cdot D+A\cdot B\cdot C\cdot D+A\cdot\overline{B}\cdot\overline{C}\cdot D$
$\quad+\overline{A}\cdot\overline{B}\cdot C\cdot\overline{D}+A\cdot B\cdot\overline{C}\cdot D+\overline{A}\cdot B\cdot C\cdot D+A\cdot\overline{B}\cdot C\cdot D$

4・3　前問（6）で $\overline{A}\cdot D$ が禁止項の場合，f はどのように簡単化されるか．

4・4　3 ビットの 2 進数が，それを 10 進数で表したとき偶数となる場合に，出力が 1 となる論理回路を設計せよ．

4・5　4 変数入力のうち 3 変数以上が 1 のとき，出力が 1 となる多数決回路を設計せよ．

4・6　二つの 2 ビットの 2 進数 A，B があるとき，

（1）　$A>B$ のとき，出力が 1 となる論理回路の真理値表を描け．

（2）（1）で得られた真理値表より加法標準形で論理関数を表せ．

（3）（2）の論理関数について，カルノー図を描き簡単化を行え．

（4）　簡単化された論理関数を実現せよ．このように，2 進数の大小を比較する回路を**コンパレータ**という．

4・7　前問で $A=B$ のときだけ，出力が 1 となる回路を同様の手順で設計せよ．

4・8 **図 4・41** に示す回路で，端子 C が 1 のとき，入力端子（$A_0, A_1, \ldots, A_7$）のいずれか一つが 1 になると，その端子番号に相当する 2 進符号（B_2, B_1, B_0）を出力する回路を設計せよ．ただし，入力端子には二つ以上の 1 が同時に入ることはないものとし，また，端子 C が 0 のときは，出力は（0, 0, 0）とする．

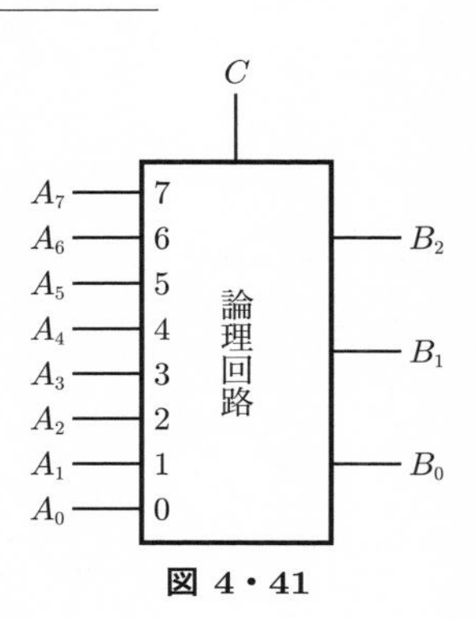

図 4・41

第 5 章

フリップフロップ

前章までに述べた論理回路では，出力の状態がその時刻での入力の状態によって決定され，入力状態が変化すると，出力状態も直ちに変化する．したがって，このような回路では，入力状態が変化しても，出力状態が変わらないような回路はできない．すなわち，情報の記憶をすることができない．また，出力の状態が現在の入力状態だけでなく，その一つ前の入力状態にも関係するような回路を設計することができない．

フリップフロップは，帰還作用を利用して，1 ビットの情報を記憶できるようにした回路である．本章では，フリップフロップの基本動作および，その二，三の応用例について述べる．

5・1　フリップフロップの原理

図 5･1 に示すように，2 個の NOT 回路 N_1，N_2 の入出力を相互に接続した回路の動作を考えてみよう．

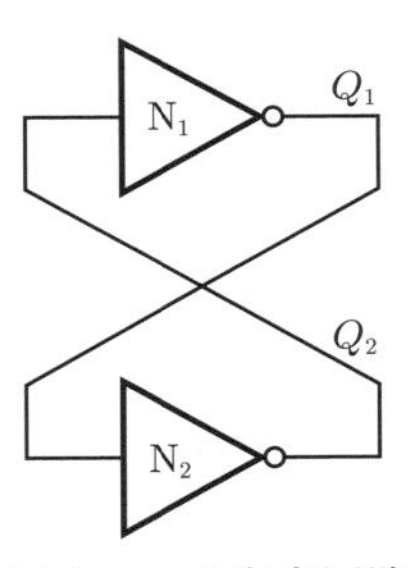

図 5・1　2安定回路

いま，N_1 の出力 Q_1 が H レベルであるとすると，N_2 の入力は Q_1 に直結されているから H レベルであり，出力 Q_2 は L レベルとなる．したがって，N_1 の入力は L レベルとなり，その出力 Q_1 は当然 H レベルである．これは最初に仮定した Q_1 のレベルと一致し，回路の状態は，Q_1 が H レベル，Q_2 が L レベルを保持することになる．

次に，なんらかの方法により，Q_1 を L レベルに変えると，全く同様の考え方により，Q_1 が L レベル，Q_2 が H レベルに保持される．

このように，図 5･1 の回路は二つの安定状態を有しており，これを **2 安定回路**，あるいは**双安定回路**という．

フリップフロップ（Flip-Flop：FF）は，2安定回路の二つの安定状態を外部より選択できるようにした回路で，基本的には**図5･2**に示すように，安定状態を決定するための二つの入力（R，S）と，互いに相補の関係にある二つの出力（Q，$\overline{Q}$）を有している．

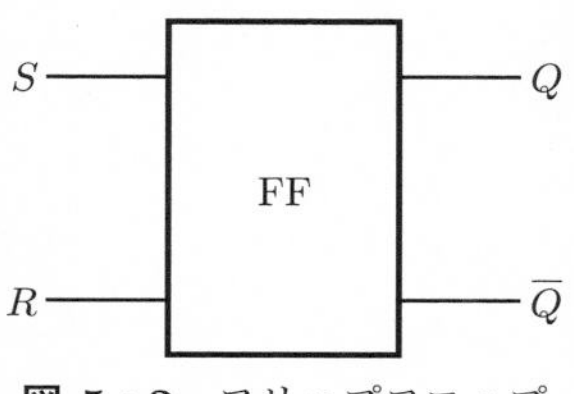

図5・2　フリップフロップ

フリップフロップには，出力の状態の変化のさせ方により，次節以下に述べるいくつかの種類がある．

【問5・1】　図5･1でQ_1，Q_2がともにHレベル，あるいはLレベルとなる回路の状態は存在するか．

5・2　SRフリップフロップ

5・2・1　SRフリップフロップの状態表

SR（セットリセット）フリップフロップは，もっとも基本的なフリップフロップで，図5･2に示すように，セット入力端子Sと，リセット入力端子Rを有している．

いま，現在の出力Q，$\overline{Q}$の状態をQ^n，$\overline{Q^n}$とするとき，入力S，Rの状態により，出力は**表5･1**のように変化する．ただし，Q^{n+1}は変化後の出力Qの値である．すなわち，$S=0$，$R=0$のときは，出力は入力前の出力と同一，$S=0$，$R=1$のときは，常に$Q^{n+1}=0$になる．また，$S=1$，$R=0$のときは，$Q^{n+1}=1$に設定される．

表5・1　SRフリップフロップの特性表

入力 S	入力 R	出力 Q^{n+1}
0	0	Q^n
0	1	0
1	0	1
1	1	不定

S，Rがともに1となることは禁止されており，出力状態は定義されていない．

表5･1のように，フリップフロップの入力と出力の状態の関係を表した表を**特性表**という．

5・2・2　SRフリップフロップの構成

SRフリップフロップは，NORゲートを用いて構成でき，回路は**図5･3**に示すとおりである．

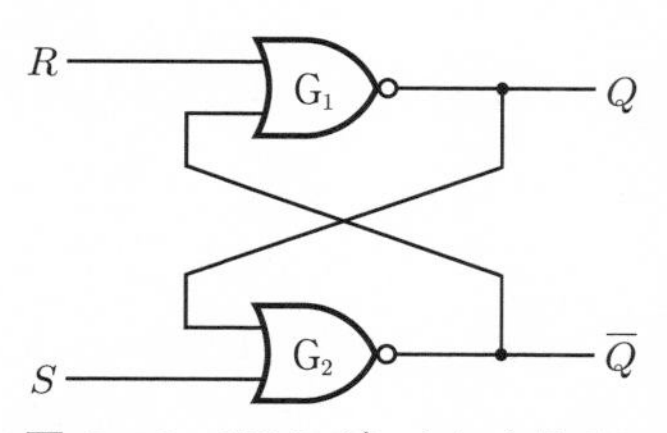

図5・3　NORゲートによるSRフリップフロップ

$R=1$，$S=0$であると，出力Qの値Q^{n+1}は

$$Q^{n+1} = \overline{\overline{Q^n} + R} \tag{5・1}$$

であるから，入力前の値 Q^n に無関係に $Q^{n+1} = 0$ となる．したがって，出力 $\overline{Q}$ の値は $\overline{Q^{n+1}} = 1$ になる．

$S = 1$，$R = 0$ の場合は，出力 $\overline{Q}$ の値 $\overline{Q^{n+1}}$ は

$$\overline{Q^{n+1}} = \overline{Q^n + S} \tag{5・2}$$

であるから，Q^n の値に無関係に $\overline{Q^{n+1}} = 0$ となるため，$Q^{n+1} = 1$ となる．

$S = 0$，$R = 0$ の場合は，$Q^n = 1$（$\overline{Q^n} = 0$），あるいは，$Q^n = 0$（$\overline{Q^n} = 1$）のいずれであっても，その状態は変わらない．

$R = 1$，$S = 1$ とすると，二つの出力ともに強制的に 0 となるが，この状態は不安定な状態で，入力を取り除いたとき（$R = 0$，$S = 0$）には，出力が二つの安定状態（$Q = 1$ または $Q = 0$）のいずれになるかは不明である．したがって，SR フリップフロップでは，$S = 1$，$R = 1$ の入力の組合せは禁止されている．

$Q = 1$ にすることを，フロップフロップを**セット**するといい，$Q = 0$ にすることを**リセット**するという．

SR フリップフロップは，ド・モルガンの等価ゲート（図 4･4 参照）を用いて，NAND ゲートに変換することにより，**図 5･4** の回路でも実現できる[1]．この場合，入力は R，S の NOT となっていることに注意が必要である．特性表は表 5･1 と全く同一である．

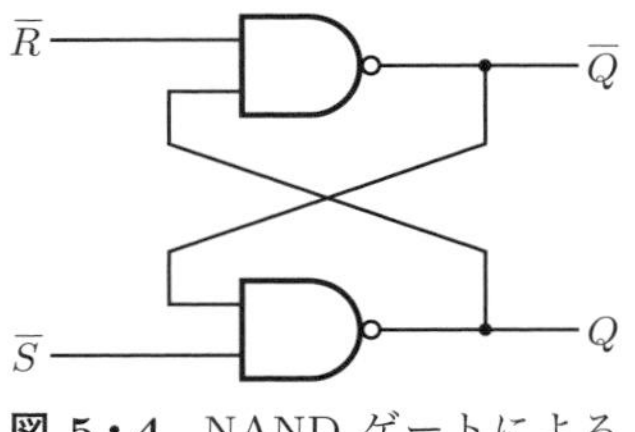

図 5・4　NAND ゲートによる SR フリップフロップ

図 5･3，5･4 の SR フリップフロップは，入力が与えられると，出力が入力に応じて直ちに変化する．このようなフリップフロップを**非同期形フリップフロップ**という．

5・2・3　同期形 SR フリップフロップ

フリップフロップの二つの入力は，同時に瞬間的に変化するものが理想的である．しかし，二つの入力 S，R を決定する信号経路に時間のずれがあり，R，S の変化が同時に行われない場合には，誤動作をすることがある[2]．

1）演習問題 5･1 参照．
2）これを**ハザード**と呼ぶ．

たとえば，(R，S) が (1，0) から (0，1) に変化するとき，R の変化が S の変化より遅れると，禁止されている入力状態 $R=1$，$S=1$ が，一時的に発生する．このときフリップフロップの出力は不定となり，もし後段にほかの論理回路が接続されておれば，これが誤動作をしてしまう．

そこで，入力変化が十分落ち着いてから，出力が変化するように，出力の変化の時点を決定できるフリップフロップが必要となる．

同期形 SR フリップフロップは，S，R 入力端子のほかに，**図 5･5** (a) に示すように，クロック入力端子 CK を有し，CK が 1 のときだけ，入力状態に応じて出力が変化する．回路構成は，図 5･4 の非同期形の SR フリップフロップの入力に，NAND ゲートを 1 段接続して，図 5･5 (b) で実現される．この場合，入力は正論理となる．

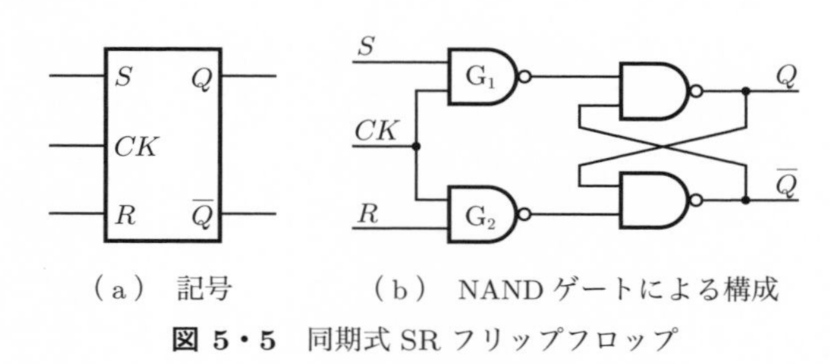

(a)　記号　　　(b)　NAND ゲートによる構成

図 5・5　同期式 SR フリップフロップ

【問 5・2】　図 5･5 (b) は $CK=1$ のとき，図 5･4 と同一動作をすることを確かめよ．

5・3　JK フリップフロップ

SR フリップフロップでは，$S=1$，$R=1$ は禁止入力で出力値は定義されなかった．**JK フリップフロップ**は，この欠点を取り除き，二つの入力がともに 1 の場合でも，出力状態が定義されている．

5・3・1　JK フリップフロップの基本形

図 5･6 (a) は JK フリップフロップの記号で，クロック入力 CK が 1 の状態のときだけ，入力 J，K に応じて出力が変化し，その特性表は**表 5･2** で表される．SR フリップフロップとの相違点は，J，K がともに 1 の場合には，出力 Q の状態は反転して，$Q^{n+1}=\overline{Q^n}$ となる．$CK=0$ の場合は，J，K に無関係に入力

前の状態が保持される．

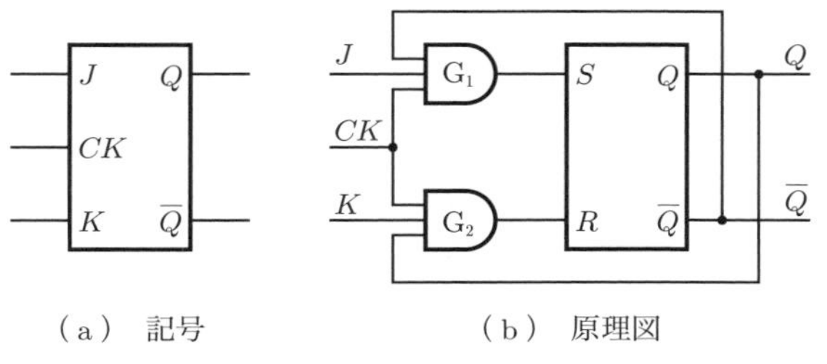

（a） 記号　（b） 原理図

図 5・6 JK フリップフロップ

表 5・2 JK フリップフロップの特性表

入力 J	入力 K	出力 Q^{n+1}
0	0	Q^n
0	1	0
1	0	1
1	1	$\overline{Q^n}$

JK フリップフロップの基本回路は，SR フリップフロップと AND ゲートを用いて，図 5･6（b）のように構成される．$Q^n = 1$（$\overline{Q^n} = 0$）のとき，$J = 1$，$K = 1$，$CK = 1$ を考えると，AND ゲート G_1 の出力 S は 0，G_2 の出力 R は 1 となり，SR フリップフロップはリセットされ

$$Q^{n+1} = 0 = \overline{Q^n} \tag{5・3}$$

となる．また，$Q^n = 0$（$\overline{Q^n} = 1$）の場合は $S = 1$，$R = 0$ となるから

$$Q^{n+1} = 1 = \overline{Q^n} \tag{5・4}$$

となり，いずれの場合も $J = 1$，$K = 1$ のときは，出力状態は反転することがわかる．

図 5･6（b）の AND ゲート G_1，G_2 を NAND ゲートに替え，SR フリップフロップとして，図 5･4 を用いると，**図 5･7** のように NAND ゲートだけで JK フリップフロップを構成することができる．

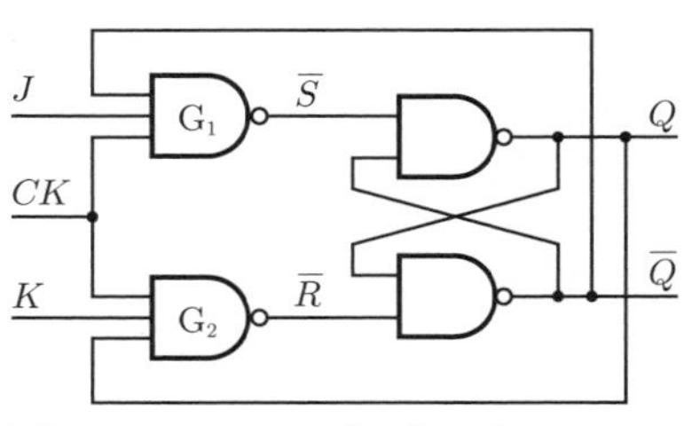

図 5・7 NAND ゲートによる JK フリップフロップ

5・3・2 JK フリップフロップの発振とレーシング

JK フリップフロップは，$CK = 1$，$J = 1$，$K = 1$ の状態が長く続くと，誤動作をする．図 5･7 で $Q^n = 1$（$\overline{Q^n} = 0$）の場合，$CK = 1$，$J = 1$，$K = 1$ とすると，$\overline{R} = 0$，$\overline{S} = 1$（$R = 1$，$S = 0$）となり，$Q = 0$，$\overline{Q} = 1$ にリセットされる．この状態で $CK = 0$ となれば，この状態が保持されるが，$CK = 1$，$J = 1$，

$K=1$ が続くと，$\overline{S}=0$，$\overline{R}=1$（$S=1$，$R=0$）となり，再び $Q=1$，$\overline{Q}=0$ の状態に戻る．このように，フリップフロップが二つの安定状態を交互に繰り返し，安定点が定まらない状態を**発振**という．

次に，**図5·8** に示すように，フリップフロップを縦続接続して，同一クロックで動作させる場合を考えてみよう．この回路は理想的には，$CK=1$ となった瞬間における各フリップフロップの出力 ${Q_i}^n$，$\overline{{Q_i}^n}$ により，次段のフリップフロップの出力 ${Q_{i+1}}^{n+1}$，$\overline{{Q_{i+1}}^{n+1}}$ を決定するもので，前段のフリップフロップの内容が，クロック入力 CK が1になるごとに，後段に伝達されていく動作をする．

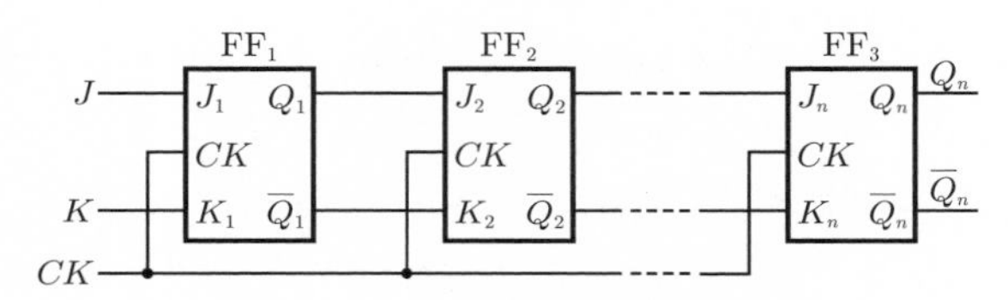

図5・8 フリップフロップの縦続接続

しかし，$CK=0$ とならないうちに FF_1 の出力が入力 J，K により変化し，${Q_1}^{n+1}$，$\overline{{Q_1}^{n+1}}$ に変化してしまうと，FF_2 は変化した後の ${Q_1}^{n+1}$，$\overline{{Q_1}^{n+1}}$ によって出力が決定される．以下同様に，n 段目まですべてのフリップフロップが，新しい入力 J，K によって状態が決定してしまうことになる．これをフリップフロップの**レーシング**という．

発振やレーシングを防止するには，次に述べるマスタ・スレーブ JK フリップフロップや，エッジトリガ JK フリップフロップが用いられる．

5・3・3 マスタ・スレーブ JK フリップフロップとエッジトリガ JK フリップフロップ

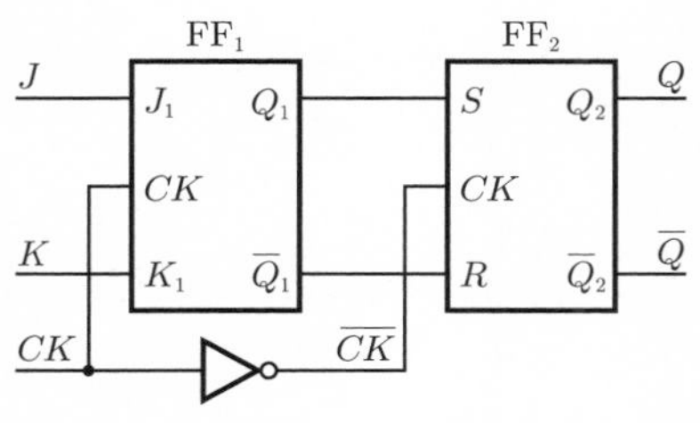

図5・9 マスタ・スレーブ JK フリップフロップの原理

発振やレーシングを防止する一つの方法として，**図5·9** に示すように，フリップフロップを2段構成して，全体として一つの JK フリップフロップとして動作させる方法がある．1段目のフリップフロップ FF_1（これを**マスタ・フリップフロップ**という）は，クロック入力 CK が1のとき動作し，2

段目のフリップフロップ FF_2（これを**スレーブ・フリップフロップ**という）は，$CK = 0$ のとき動作する．

まず，$CK = 1$ になると，FF_1 が動作し入力 J，K により出力 Q_1，$\overline{Q}_1$ が決定される．このとき，$\overline{CK} = 0$ であるから，FF_2 の状態は変わらない．次に $CK = 0$ となると，FF_1 の出力は保持され，FF_2 が動作し，FF_1 の状態が FF_2 に転送される．このように，FF_1 と FF_2 がクロックパルスの立ち上がり時と立ち下がり時で交互に動作するため，出力から入力へ帰還路があっても発振することはなく，また，レーシングも発生しない．

図 5･10 は NAND ゲートによりマスタ・スレーブ JK フリップフロップを構成したもので，G_1〜G_4 がマスタ，G_5〜G_8 がスレーブ・フリップフロップとなっている．スレーブ・フリップフロップのクロック入力は，NAND ゲート G_1，G_2 の出力から得ることにより，図 5･9 の NOT 回路を省略している．

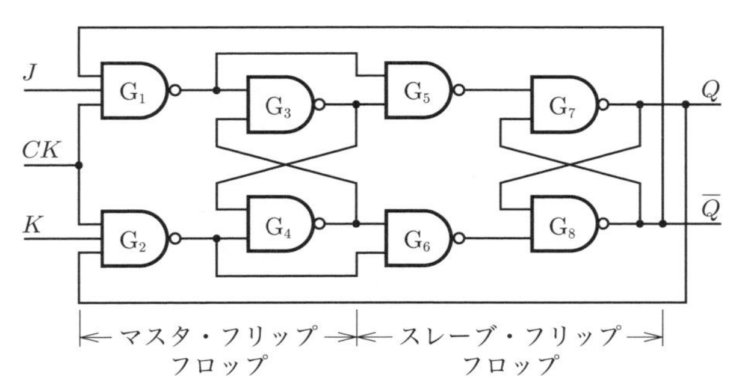

図 5・10 NAND ゲートによるマスタ・スレーブ JK フリップフロップの構成

マスタ・スレーブ JK フリップフロップはもっとも広く使用され，集積回路化され各種市販されている．これらのフリップフロップには，内部の状態をクロックとは無関係にセット，あるいはリセットできる端子が付いている場合が多い．

図 5･11 はマスタ・スレーブ JK フリップフロップの記号で，クロックパルスの立ち下がり時に出力が決定されることを表すために，クロック入力端子に NOT の記号（○印）が付けられている．

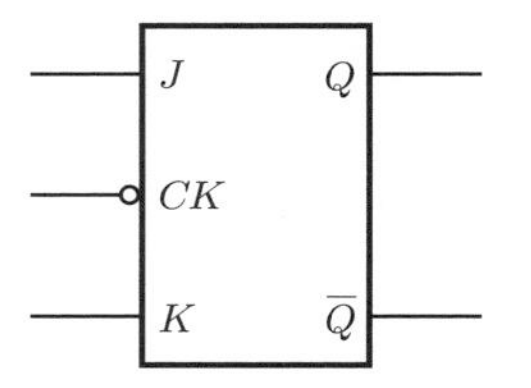

図 5・11 マスタ・スレーブ JK フリップフロップ

マスタ・スレーブ JK フリップフロップでは，スレーブ・フリップフロップに出力が現れるのは，クロックパルスの立ち下がり時であるから，クロックパルスの幅だけの遅延が生じる．また，マスタ・フリップフロップの入力は，クロックが加わっている期間中は変化してはならない．

エッジトリガ JK フリップフロップは，クロックパルスの立ち上がり時，または立ち下がり時の入力状態だけで出力が決定され，クロック入力 $CK=1$ が長く続いても，以後の入力変化には影響されないという特性を有している．クロックパルスの立ち上がり時の入力で出力が決定される形式のものを**ポジティブ・エッジトリガ形**，立ち下がり時の入力で決定されるものを**ネガティブ・エッジトリガ形**という．それぞれの記号を**図 5·12**（a）（b）に示す．

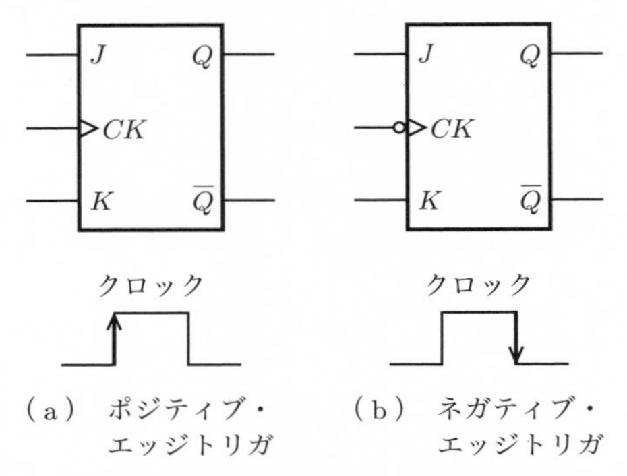

（a） ポジティブ・エッジトリガ　（b） ネガティブ・エッジトリガ

図 5・12　エッジトリガ JK フリップフロップの記号

5・4　T フリップフロップ

T フリップフロップは，**図 5·13**（a）に示すように一つの入力端子 T と，二つの出力 Q, $\overline{Q}$ を持つフリップフロップで，T が 1 になるごとに出力の状態が反転し，その特性表は図（b）で表される．

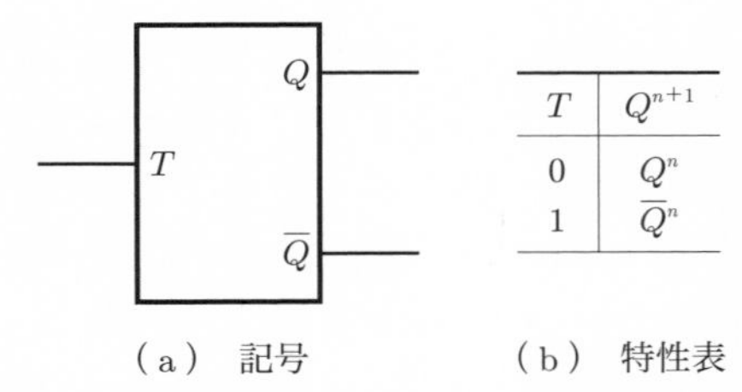

T	Q^{n+1}
0	Q^n
1	$\overline{Q}^n$

（a） 記号　（b） 特性表

図 5・13　T フリップフロップ

T フリップフロップは，JK フリップフロップの J, K 入力を 1 に保ち，クロック入力端子 CK を T 入力端子とすれば実現できる．レーシングを防止するため，エッジトリガ形 JK フリップフロップを使用する場合が多い．

T フリップフロップは，T 入力にパルスが 2 個入力されるごとに，出力がもとの状態に戻る特性を有しており，2 進の**パルス計数回路**（**パルスカウンタ**）と考えられる．これを縦続に接続することにより，2^n 進カウンタを構成することができる．

図 5·13 の T フリップフロップでは，T 入力だけしかないので，出力 Q，$\overline{Q}$ をあらかじめ設定することができない．そこで，T フリップフロップに，セット入力端子 S，リセット入力端子 R を付加した **SRT フリップフロップ**がしばしば用いられる．

5・5　D フリップフロップとラッチ

図 5·14 は D フリップフロップと呼ばれるフリップフロップの記号と特性表である．このフリップフロップは，クロック入力 CK が 1 になったとき，入力 D の値と同一の出力が Q に得られるもので，入力 D の情報を一時的に記憶したり，あるいは入力 D の情報をクロックパルスが入力されるまで遅らせたりする働きを有し，**データフリップフロップ**，あるいは**遅延フリップフロップ**とも呼ばれる．

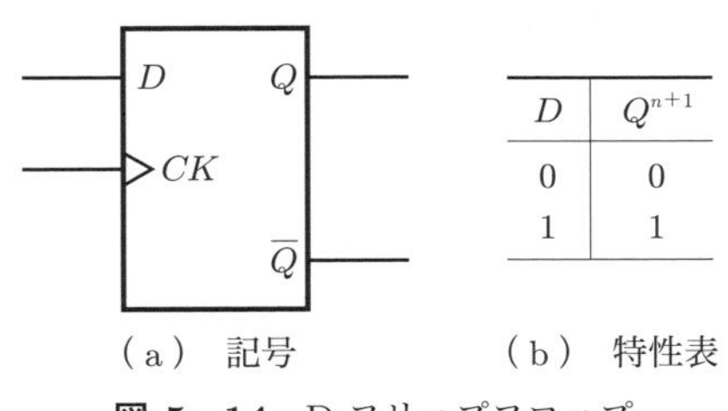

D	Q^{n+1}
0	0
1	1

（a）　記号　　（b）　特性表

図 5・14　D フリップフロップ

D フリップフロップは，$CK = 1$ のときに D の値を記憶させ，その後 $CK = 0$ にしておくと，出力の状態が保持され続ける．このような回路を **D ラッチ**または**ラッチ**と呼ぶ．

図 5·15 は，同期式 SR フリップフロップを用いて，D フリップフロップを実現したものである．多段接続の際のレーシングを防止するため，エッジトリガ形 D フリップフロップも集積化されたものが市販されている．

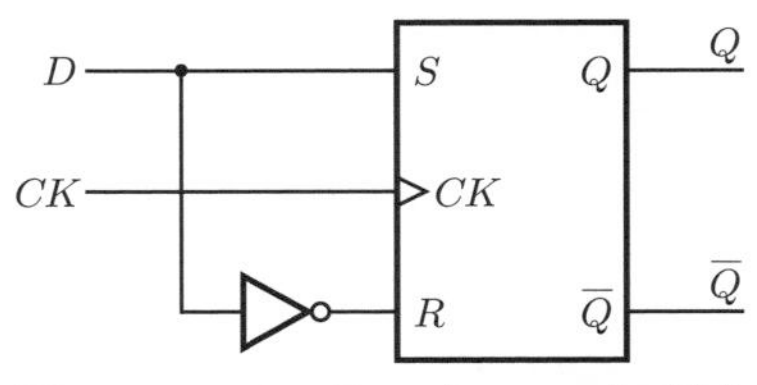

図 5・15　D フリップフロップの構成

【問 5・3】　JK，T，D フリップフロップは，すべて SR フリップフロップに基本論理ゲートを付加すれば実現できることを示せ．

5・6　フリップフロップの応用

フリップフロップの主な作用は，情報の一時記憶であるが，これを利用して種々の応用回路が考えられる．これらは主として順序回路と呼ばれ，次章で詳しく取り扱う．ここではフリップフロップの直接的な応用として，レジスタとカウンタについて述べる．

5・6・1　レジスタ

〔1〕　メモリレジスタ

1個のフリップフロップは，1ビットの2進データを記憶することができるから，これを**図5·16**のようにn個用いることにより，nビットの2進データを記憶できる回路が作れる．これを**メモリレジスタ**，あるいは単に**レジスタ（置数器）**という．

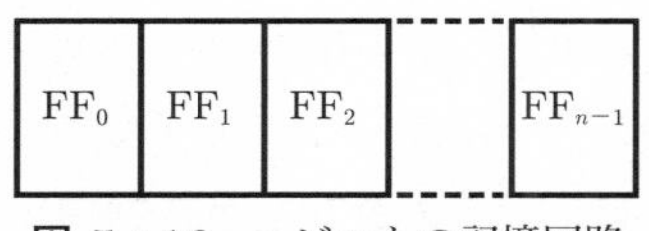

図5・16　nビットの記憶回路

図5·17はSRフリップフロップを用いた4ビットのメモリレジスタの構成例である．記憶すべき2進データはA_0〜A_3に入力され，書込み用信号としてP_1を1にすると，A_0〜A_3の状態がFF_0〜FF_3の各出力Qに記憶される．書込みが終了すると，P_1を0にすることにより，フリップフロップの各入力R，Sの値を0にして，記憶内容を保持する．

データの読出しは，読出し信号としてP_2を1にすると，各フリップフロップの出力値が，ANDゲートの出力Q_0〜Q_3に現れる．

新しいデータを書き込む際は，各フリップフロップの内容をリセットすることは不要で，書込み信号により新しいデータがそのまま古いデータと入れ替わる．

図5·17はすべてのビットが並列に同時に書き込まれ，また，同時に並列の出力が得られる．このようなレジスタを**並列入力並列出力レジスタ**という．

入出力の形式により，このほかに直列入力直列出力，直列入力並列出力，並列入力直列出力形のレジスタがある．これらはいずれも，フリップフロップ間のデータの転送が必要で，**シフトレジスタ**と呼ばれている．

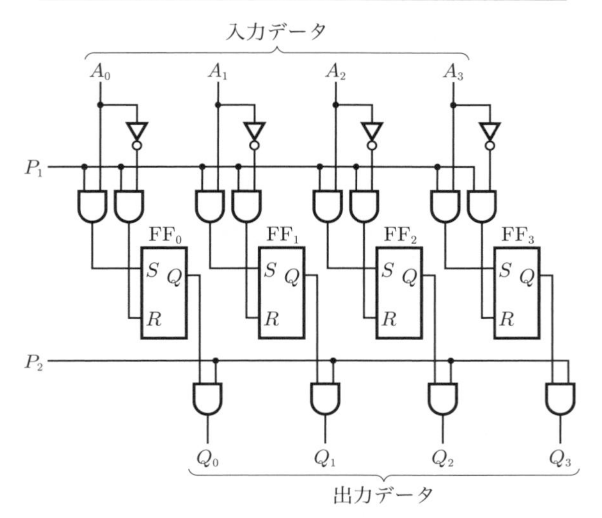

図 5・17　4 ビットメモリレジスタの例

〔2〕 シフトレジスタ

シフトレジスタは，図 5·16 に示す各フリップフロップの内容が，外部より加えられる信号（普通パルスを用い，これを**シフトパルス**という）により，隣のフリップフロップに順次転送されるレジスタである．

図 5·18 に入出力の形式により分類したシフトレジスタの種類を示す．図（a）の直列入力直列出力シフトレジスタは，入力から出力までデータが転送されるために n 個のシフトパルスが必要で，この時間の遅れを利用して，遅延回路として使用されることが多い．

図（b）の直列入力並列出力シフトレジスタは，時間軸上に直列に並んだデータを，並列データに変換する場合に使用される．図（c）は（b）とは逆の機能を持つもので，記憶回路などに入っている並列データを，1 本の伝送路を用いて転送する場合に，時間的に直列なデータに変換するため使用される．

図（d）の並列入力並列出力シフトレジスタは，図 5·17 のメモリレジスタと似ているが，各フリップフロップの内容を隣のフリップフロップへ移す機能が追加されている．このレジスタは，2 進数の乗除算などに必要な，2 進数の桁の移動などに使用される．

図 5·19 は 4 ビットの直列入力並列出力形のシフトレジスタの例である．レー

シングを防止するために，エッジトリガ形SRフリップフロップを使用している．マスタ・スレーブJKフリップフロップを使用しても，レーシングを避けることができる．

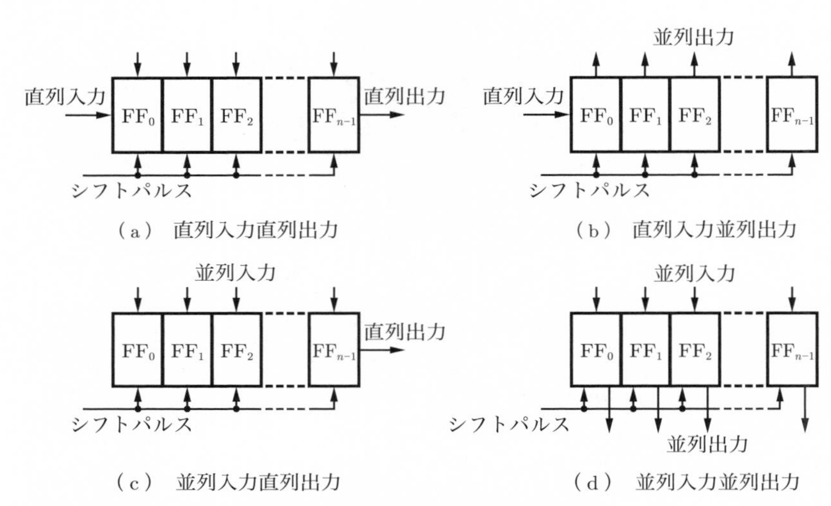

（a） 直列入力直列出力　（b） 直列入力並列出力

（c） 並列入力直列出力　（d） 並列入力並列出力

図 5・18 シフトレジスタの入出力形式

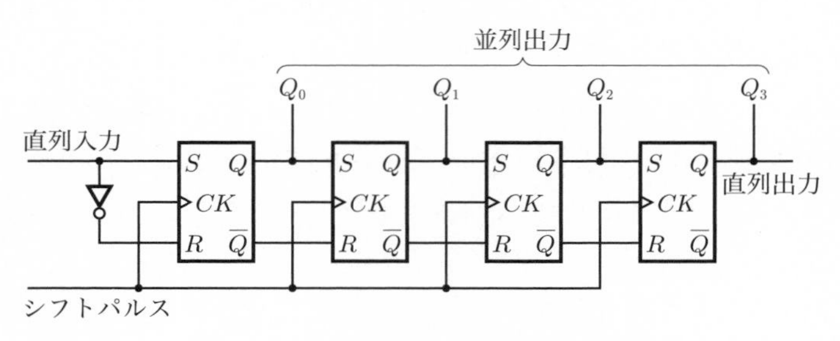

図 5・19 4ビットシフトレジスタの例

図5･19の回路は，Q_3を出力とすると，直列入力直列出力のシフトレジスタとしても使用でき，シフトパルス4個分の遅延回路として動作する．

シフトレジスタは，集積回路化されたものが種々市販されており，一つのシフトレジスタで，図5･18に示した種類のいくつかの機能を同時に備えて，選択信号によりその中から希望の機能を指定して使用できるようなものもある．また，シフトの方向を左から右へ（**右シフト**），あるいは右から左へ（**左シフト**）の2方向のいずれかを選ぶことのできるシフトレジスタもある．

5・6・2　カウンタ

〔1〕 2^n 進リプルカウンタ

T フリップフロップは，2 個のパルスが入力されると，出力がもとの状態に戻り，2 進のカウンタとして動作することを 5·4 節で述べた．これを n 段縦続接続することにより，2^n 進カウンタを構成できる．

図 5·20 は JK フリップフロップによる 16 進カウンタの例である．各フリップフロップの J，K 入力は，1 の状態に保たれているため，T フリップフロップとして動作する．ネガティブエッジトリガ形の場合の各フリップフロップの出力状態は，図（b）に示すように，CK 端子のパルスを 16 個計数すると，もとの状態に戻る．図（b）に示すようなパルスの相互関係を示す図を**タイミングチャート**という．

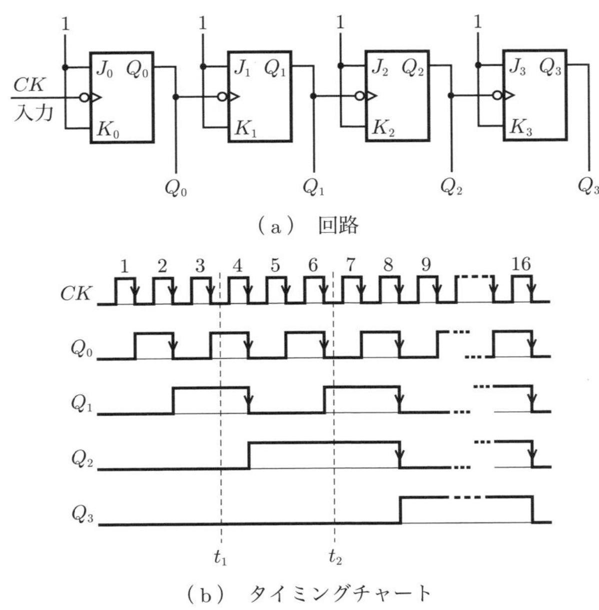

（a）回路

（b）タイミングチャート

図 5・20　2^4 進カウンタ

計数されたパルスの数は，出力 Q_3～Q_0 に，4 ビットの 2 進数として得られる．たとえば，図 5·20（b）の時刻 t_1 では

$$(Q_3Q_2Q_1Q_0)_2 = (0011)$$

であるから，計数したパルス数は3である．また t_2 では

$$(Q_3Q_2Q_1Q_0)_2 = (0110)$$

となり，パルス数は6となる．

図5·20に示すカウンタは，入力側のフリップフロップから，順次パルスが送られることにより動作する．このようなカウンタを**リプルカウンタ**という．

リプルカウンタでは，各段における伝搬遅延時間が蓄積され，後段になるほど遅延が大きくなる．最終段での遅延時間が最大となり，これによりカウンタの計数可能な周波数が決定される．たとえば伝搬遅延時間が1段あたり15 ns とすると，4段構成では

$$t_{\mathrm{d}} = 60\,\mathrm{ns}$$

の遅延が生じる．Q_3 の動作は，**図5·21** に示すように，17番目の入力パルスの立ち下がり時より早く終了しなければならない．パルスの周期を T（周波数 $f = 1/T$）とすると

$$t_{\mathrm{d}} < T = 1/f$$

でなければならず，動作可能な最高周波数 f は

$$f < \frac{1}{t_{\mathrm{d}}} \approx 16\,\mathrm{MHz}$$

となる．

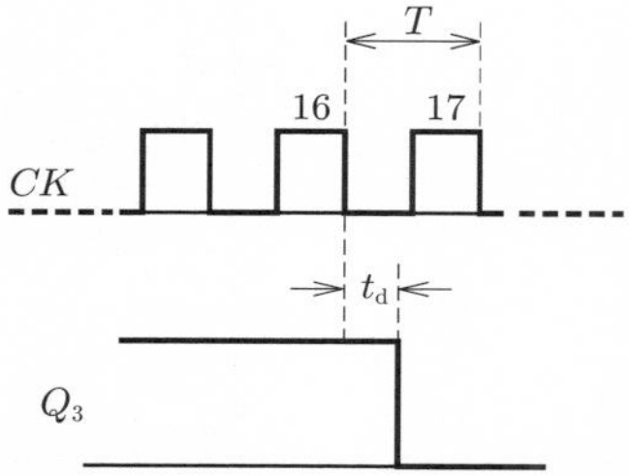

図5・21 リプルカウンタの遅延

リプルカウンタは前段の出力を待って順次動作するため，これを**非同期式カウンタ**ともいう．

【問5・4】 図5·21で総遅延時間 t_{d} が T を超えると，どのような不都合が生じるか．

〔2〕 同期式 2^n 進カウンタ

2^n 進カウンタで i 番目のフリップフロップの出力が0から1へ，あるいは1から0へ変化するのは，$i-1$ 番目までのすべてのフリップフロップの出力がいずれも1のとき，新たに入力にもう一つパルスが入った場合である．これを利用すると，各フリップフロップが同時に動作する 2^n 進カウンタが実現できる．

図 5·22 はパルス入力 CK により，各フリップフロップが同時に動作する**同期式 16 進カウンタ**の例である．AND ゲート G_1，G_2 は，それぞれのゲートより前段のすべてのフリップフロップの出力が 1 のとき，次段のフリップフロップの J，K 入力端子に 1 を入力する働きをする．J，K がともに 1 のときは，CK によりフリップフロップの状態は反転するから，下位からの桁上りをクロックと同時に処理できる．

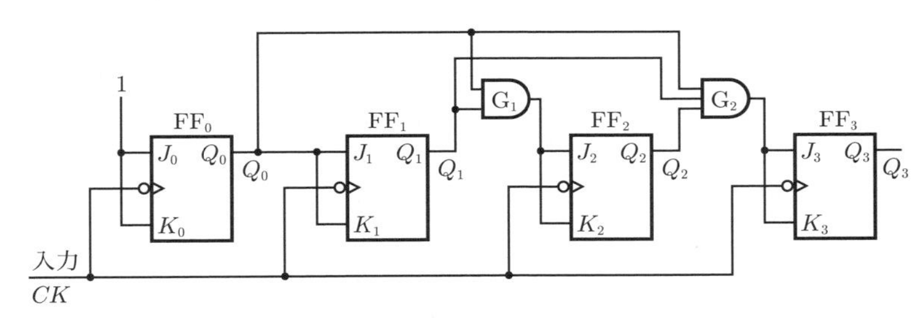

図 5・22 同期式 16 進カウンタ

図 5·22 の同期式 16 進カウンタでは，伝搬遅延時間は，フリップフロップ 1 段と AND ゲート 1 段の遅延の和だけであるため，高速のパルスの計数ができる．

【問 5・5】 図 5·22 の同期式 16 進カウンタで，フリップフロップの遅延を 15 ns，AND ゲートの遅延時間を 3 ns とすると，計数可能な最高周波数はいくらか．

〔3〕 10 進カウンタ

フリップフロップの縦続接続では，2^n 進のカウンタしか実現できない．2^n 進以外，たとえば **5 進カウンタ**を実現するには，入力パルスを 5 個計数すると，すべてのフリップフロップを 0 にリセットする作用を付加する必要がある．

図 5·23（a）は 5 進カウンタの例である．この回路は図 5·22 の FF_3 を取り除き，回路の一部を変更したものである．図（b）にタイミングチャートを示す．

すべてのフリップロップが 0 にリセットされている状態から，計数を開始するものとすると

$$J_0 = \overline{Q}_2 = 1$$

であるから，FF_0 は CK に対して 2 進のカウンタとして動作する．また FF_1 は Q_0 に対して 2 進のカウンタである．J_2 は Q_0，Q_1 がともに 1 のとき（CK パルスを 3 個計数したとき）に 1 となり，次の CK パルスにより Q_2 が反転するから，CK パルスに対して FF_2 は 4 進のカウンタとなる．

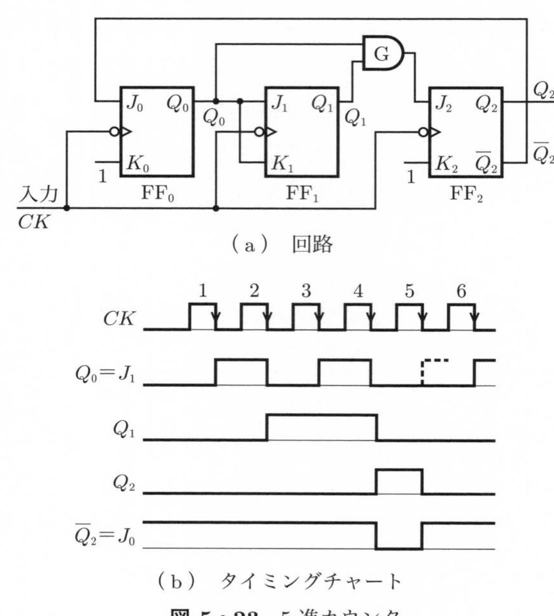

（a）回路

（b）タイミングチャート

図 5・23　5進カウンタ

$\overline{Q}_2$ より J_0 への結線により，四つのパルス計数の後 $\overline{Q}_2=0$（$Q_2=1$）となることを利用して，$J_0=0$ にして5個目の CK パルスが入力されたとき，FF_0 をリセットする．このとき，$Q_1=0$ であるから $J_2=0$ となっており，FF_2 も5個目の入力パルスにより，リセットされる．したがって，タイミングチャートに示すように，5個の CK パルスを計数すると，すべてのフリップフロップはリセットされて，新しくパルスの計数を開始する．

10進カウンタは，5進カウンタの前に2進カウンタを接続して，2進カウンタの出力を5進カウンタで計数することによって実現できる．**図 5・24** に非同期式の10進カウンタの例を示す．

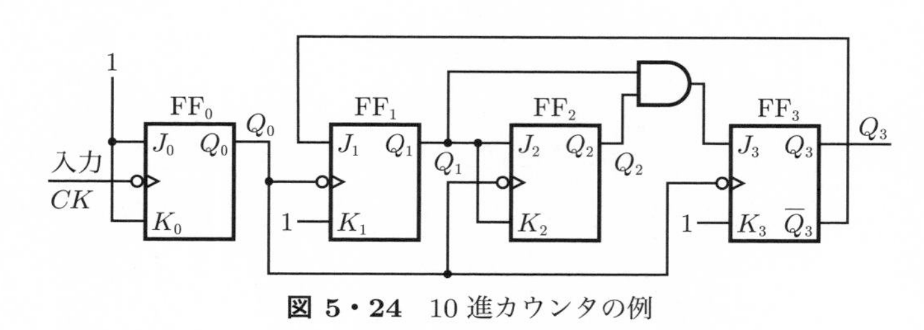

図 5・24　10進カウンタの例

FF_0 は2進カウンタで，FF_1〜FF_3 が FF_0 の出力 Q_0 を入力とする5進のカウンタである．

〔4〕 **リングカウンタ**

n 段のシフトレジスタの入力と出力を接続してループを作り，一つの段だけを1にして，シフトパルスによりこの1の位置を順次移動することによって，パルス数を計数するカウンタを**リングカウンタ**という．

図5・25 に4進のリングカウンタを示す．シフトパルス CK により，1が順次左から右へフリップフロップを移動し，1となっているフリップフロップの位置で計数したパルスの数がわかる．

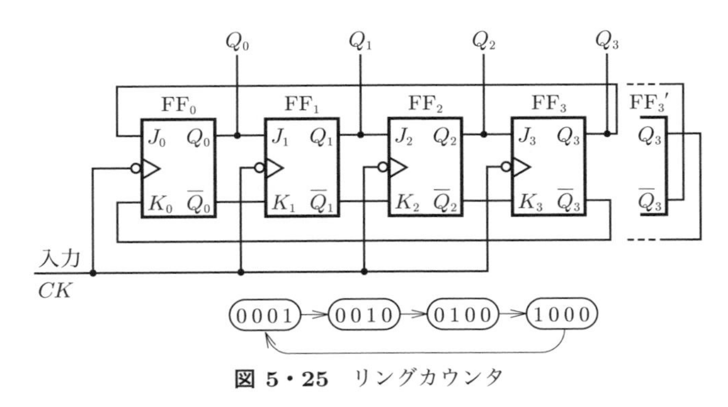

図 5・25 リングカウンタ

リングカウンタは，1の位置でパルス数が直ちにわかり，2進–10進の変換回路などのデコーダを必要としないが，n 進のカウンタを実現するには n 個のフリップフロップを必要とする．

シフトレジスタの最終段のフリップフロップの出力を，図5・25の FF_3' のように Q_3 と $\overline{Q}_3$ を入れ替えて入力に接続したカウンタを，**ジョンソンカウンタ**という．ジョンソンカウンタでは，一つの1だけがフリップフロップ内を回るのではないため，デコーダを必要とするが，n 個のフリップフロップで $2n$ 進のカウンタを実現できる．

【問5・6】 図5・25のリングカウンタで，初期値が $(Q_0Q_1Q_2Q_3) = (1010)$ であるとすると，この回路はどのような動作をするか．

〔5〕 **その他のカウンタ**

いままで主として，入力パルスが加わると，計数値が増加するカウンタについて述べた．このようなカウンタを**アップカウンタ**という．逆に入力されるパルスごとに計数値が減少するカウンタを，**ダウンカウンタ**という．また，一つのカウンタでアップカウンタとダウンカウンタの両方の機能を持ち，制御信号により切り換えて使用できるカウンタを，**アップダウンカウンタ**という．

これらのカウンタは，いずれも集積回路化されて市販されている．

2^n 進カウンタ以外は，フリップフロップのほかに，論理ゲートを必要とする．このように，組合せ論理回路と，遅延の機能を有するフリップフロップを含む回路は，**順序回路**と呼ばれる．順序回路の詳しい説明は次章で述べる．

演習問題

5・1 ド・モルガンの等価ゲートにより，図5·3から図5·4を導け．

5・2 **図5·26**は，**セット優先SRフリップフロップ**と呼ばれるものである．特性表を書け．

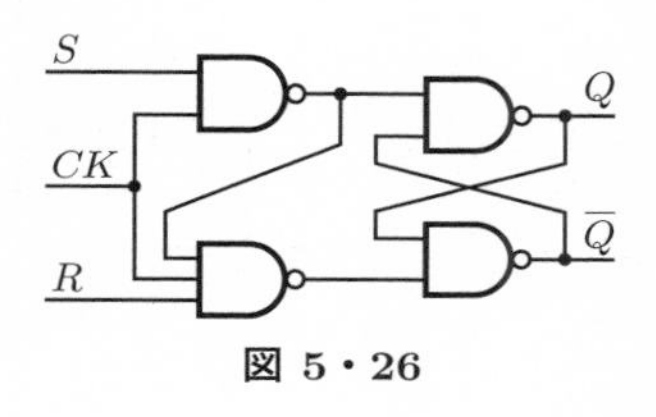

図 5・26

5・3 フリップフロップの特性表から，各フリップフロップの出力 Q^{n+1} を表す論理式を求めよ（フリップフロップの出力を表した論理式を**特性方程式**という）．

5・4 **図5·27**（a）のDフリップフロップに，図（b）のようなパルスが入力されたとき，出力 Q はどのようになるか．

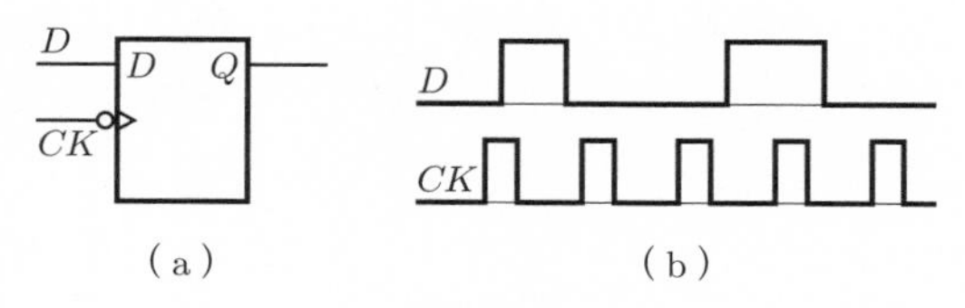

（a）　（b）

図 5・27

5・5 Dフリップフロップを使用して，SRフリップフロップを実現せよ．

5・6 図5·23の5進カウンタを参考にして，3進カウンタを構成せよ．

5・7 **図5·28**は，クリア端子 CLR（リセット端子）の付いたTフリップフロップを用いた16進リプルカウンタである．CLR が0になるとクロックとは無関係に各フリップフロップはリセットされるものとして，6進，10進，12進カウンタを構成したい．それぞれ外部にどのような論理回路を接続すればよいか．

5・8 図5·25の FF_3' の結線を行ったジョンソンカウンタの各フリップフロップの状態が，クロック入力 CK によりどのように変化するか調べよ．

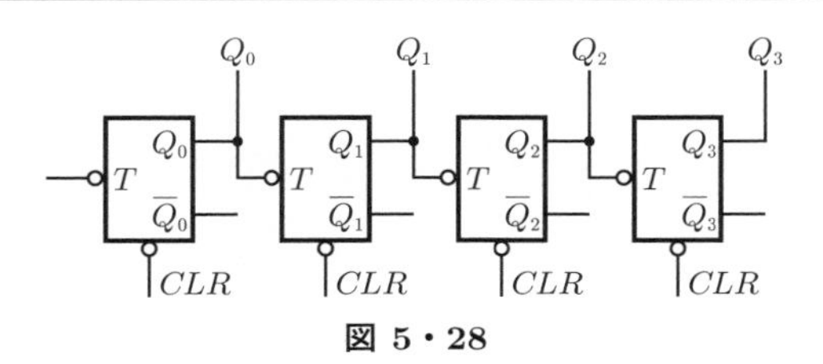

図 5・28

5・9　**図 5·29** は $CK=0$ のとき，$S=R=0$，CK が 0 から 1 へ変化すると，$S=D$，$R=\overline{D}$ を出力する回路である．$CK=1$ の状態が続くとき，D の値が変化しても，出力 S，R の値は変化しないことを示せ（この回路はポジティブ・エッジトリガ・フリップフロップを実現するとき用いられる）．

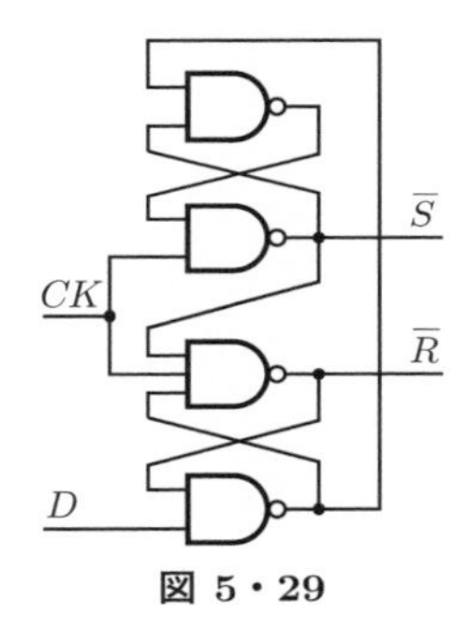

図 5・29

第6章
順序回路

出力が現在の入力，および過去の入力によって決定される回路を**順序回路**という．前章で述べたフリップフロップは，順序回路のもっとも簡単な例である．順序回路は組合せ論理回路と，論理回路の出力を一時記憶する記憶回路より構成される．

一般に回路の状態がクロックパルスに同期して変化する順序回路を，**同期式順序回路**といい，クロックパルスを用いない順序回路を**非同期式順序回路**という．順序回路の特性は，状態遷移図，状態遷移表などによって調べることができ，これらから得られる遷移関数と出力関数によって，その動作が表現できる．

6・1　順序回路の基本構成

順序回路は**図 6·1** のように，記憶作用を持たない組合せ論理回路と，情報の一時記憶が可能な記憶回路あるいは遅延回路より構成される．記憶あるいは遅延回路としては，前章で述べた各種フリップフロップが多くの場合使用される．

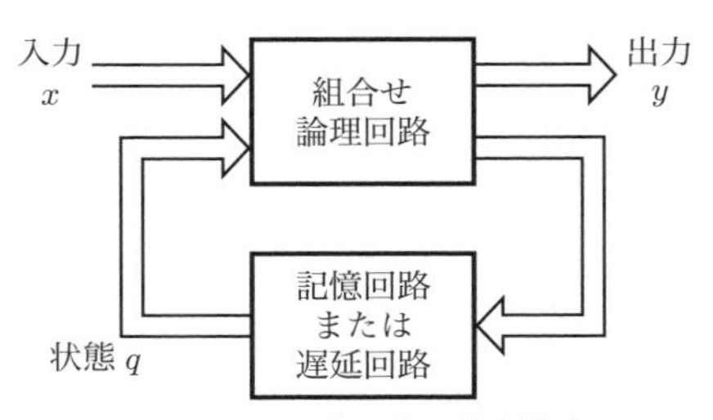

図 6・1　順序回路の基本構成

いま，回路がある状態 $q_{\rm i}$ であったとき，入力 $x_{\rm k}$ によって，状態が $q_{\rm j}$ に変化すると同時に，$y_{\rm l}$ を出力するような順序回路があったとする．この回路の一連の動作を，**図 6·2**（a）のように表す．また，$x_{\rm k}'$ が入力されたとき，$y_{\rm l}'$ を出力するが状態は変化しないような場合は，図（b）に示すように $q_{\rm i}$ から $q_{\rm i}$ へのループで表す．図 6·2 のように状態の変化を表現した図を**状態遷移図**という．

たとえば4進カウンタの状態遷移図は，**図 6·3** のようになる．入力が1のとき，次の状態に移り，1が4回入力されるごとに出力を1にして，元の状態に復帰し，また，入力が0の場合は状態が変化しない様子を表している．

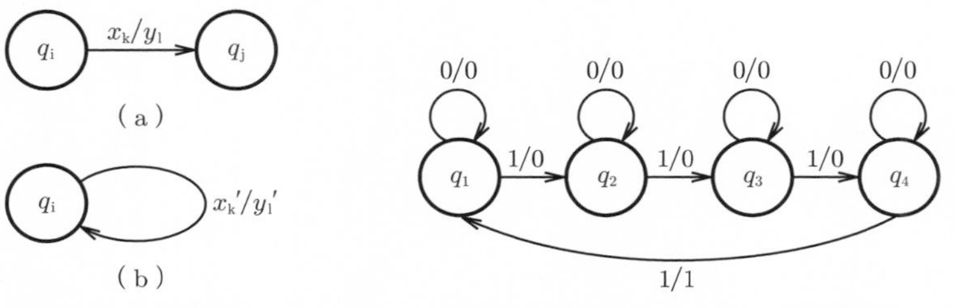

図 6・2　状態遷移図

図 6・3　4進カウンタの状態遷移図

一般に順序回路が与えられれば，状態遷移図を書くことができる．このとき，順序回路の**状態**とは，一般に記憶回路または遅延回路の出力の状態をいう．図6･3の4進カウンタを2個のフリップフロップを用いて実現した場合は，その状態 q_1～q_4 は，2個のフリップフロップの出力値の組合せで表され，00，01，10，11の4状態に対応している[1]．

【問 6・1】　図5･23（a）の5進カウンタの状態遷移図を書け．ただし，すべてのフリップフロップはリセットの状態からスタートするものとする．

6・2　同期式順序回路の解析

6・2・1　状態遷移表と出力表

順序回路の解析は，状態遷移図を求めて，回路の動作を知ることである．状態遷移図は直感的に回路の動作が理解できる利点があるが，与えられた回路より直接これを導くことは，多くの場合困難である．順序回路の解析は，状態遷移図を表にした**状態遷移表**を求めることから始められる．

表 6･1 は，図6･3の4進カウンタの状態の変化を表にした状態遷移表である．現在の状態から，入力 x により移るべき次の状態が示されると同時に，出力値も合わせて示されている．出力値を表す側の表を，特に**出力表**と呼ぶことがある．

表 6・1　状態遷移表

現状態 q	次状態 q'		出力 y	
	入力 x		入力 x	
	0	1	0	1
q_1	q_1	q_2	0	0
q_2	q_2	q_3	0	0
q_3	q_3	q_4	0	0
q_4	q_4	q_1	0	1

1)　どの状態をどのような2ビットの値に対応させるかは自由である．

次に簡単な例を用いて，状態遷移表の求め方について示す．

6・2・2　同期式順序回路の状態遷移表

記憶回路あるいは遅延回路が，同期式フリップフロップで構成されている場合，たとえば，**図 6·4** に示す回路について考えてみよう．この回路の状態を表す変数は，フリップフロップの出力 Q_1，Q_2 である．Q_1，Q_2 の値の組合せを，状態遷移表（**表 6·2**）の現状態欄に記入する．次に現在の各状態が入力 x により，どのような状態に遷移するかを，回路を調べて記入する．

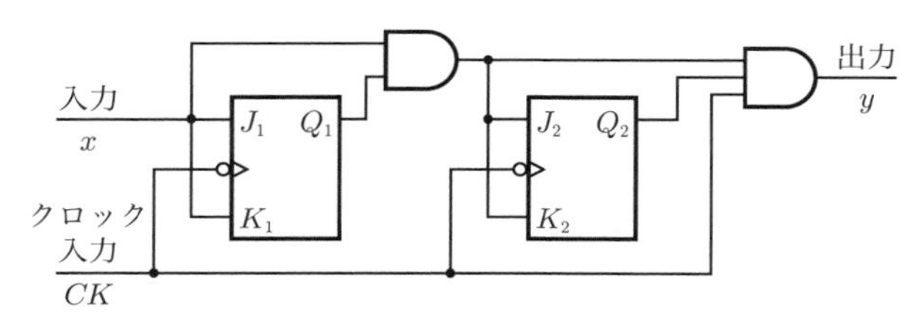

図 6・4　4 進カウンタの例

表 6・2　図 6·4 の状態遷移表

現状態 Q_1	現状態 Q_2	次状態 $Q_1'Q_2'$ 入力 x 0	次状態 $Q_1'Q_2'$ 入力 x 1	出力 y 入力 x 0	出力 y 入力 x 1
0	0	0 0	1 0	0	0
0	1	0 1	1 1	0	0
1	0	1 0	0 1	0	0
1	1	1 1	0 0	0	1

このとき，各フリップフロップの入力は，現状態 Q_1，Q_2 と入力 x によって

$$\left.\begin{aligned} J_1 &= K_1 = x \\ J_2 &= K_2 = Q_1 \cdot x \end{aligned}\right\} \qquad (6 \cdot 1)$$

と表すことができる[2)]．式（6·1）と**表 6·3** の JK フリップフロップの特性表により，各フリップフロップの次状態 Q_1'，Q_2' を決定して，表 6·2 の状態遷移表の次状態欄にそれぞれ記入する．

表 6・3　JK フリップフロップの特性

J	K	Q^{n+1}
0	0	Q^n
0	1	0
1	0	1
1	1	$\overline{Q}^n$

2)　この式をフリップフロップの**入力方程式**と呼ぶ．

$x=0$ の場合は，状態の変化はないから，次状態は現状態と同一である．$x=1$ になると，各状態はクロックパルスが入力されるごとに，表に示すような次状態に変化し，出力 y も特定の状態のとき 1 となる．

表 6·2 の状態遷移表を図に表すと，**図 6·5** の状態遷移図が得られる．これより，図 6·4 の回路は 4 進のカウンタで，$x=1$ を 4 回計数すると，出力 y に 1 を出して，もとの状態に戻る動作がよくわかる．これは，図 6·3 の各状態 q_{i} に，図 6·5 に示すような 2 ビットの 2 進数を割り当てたことになる．このように，順序回路の状態に，2 進数を割り当てることを**状態割当て**といい，順序回路の設計の際に必要となる．

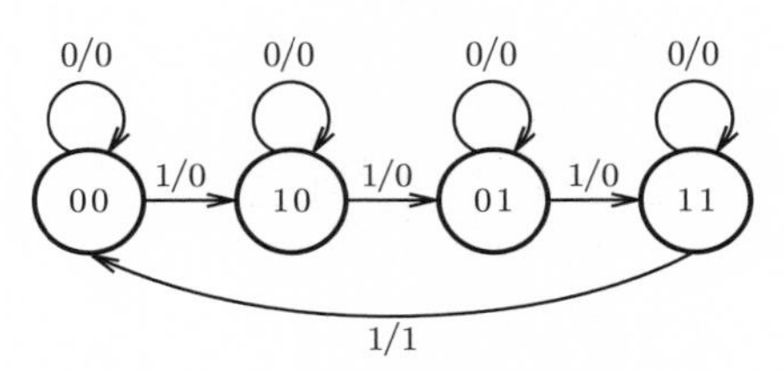

図 6・5 図 6·4 の状態遷移図

6・2・3 状態遷移関数と出力関数

状態遷移表より，順序回路の特性を表す論理式を求めてみよう．まず，次状態を現状態と入力によって表す．表 6·2 より，Q_1 の次状態 $Q_1{}'$ を加法標準形で表現すると

$$Q_1{}' = Q_1 \cdot \overline{Q}_2 \cdot \overline{x} + Q_1 \cdot Q_2 \cdot \overline{x} + \overline{Q}_1 \cdot \overline{Q}_2 \cdot x + \overline{Q}_1 \cdot Q_2 \cdot x \qquad (6 \cdot 2)$$

である．また，Q_2 の次状態 $Q_2{}'$ は同様に

$$Q_2{}' = \overline{Q}_1 \cdot Q_2 \cdot \overline{x} + Q_1 \cdot Q_2 \cdot \overline{x} + \overline{Q}_1 \cdot Q_2 \cdot x + Q_1 \cdot \overline{Q}_2 \cdot x \qquad (6 \cdot 3)$$

となる．カルノー図を書いて簡単化を行うと，**図 6·6** より，隣接項をまとめて

$$\left.\begin{aligned} Q_1{}' &= Q_1 \cdot \overline{x} + \overline{Q}_1 \cdot x \\ Q_2{}' &= Q_2 \cdot \overline{x} + \overline{Q}_1 \cdot Q_2 + Q_1 \cdot \overline{Q}_2 \cdot x \end{aligned}\right\} \qquad (6 \cdot 4)$$

となる．

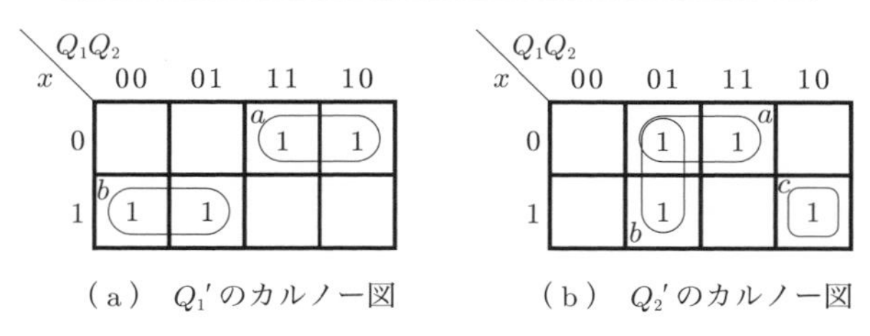

（a）　Q_1' のカルノー図　　（b）　Q_2' のカルノー図

図 6・6　次状態のカルノー図

式（6･4）は現状態に入力 x が加わったとき，次状態がどのようになるかを表す式で，これを**状態遷移関数**という．

次に出力 y は

$$y = Q_1 \cdot Q_2 \cdot x \qquad (6\cdot5)$$

で表される．式（6･5）のように，現状態と入力変数によって出力を表した関数を**出力関数**という．

このように，順序回路は次状態を表す状態遷移関数と，出力の値を表現する出力関数によって，その特性を表すことができる．

図 6･4 の回路は，一度状態の変化が終了すると，クロック入力 CK が新たに加わらない限り，これ以上の状態の変化が生じることはない．これを**安定な状態**という．表 6･2 の各状態はすべて安定な状態である．

6・3　非同期式順序回路の解析

6・3・1　フロー表と過渡状態

図 6･7 に示すような，非同期式の SR フリップフロップを用いた非同期式順序回路を考えてみよう．

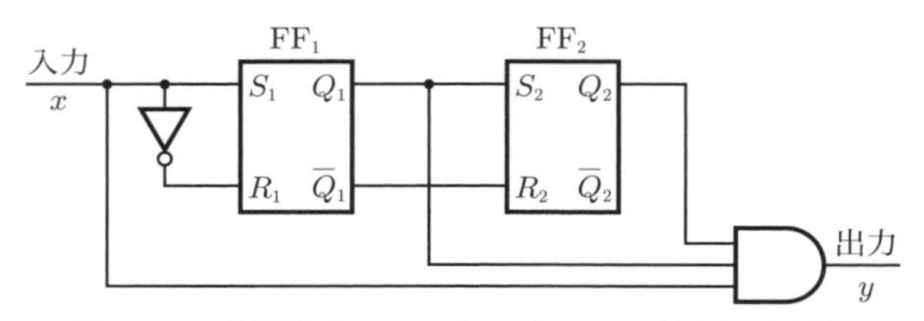

図 6・7　非同期式 SR フリップフロップを用いた回路

各フリップフロップの入力は

$$\left.\begin{aligned} S_1 &= x \\ R_1 &= \overline{x} \\ S_2 &= Q_1 \\ R_2 &= \overline{Q}_1 \end{aligned}\right\} \qquad (6\cdot6)$$

と表すことができる．SR フリップフロップの特性表は，**表6·4** で与えられるから，式 (6·6) と合わせて，次状態を求めると，**表6·5** が得られる．

表 6・4　SR フリップフロップの特性表

入力 S	R	出力 Q^{n+1}
0	0	Q^n
0	1	0
1	0	1
1	1	不定

ここで，現状態 (1 1) に $x = 0$ が入力された場合に着目してみよう．図6·7 で，まず FF_1 の出力 Q_1 が，フリップフロップの伝搬遅延時間だけ遅れて，“0” にリセットされる．これが，**表6·6** の過渡状態 (0 1)^a である．この状態で $x = 0$ がさらに続くと，FF_1 の出力 $\overline{Q}_1$ (= 1) によって，FF_2 がリセットされて，状態は (0 0) となる．すなわち，現状態を (0 1) と考えて，$x = 0$ の場合の次状態 (0 0) に遷移することになる．

表 6・5　図6·7 の状態の遷移

現状態 Q_1 Q_2	次状態 入力 x 0	1
0 0	0 0	1 0
0 1	0 0	1 0
1 0	0 1	1 1
1 1	0 1	1 1

以上により，状態 (1 1) で $x = 0$ とすると，表6·6 に示すように (0 1)^a → (0 1)^b → (0 0)^c と状態が変化し，さらに，(0 0)^d へ移って静止することになる．

全く同様に，現状態 (1 0) も $x = 0$ のとき，(1 0) → (0 1) → (0 0)^c → (0 0)^d と遷移する．このようにして，$x = 0$ の場合は，すべて状態 (0 0) に遷移して静止する．すなわち，(0 0) 以外は $x = 0$ のときは，遷移の途中の過渡状態であり，このような状態を**不安定な状態**という．

$x = 1$ の場合も同様に，(1 1) 以外の状態はいずれも不安定な状態であり，表6·6 に示すように，すべて状態 (1 1) に遷移する．

表 6・6　図6·7 のフロー表

現状態 Q_1 Q_2	過渡状態 入力 x 0	1
(0 0)	((0 0))^d	(1 0)
(0 1)^b	(0 0)^c	(1 0)
1 0	(0 1)	(1 1)
1 1	(0 1)^a	((1 1))^e

表 6·6 で安定な状態は，現状態と過渡状態が等しい場合で，⬭で示した状態だけである．表 6·6 は順序回路の状態が変化していく過程を知るには便利な表であり，これを**フロー表**という．

フロー表により，遷移の最終状態を調べ，これを表にすると，**表 6·7** の状態遷移表が得られる．

図 6·7 の回路は二つの安定状態だけを有し，**図 6·8** に示すように，入力 x が 1，0 で二つの状態間を遷移し，入力 x が 1 のとき，現状態にかかわらず出力 y が 1 となる回路である．

表 6・7　図 6·7 の状態遷移表

現状態 Q_1 Q_2	次状態 $Q_1{}'Q_2{}'$ 入力 x 0	次状態 $Q_1{}'Q_2{}'$ 入力 x 1	出力 y 入力 x 0	出力 y 入力 x 1
0　0	0　0	1　1	0	1
0　1	0　0	1　1	0	1
1　0	0　0	1　1	0	1
1　1	0　0	1　1	0	1

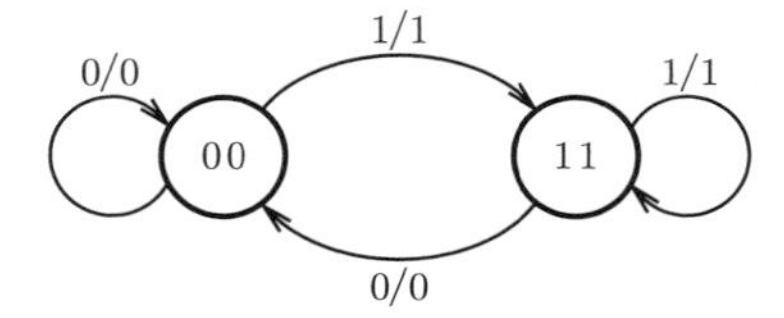

図 6・8　図 6·6 の状態遷移図

6・3・2　不安定状態と誤動作

非同期式順序回路では，状態の遷移の過程の過渡状態で，不安定な状態が存在し，一時的に誤出力を出すことがある．たとえば図 6·7 の回路で，状態 (1 1) から $x = 0$ で状態 (0 0) に遷移する際，一時的に不安定な状態 (0 1) になる．このとき，状態 (0 1) が出力に影響を及ぼすような出力のとり方であれば，誤出力が一時的に発生する．

また，非同期順序回路では，発振の危険性がある．**図 6·9**（a）のような回路を考えてみると，そのフロー表は図（b）のようになる．$x = 0$ の場合は．$Q = 0$

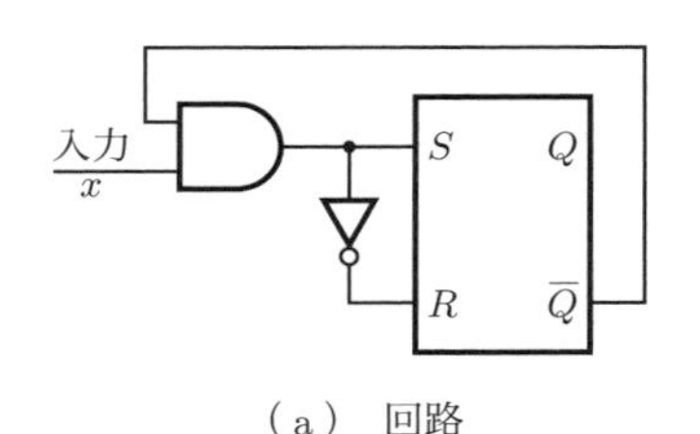

（a）　回路

現状態 Q	次状態 Q' 入力 x 0	次状態 Q' 入力 x 1
0	0	1
1	0	0

（b）　フロー表

図 6・9　非同期式順序回路の発振

が安定状態であるが，$x=1$ の場合，状態は 0，1 を交互に繰り返し安定状態が存在しない．これを順序回路の**発振**という．

非同期式順序回路には，不安定状態による誤出力や，発振のほかに遅延回路を複数個使用している場合，それぞれの遅延回路の遅延時間の差，あるいは非同期式フリップフロップの伝搬遅延時間の差により回路が誤動作をすることがあるので注意が必要である．このような理由により，単純な順序回路を除いては，ほとんどの場合，同期式順序回路が用いられる．

【問 6・2】 図 6·9 の SR フリップフロップをエッジトリガ同期式 SR フリップフロップにした場合，どのような動作をするか．

6・4 順序回路の解析手順のまとめ

順序回路の解析手順をまとめると，次のようになる．

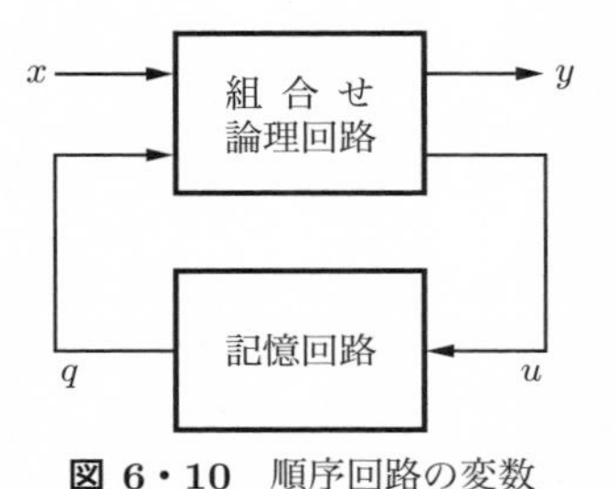

図 6・10 順序回路の変数

（1） 与えられた回路（**図 6·10**）の入力を $\boldsymbol{x}$，出力を $\boldsymbol{y}$，状態 $\boldsymbol{q}$ を記憶回路の出力とし，記憶回路の入力変数を $\boldsymbol{u}$ とする．

（2） 現状態 $\boldsymbol{q}$ と入力 $\boldsymbol{x}$ により，$\boldsymbol{u}$ を論理関数で表現する．

$$\boldsymbol{u}=f(\boldsymbol{x},\boldsymbol{q}) \tag{6・7}$$

これが入力方程式である．

（3） 現状態 $\boldsymbol{q}$ と入力変数 $\boldsymbol{x}$ により，出力 $\boldsymbol{y}$ を決定する論理関数を書く．

$$\boldsymbol{y}=g(\boldsymbol{x},\boldsymbol{q}) \tag{6・8}$$

これが出力方程式である．

（4） 式 (6·7) と，記憶回路の特性方程式により，入力 $\boldsymbol{x}$ のすべての組合せについて次状態 $\boldsymbol{q}'$ を求め，状態遷移表を作る．

（5） 非同期式の場合は（4）で得られた表は，フロー表であり，これにより安定状態を求めて，最終的な状態遷移表を作る．

（6） 出力方程式により出力 $\boldsymbol{y}$ を求め，出力表を作成する．

（7）　状態遷移表より，状態遷移図を描く．

（8）　必要ならば，次状態 $\boldsymbol{q}'$ と現状態 $\boldsymbol{q}$ の関係を表す状態遷移関数を求める．

$$\boldsymbol{q}' = F(\boldsymbol{x}, \boldsymbol{q}) \tag{6・9}$$

6・5　順序回路の実現

6・5・1　順序回路の設計手順

順序回路の設計は，解析の逆の手順で行われる．

（1）　与えられた条件より，状態遷移図を描く．

（2）　状態遷移図より，状態遷移表を求める．

（3）　状態遷移表あるいは状態遷移図で，冗長な状態があればこれを簡単化する（6･5･3 項で説明する）．

（4）　安定な状態 $\boldsymbol{q}$ に対して，2 進数を割り当てる．これが**状態割当て**である．

（5）　使用する記憶回路の特性表より，それぞれの次状態 $\boldsymbol{q}'$ を得るのに必要な記憶回路の入力状態 $\boldsymbol{u}$ を求める．

（6）（5）で求めた入力状態 $\boldsymbol{u}$ を，現状態 $\boldsymbol{q}$，入力 $\boldsymbol{x}$ を用いた論理式で表す．これが入力方程式である．

（7）　入力方程式を組合せ論理回路で実現する．

（8）　状態遷移図より，出力表を作成し，出力関数を求める．

（9）　出力関数を組合せ論理回路で実現する．

以上の手順で，順序回路は実現できるが，式の変形，状態割当ての方法などにより，等価な動作をする数多くの回路が存在する．

非同期式の順序回路を実現する場合には，発振，ハザードの問題などをも考慮しなければならない．

次にいくつかの簡単な例により，設計手順を説明しよう．

6・5・2　冗長な状態がない場合

解析で用いた 4 進のカウンタを構成する方法を考えてみよう．

状態遷移図は，図 6･3 であるから，これより状態遷移表が表 6･1 のように得られる．冗長な状態がある例は後で述べるが，表 6･1 の状態には冗長なものがないので，すぐに状態割当てを行う．

状態の割当て方により，種々の等価な回路が得られ，回路は複雑にも簡単にもなるが，一般に最適な状態割当ての方法はわかっていない．表6·1では状態の数が四つであるから．2ビットの2進数が必要である．いま

$$\left.\begin{aligned} q_1 &= (0\ 0) \\ q_2 &= (0\ 1) \\ q_3 &= (1\ 0) \\ q_4 &= (1\ 1) \end{aligned}\right\} \qquad (6\cdot10)$$

と状態割当てを行うと，**表6·8**の状態遷移表が得られる．

表 6・8 4進カウンタの状態遷移表

	現状態 q Q_1, Q_2	次状態 q' 入力 x		出力 y 入力 x	
		0	1	0	1
q_1	0 0	0 0	0 1	0	0
q_2	0 1	0 1	1 0	0	0
q_3	1 0	1 0	1 1	0	0
q_4	1 1	1 1	0 0	0	1

これから先は，使用する記憶回路により，手順が多少異なる．Dフリップフロップと，JKフリップフロップを用いる場合について手順を進めてみよう．

〔1〕 Dフリップフロップを用いる構成

Dフリップフロップの特性表は，前章で示したように**図6·11**で表される．出力 Q^{n+1} は，入力 D と同一値をとり，クロックが1となるまで，入力を遅らせる遅延回路である．したがって

$$Q^{n+1} = D \qquad (6\cdot11)$$

がDフリップフロップの特性方程式である．式(6·11)が示すように．Dフリップフロップを使用した場合，次状態が q' になるための入力は q' である．

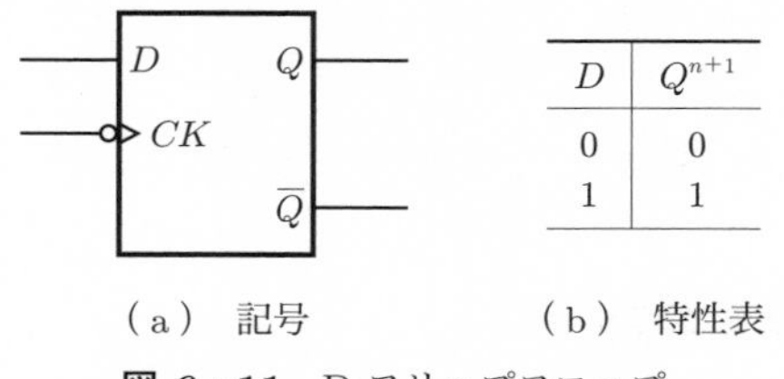

（a） 記号　　（b） 特性表

図 6・11 Dフリップフロップ

表6·8の四つの状態を表すには，フリップフロップが2個必要で，それぞれのフリップフロップの入力を D_1，D_2，出力を Q_1 ($\overline{Q}_1$)，Q_2 ($\overline{Q}_2$) としよう．各 q_i

を $(Q_1\ Q_2)$ に対応させて，次状態 $Q_1{}'$，$Q_2{}'$ を表6·8より加法標準形で求めると

$$Q_1{}' = Q_1 \cdot \overline{Q}_2 \cdot \overline{x} + Q_1 \cdot Q_2 \cdot \overline{x} + \overline{Q}_1 \cdot Q_2 \cdot x + Q_1 \cdot \overline{Q}_2 \cdot x \qquad (6 \cdot 12)$$

$$Q_2{}' = \overline{Q}_1 \cdot Q_2 \cdot \overline{x} + Q_1 \cdot Q_2 \cdot \overline{x} + \overline{Q}_1 \cdot \overline{Q}_2 \cdot x + Q_1 \cdot \overline{Q}_2 \cdot x \qquad (6 \cdot 13)$$

となる．カルノー図を用いて簡単化を行うと

$$Q_1' = Q_1 \cdot \overline{x} + Q_1 \cdot \overline{Q}_2 + \overline{Q}_1 \cdot Q_2 \cdot x \qquad (6 \cdot 14)$$

$$Q_2' = Q_2 \cdot \overline{x} + \overline{Q}_2 \cdot x \qquad (6 \cdot 15)$$

式（6·14），式（6·15）が次状態であるから，それらを与える入力 D_1，D_2 は，式（6·11）より

$$D_1 = Q_1' = Q_1 \cdot \overline{x} + Q_1 \cdot \overline{Q}_2 + \overline{Q}_1 \cdot Q_2 \cdot x \qquad (6 \cdot 16)$$

$$D_2 = Q_2' = Q_2 \cdot \overline{x} + \overline{Q}_2 \cdot x \qquad (6 \cdot 17)$$

となる．これがDフリップフロップの入力方程式である．二つのDフリップフロップの入出力を，式（6·16），式（6·17）により実現した組合せ論理回路で結合すると，**図6·12**が得られる．

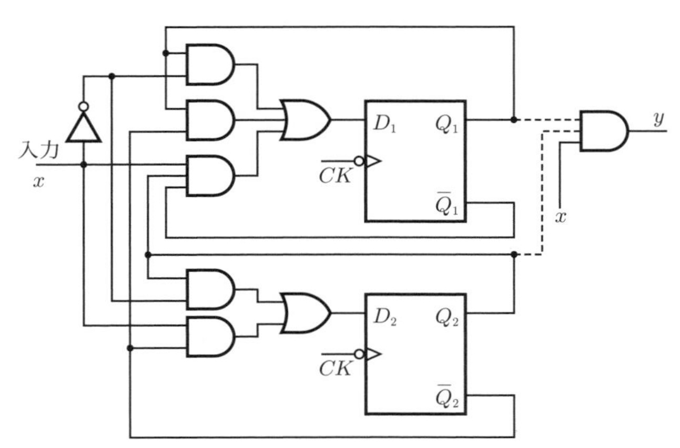

図 6・12　表6·8のDフリップフロップによる実現

次に出力方程式は，表6·8より

$$y = Q_1 \cdot Q_2 \cdot x \qquad (6 \cdot 18)$$

であるから，図6·12の点線で示した出力回路を付加すればよい．

〔2〕 異なる状態割当ての場合

図6·12で一応4進のカウンタは実現できたのであるが，ここで異なる状態割当てを行った等価な回路を，もう一つ実現してみよう．表6·1の各状態を

$$\left.\begin{aligned} q_1 &= (0\ 0) \\ q_2 &= (0\ 1) \\ q_3 &= (1\ 1) \\ q_4 &= (1\ 0) \end{aligned}\right\} \tag{6・19}$$

としてみよう．式(6·19)は図6·3の状態遷移図で互いに隣り合う状態では，1ビットだけが値が異なるように状態割当てを行ったものである．これより状態遷移表を求めると，**表6·9**が得られる．前の例と同様に，各フリップフロップの入力 D_1，D_2 を求めると

表6・9 表6·1の別な状態割当ての例

	現状態 q Q_1, Q_2	次状態 q' 入力 x 0	次状態 q' 入力 x 1	出力 y 入力 x 0	出力 y 入力 x 1
q_1	0 0	0 0	0 1	0	0
q_2	0 1	0 1	1 1	0	0
q_3	1 1	1 1	1 0	0	0
q_4	1 0	1 0	0 0	0	1

$$\begin{aligned} D_1 = Q_1' &= Q_1 \cdot Q_2 \cdot \overline{x} + Q_1 \cdot \overline{Q}_2 \cdot \overline{x} \\ &\quad + \overline{Q}_1 \cdot Q_2 \cdot x + Q_1 \cdot Q_2 \cdot x \\ &= Q_1 \cdot \overline{x} + Q_2 \cdot x \end{aligned} \tag{6・20}$$

$$\begin{aligned} D_2 = Q_2' &= \overline{Q}_1 \cdot Q_2 \cdot \overline{x} + Q_1 \cdot Q_2 \cdot \overline{x} + \overline{Q}_1 \cdot \overline{Q}_2 \cdot x + \overline{Q}_1 \cdot Q_2 \cdot x \\ &= Q_2 \cdot \overline{x} + \overline{Q}_1 \cdot x \end{aligned} \tag{6・21}$$

となる．したがって回路は**図6·13**のようになり簡単化される．

このように，状態割当ての方法により，異なった回路構成となるが，最適な状態割当ての方法は発見されていない．一つの目安として，入力方程式をできるだけ簡単にするように，入力方程式が表すカルノー図上での隣接項ができるだけ多くなるように選ぶのがよい．

〔3〕 JKフリップフロップを用いる場合

記憶回路としてJKフリップフロップを用いる場合も，状態遷移表を求めるまでの手順はDフリップフロップの場合と同一であるので，表6·8の状態遷移表から始めることにする．

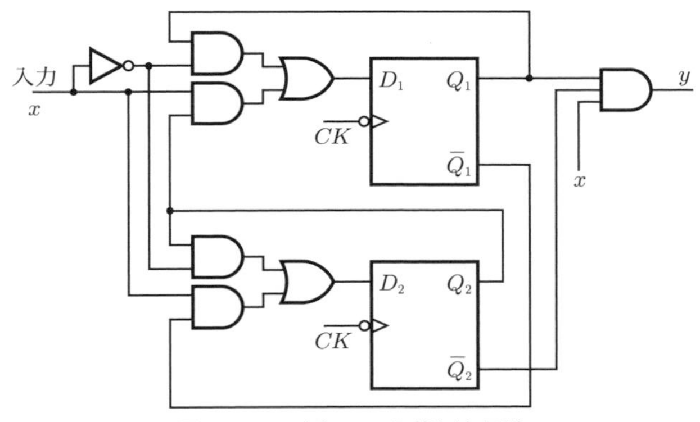

図 6・13　図 6·12 と等価な回路

図 6·14（b）は，JK フリップフロップの出力 Q が Q' へ遷移するときの入力状態を示したものである．ただし，ϕ は 1 でも 0 でもよいことを表している．

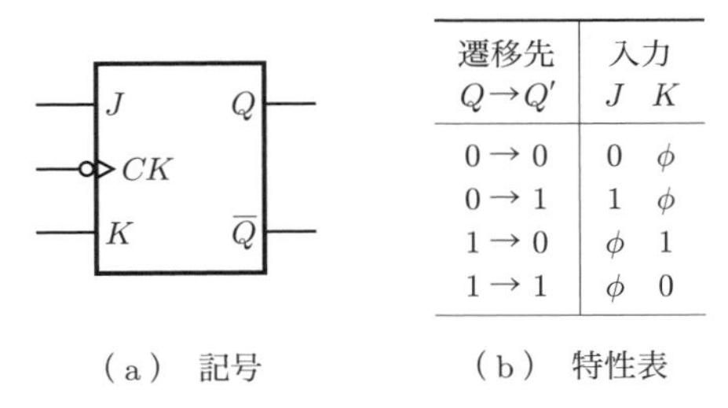

遷移先 $Q \to Q'$	入力 J K
$0 \to 0$	0 ϕ
$0 \to 1$	1 ϕ
$1 \to 0$	ϕ 1
$1 \to 1$	ϕ 0

（a）　記号　　　　（b）　特性表

図 6・14　JK フリップフロップ

この表により，表 6·8 に示す現状態 q_i から，次状態 $q_i{}'$ へ移るときの JK フリップフロップの入力状態を逆に求める．いま，二つの JK フリップフロップにそれぞれ添字 1，2 を付けて，各変数を表すことにし

$$q = (Q_1 \ \ Q_2)$$

とする．ここでたとえば，表 6·8 の第 1 行目に着目してみよう．現状態 q は，入力 x により次状態 q' へ次のように遷移している．

$$x = 0 \text{ のとき} \quad q_1 = (0 \ \ 0) \to q_1{}' = (0 \ \ 0)$$

$$x = 1 \text{ のとき} \quad q_1 = (0 \ \ 0) \to q_1{}' = (0 \ \ 1)$$

まず，Q_1 の変化をみてみると

$$x=0 \text{のとき}\quad Q_1=0 \to Q_1'=0$$

$$x=1 \text{のとき}\quad Q_1=0 \to Q_1'=0$$

である．この次状態への遷移を生じるための JK フリップフロップの入力変数 J_1, K_1 の値は，図 6·14（b）より求められ

$$Q_1=0 \to Q_1'=0 \text{になるには}\quad J_1=0,\ K_1=\phi$$

である．

Q_2 に関しても同様にして

$$x=0 \text{のとき}\quad Q_2=0 \to Q_2'=0$$

$$x=1 \text{のとき}\quad Q_2=0 \to Q_2'=1$$

であるから，これに対応する入力 J_2, K_2 は

$$Q_2=0 \to Q_2'=0 \text{になるには}\quad J_2=0,\ K_2=\phi$$

$$Q_2=0 \to Q_2'=1 \text{になるには}\quad J_2=1,\ K_2=\phi$$

となる．

以下同様にして，表 6·8 のすべての次状態への遷移に必要なフリップフロップの入力状態を求めると，各フリップフロップについて，**表 6·10** が得られる．このように，状態遷移表の次状態を，その状態を発生するフリップフロップの入力状態で表した表を**制御入力表**という．

表 6・10　制御入力表

現状態 $q=(Q_1Q_2)$	次状態を与えるための入力状態			
	入力状態 J_1K_1		入力状態 J_2K_2	
	入力 x		入力 x	
	0	1	0	1
0　0	0　ϕ	0　ϕ	0　ϕ	1　ϕ
0　1	0　ϕ	1　ϕ	ϕ　0	ϕ　1
1　0	ϕ　0	ϕ　0	0　ϕ	1　ϕ
1　1	ϕ　0	ϕ　1	ϕ　0	ϕ　1

表 6·10 より各フリップフロップの入力 J_i, K_i に関して，カルノー図を求めると，**図 6·15** が得られる．ただし，ϕ は表 6·10 の ϕ に対応しており，ドント・ケア項になっている．このカルノー図より，各入力 J_i, K_i は次の入力方程式で表すことができる．

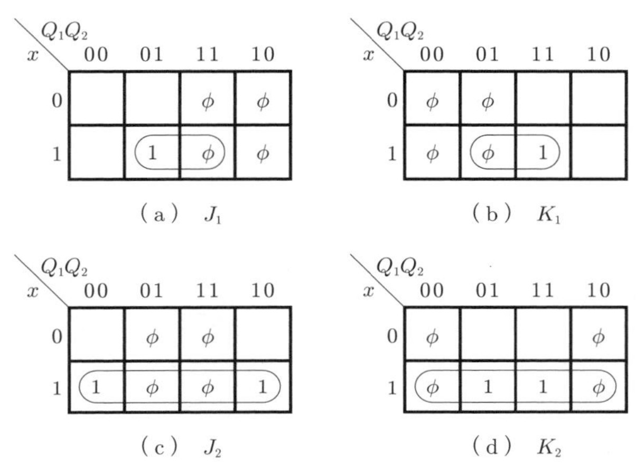

図 6・15　各入力変数のカルノー図

$$\left.\begin{array}{l} J_1 = Q_2 \cdot x \\ K_1 = Q_2 \cdot x = J_1 \\ J_2 = x \\ K_2 = x = J_2 \end{array}\right\} \qquad (6・22)$$

式（6･22）と JK フリップフロップにより，回路は**図 6･16** となる．

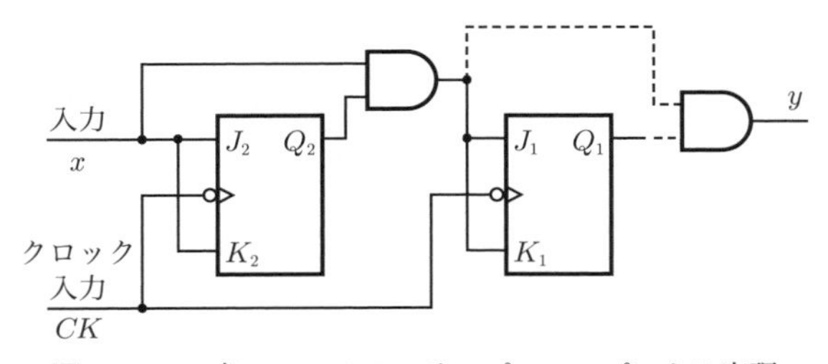

図 6・16　表 6･5 の JK フリップフロップによる実現

出力方程式は，表 6･8 より

$$y = Q_1 \cdot Q_2 \cdot x = Q_1 \cdot J_1 \qquad (6・23)$$

であるから，これを図 6･16 の点線による回路により実現して，4 進カウンタが構成される．

この回路は，解析の際に例題として用いた4進カウンタ図6·4と同一のものである．

【問6・3】 表6·9をJKフリップフロップを用いて実現すると，どのような回路になるか．

6・5・3　冗長な状態が存在する場合

状態遷移図を書いたとき，ある二つの状態 s_{i}，s_{j} が入力系列 x_{k} に対して，同一出力系列 y_{l} を持つ場合，二つの状態 s_{i} と s_{j} は**等価**であり，一つにまとめることができる．このように，状態の中に等価なものが存在するとき，回路は冗長であるから，等価な状態を探して，状態図の簡単化を行うことができる．

〔1〕 状態図より直接発見できる等価な状態

等価な二つの状態は，あらゆる入力の組合せに対して，遷移していく過程において同一出力を出力する状態であることに注意すると，状態遷移図より簡単に等価な状態を発見できる場合がある．

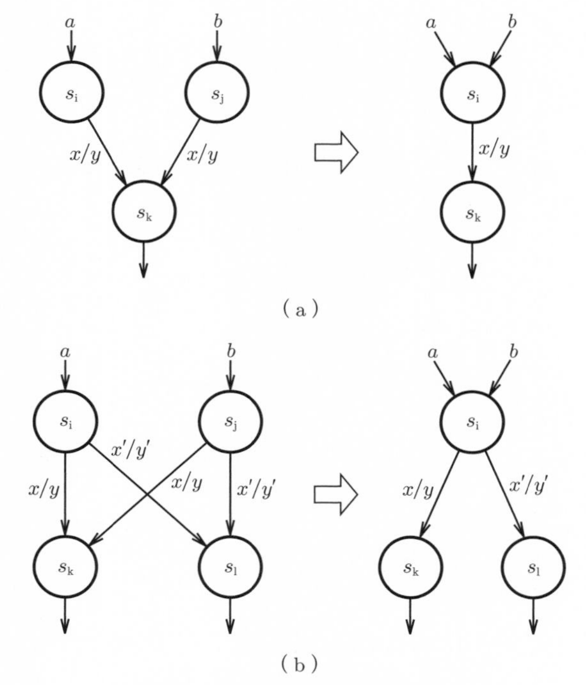

図6・17　等価な状態 s_{i}，s_{j} の例

図 6·17 がその例である．図（a）は入力 x に対して同一出力 y を出力し，同一状態 s_{k} に遷移する場合である．この場合，s_{i}，s_{j} のいずれから出発しても，s_{k} に状態が遷移した後は経路は一つであるから，出力系列は同一である．したがって，s_{i} と s_{j} は等価であり，この二つをまとめることができる．

図（b）は，二つの状態 s_{i}，s_{j} から，入力が x のときはともに出力 y を出力し状態 s_{k} へ，また，入力が x' のときはともに出力 y' を出力し，別の状態 s_{l} へ遷移する場合である．この場合も，s_{k}，s_{l} へ遷移した後は同一経路をとるため，s_{i}，s_{j} は等価となり一つにまとめることができる．

図 6·17 のような状態が存在する場合は，状態遷移図上で直接これらをまとめて，簡単化ができる．この簡単化を行った後の状態図で，さらに等価な状態を発見するには，次の手順を用いることになる．

〔2〕 状態の分類による等価な状態の発見

状態が遷移する際の出力が同一になる状態を，次々に分類していくことにより，状態の等価性を発見できる．この方法は少し複雑であるから，例を用いて説明することにしよう．

例として，**図 6·18** の状態遷移図を考えてみる．

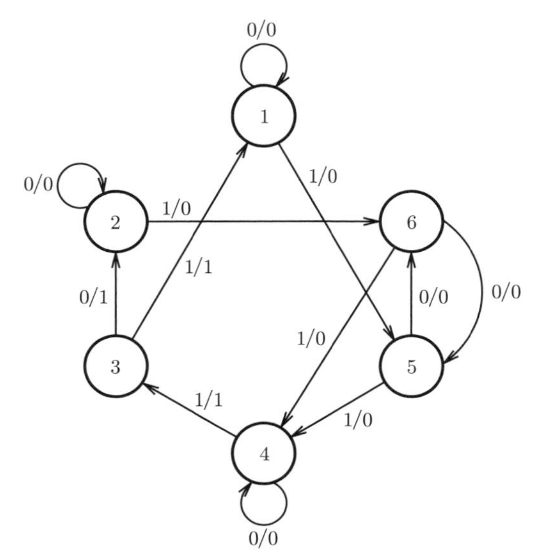

図 6・18 冗長な状態遷移図の例

（1） まず，各状態が次状態に移るとき，同一出力を与えるものを一つのグループにして分類する．

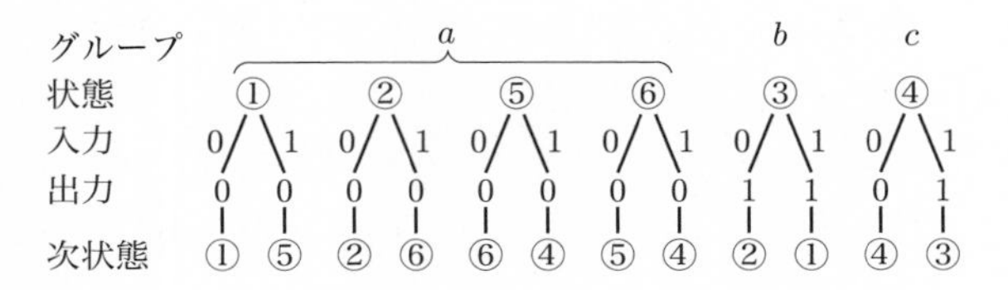

が得られる．ここで，グループ a は入力 (0 1) に対して，出力 (0 0) を，b は (1 1)，c は (0 1) を出力するグループである．

（2） 各次状態が（1）の分類で，どのグループに属するかを調べる．

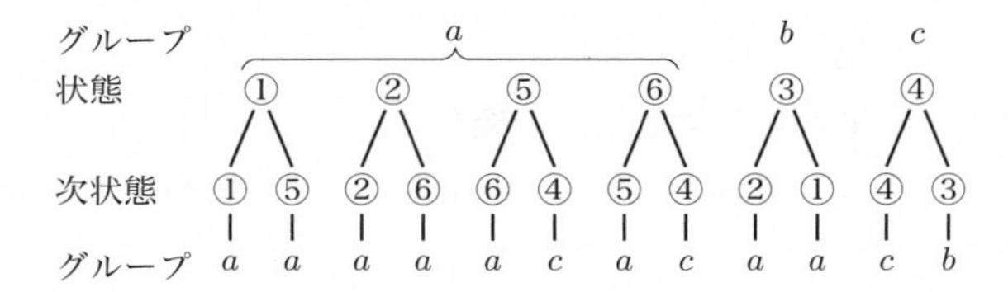

が得られ，最下行が次状態の属するグループである．

（3） 同一グループ内で，次状態のグループの組合せが等しい状態どうしで新しいグループ分けをする．グループ a は次のように二つに分けられる．

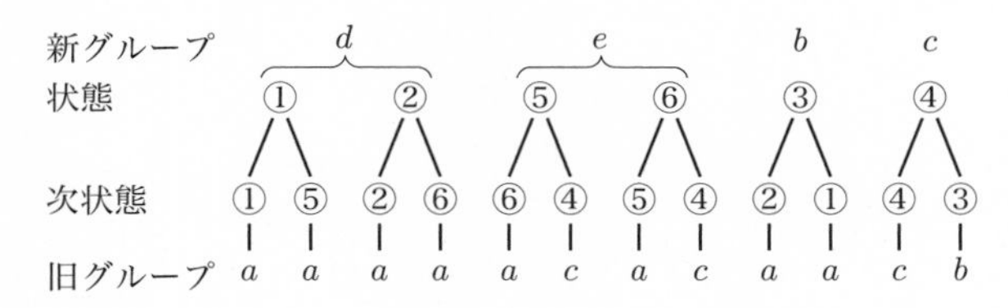

（4） 新しいグループ分けで，各状態の次状態を分類する．

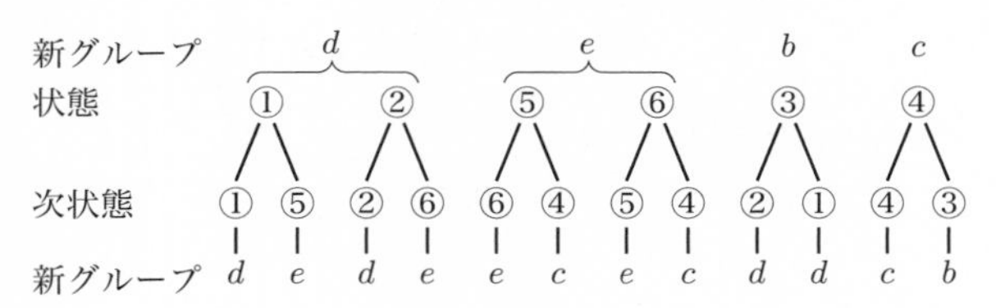

（5） 手順（3）に戻り，同一グループ内の次状態の分類を行い，（3）と（4）を分類が進まなくなるまで繰り返す．

（6）　最後に同一グループ内に残った状態が，互いに等価な状態である．

図 6･18 の例では，手順（4）で得られたグループ分けで終了し，状態①と②が等価で，また，状態⑤と⑥も等価である．したがって，状態遷移図は**図 6･19** のように簡単化される．

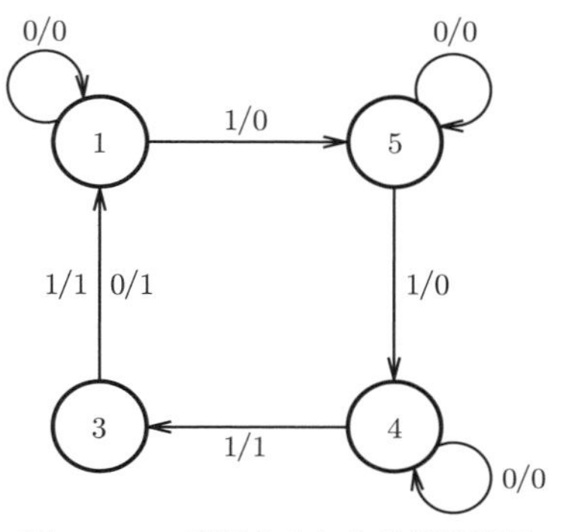

図 6・19　簡単化された状態遷移図

以上の結果より，図 6･18 の状態遷移図の六つの状態すべてに状態割当てをする必要はなく，等価な状態を探して簡単化を行うと，最終的には図 6･19 のように四つの状態に状態割当てをするだけでよいことがわかる．

【問 6・4】　図 6･3 の 4 進カウンタの状態遷移図は，等価な状態が存在しないことを示せ．

〔3〕　簡単な例題

冗長な状態の存在する順序回路例を実現してみよう．

［**構成すべき回路の動作**］　クロックに同期して値が 0 または 1 のパルス列が入力されるとき，パルス列をクロック 3 個ごとに区切り，その区間内に 1 の数が偶数個（0 または 2 個）存在すると，出力 1 を出す順序回路を実現する．

（1）　状態遷移図の作成

初期状態を q_1 として，入力 x の 0，1 に応じて次状態 q_i を定め，状態遷移図を書くと，**図 6･20** が得られる．どの経路も x の 1，0 を 3 回計数して，1 の数が偶数個のとき，出力 1 を出して，初期状態に戻っている．

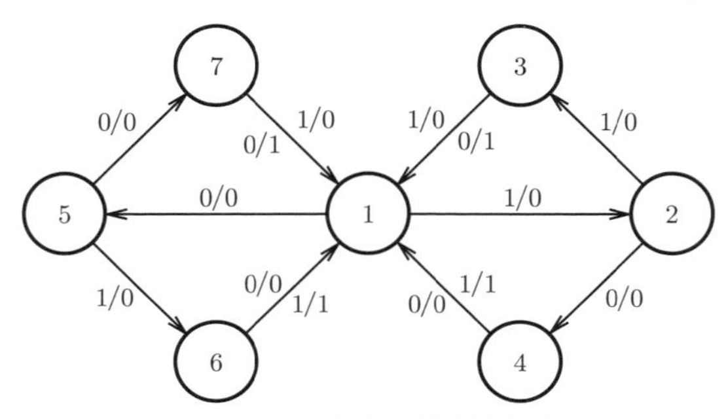

図 6・20　例題の状態遷移図

（2）　等価な状態の検索[3)]

（a）　まず，出力が同一の組を作ると，

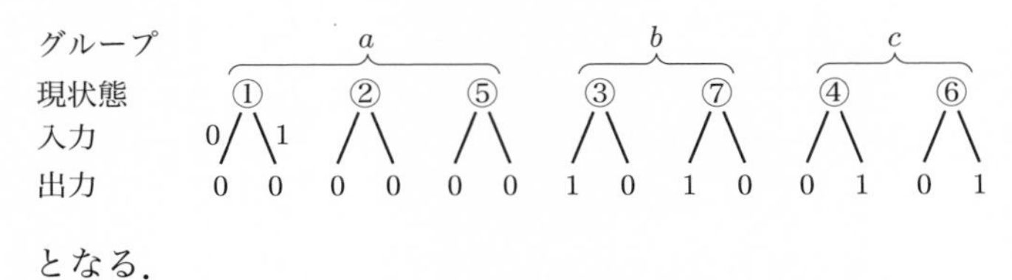

となる．

（b）　次状態が（a）のどのグループに属するかを調べると，

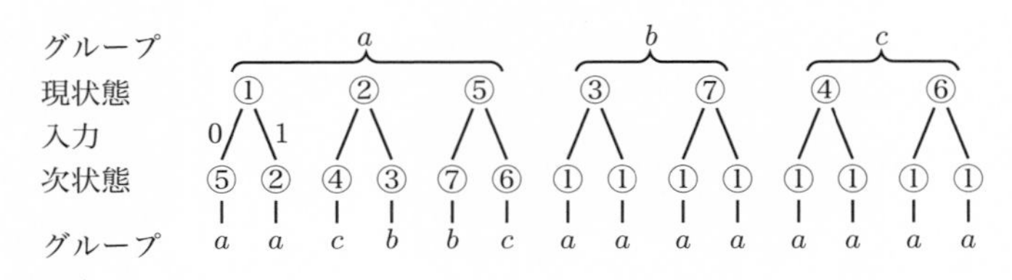

が得られる．

（c）　同一グループ内で，次状態のグループの組合せが同一であるものどうしを新しいグループにすると．a のグループはすべて分かれ，残りはそのままであり，

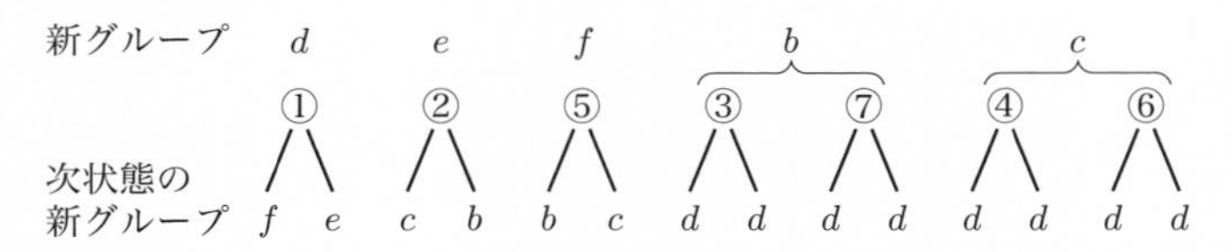

となり，これ以上分割できない．したがって，状態③と⑦は等価，また④と⑥も等価である．

（3）　簡単化された状態遷移図の作成

③と⑦，④と⑥をまとめ，最終的な状態遷移図は，**図 6·21** となる．

（4）　状態割当て

図 6·21 の各状態に 3 ビットの 2 進数を割り当て，状態割当てを行うと，たとえば，**表 6·11** が得られる[4)]．

3)　この場合の簡単化は，状態遷移図より直接発見できるが，ここでは学習のために，状態の分類による方法を用いる．

4)　状態割当ては適当に行った．ほかにも多くの場合がある

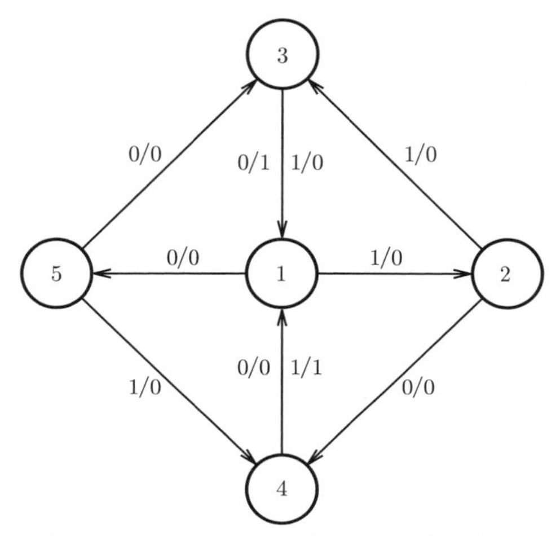

図 6・21　図 6·20 を簡単化した状態遷移図

表 6・11　図 6·21 の状態遷移表

	現状態 q	次状態 q'		出力 y	
		入力 x		入力 x	
		0	1	0	1
①	0 0 0	1 1 1	0 1 0	0	0
②	0 1 0	1 1 0	0 1 1	0	0
③	0 1 1	0 0 0	0 0 0	1	0
④	1 1 0	0 0 0	0 0 0	0	1
⑤	1 1 1	0 1 1	1 1 0	0	0

（5）　入力方程式の導出

D フリップフロップを 3 個使用して実現するとし，その出力状態 $(Q_1\ Q_2\ Q_3)$ を，遷移表の状態の各ビットに対応させると，次状態は表 6·11 の状態遷移表より，次の状態遷移関数で表される．

$$
\begin{aligned}
Q_1{}' &= \overline{Q}_1 \cdot \overline{Q}_2 \cdot \overline{Q}_3 \cdot \overline{x} + \overline{Q}_1 \cdot Q_2 \cdot \overline{Q}_3 \cdot \overline{x} + Q_1 \cdot Q_2 \cdot Q_3 \cdot x \\
Q_2{}' &= \overline{Q}_1 \cdot \overline{Q}_2 \cdot \overline{Q}_3 \cdot \overline{x} + \overline{Q}_1 \cdot Q_2 \cdot \overline{Q}_3 \cdot \overline{x} + Q_1 \cdot Q_2 \cdot Q_3 \cdot \overline{x} \\
&\quad + \overline{Q}_1 \cdot \overline{Q}_2 \cdot \overline{Q}_3 \cdot x + \overline{Q}_1 \cdot Q_2 \cdot \overline{Q}_3 \cdot x + Q_1 \cdot Q_2 \cdot Q_3 \cdot x \\
Q_3{}' &= \overline{Q}_1 \cdot \overline{Q}_2 \cdot \overline{Q}_3 \cdot \overline{x} + Q_1 \cdot Q_2 \cdot Q_3 \cdot \overline{x} + \overline{Q}_1 \cdot Q_2 \cdot \overline{Q}_3 \cdot x
\end{aligned}
\tag{6・24}
$$

カルノー図を描いて，簡単化を行うと

$$Q_1{}' = \overline{Q}_1 \cdot \overline{Q}_3 \cdot \overline{x} + Q_1 \cdot Q_2 \cdot Q_3 \cdot x$$

$$Q_2{}' = \overline{Q}_1 \cdot \overline{Q}_3 + Q_1 \cdot Q_2 \cdot Q_3$$

$$Q_3{}' = \overline{Q}_1 \cdot \overline{Q}_2 \cdot \overline{Q}_3 \cdot \overline{x} + Q_1 \cdot Q_2 \cdot Q_3 \cdot \overline{x} + \overline{Q}_1 \cdot Q_2 \cdot \overline{Q}_3 \cdot x \tag{6・25}$$

となる．式（6･25）の状態を与える D フリップフロップの各入力 D_i は，式（6･11）より

$$D_\mathrm{i} = Q_\mathrm{i}{}' \tag{6・26}$$

である．これが入力方程式となる．

（6） 入力回路の構成

式（6･25）(6･26）より，組合せ論理回路を構成すると，**図 6･22**（a）が得られる．

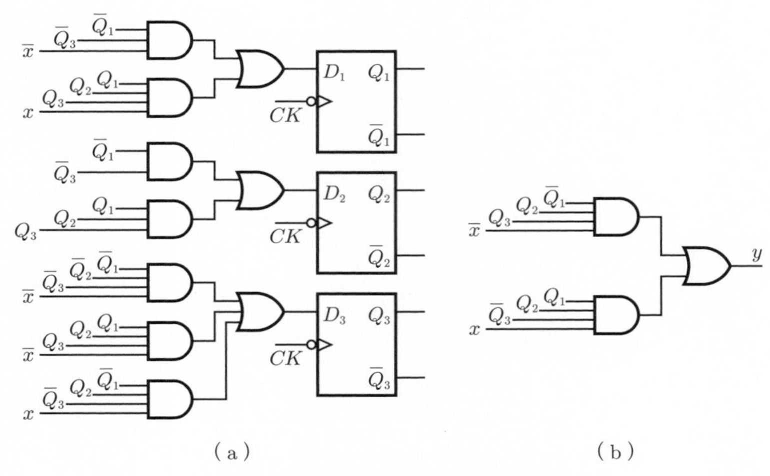

図 6・22 図 6･21 の実現回路

（7） 出力方程式の導出

表 6･11 より，出力方程式を求めると，次のようになる．

$$y = \overline{Q}_1 \cdot Q_2 \cdot Q_3 \cdot \overline{x} + Q_1 \cdot Q_2 \cdot \overline{Q}_3 \cdot x \tag{6・27}$$

（8） 出力回路の構成

式（6･27）を組合せ論理回路で実現すると，図 6･22（b）となり，目的の順序回路が構成できた．

図 6･22 は一つの構成例であり，状態割当ての方法により，ほかの等価な働きをする回路は多数ある．学習者自身で種々の回路を導いてみて，どの回路がもっとも簡単になるかを考えてみてほしい．

6・5・4 未定義の状態が使用できる場合

状態割当てを行う場合，必要な状態の数に比較して，割当て可能な 2 進数の種類が多いと，割当てに使用されない 2 進数が存在する．たとえば 3 個のフリップフロップを用いる場合，8 種類の状態が存在可能であるが，必要とする状態が 5 個とすれば，3 個の状態は**未定義の状態**となり，そのときの出力も未定義である．

このように未定義の状態が存在する場合，これを用いると順序回路が簡単になることが多い．

表 6･11 の例では，状態 (0 0 1)，(1 0 0)，(1 0 1) が未定義である．これらの未定義状態に対しては，入力 x が 0 でも 1 でも，次状態は任意に選べるから，一種のドント・ケア項と考えられる．よって，これをカルノー図上に記入すると，**図 6･23** の ϕ となる．この ϕ を有効に利用すると，式（6･24）の状態遷移関数を簡単化できる．

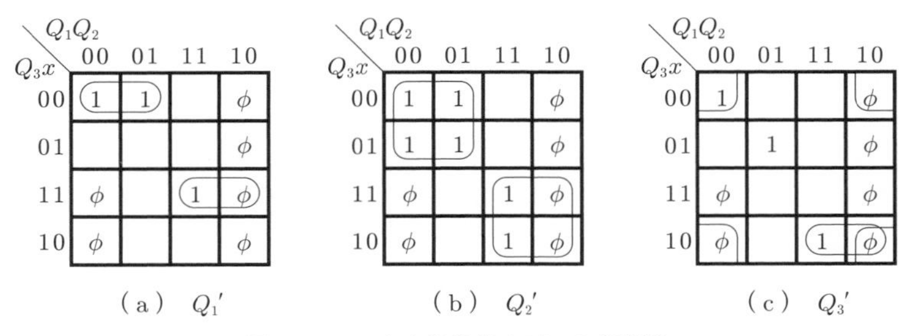

図 6・23 未定義状態を用いた簡単化

式（6･24）の各項をカルノー図に記入すると，図 6･23（a）（b）（c）となり，これより

$$Q_1' = \overline{Q}_1 \cdot \overline{Q}_3 \cdot \overline{x} + Q_1 \cdot Q_3 \cdot x$$

$$Q_2{}' = \overline{Q}_1 \cdot \overline{Q}_3 + Q_1 \cdot Q_3$$

$$Q_3{}' = \overline{Q}_2 \cdot \overline{x} + Q_1 \cdot Q_3 \cdot \overline{x} + \overline{Q}_1 \cdot Q_2 \cdot \overline{Q}_3 \cdot x \qquad (6 \cdot 28)$$

が得られ，式（6･25）に比較して簡単化されていることがわかる．また，出力方程式（6･27）も同様にして

$$y = Q_1 \cdot \overline{Q}_3 \cdot x + \overline{Q}_1 \cdot Q_3 \cdot \overline{x} \qquad (6 \cdot 29)$$

と簡単化される．

このように，未定義の状態を有効に利用することにより，順序回路を簡単化することができる．しかし，この場合，回路の初期状態が未定義の状態にあると，定義されている状態に遷移するまでの間に，誤った出力信号を出したり，あるいは回路構成によっては，未定義状態より脱出することができない場合もある．

一般に，未定義状態が存在するような順序回路では，初期状態が定義されている状態になるように，動作を開始する前にリセットすることが必要である．

【問 6・5】 式（6･28）を用いた場合，図 6･22 の回路はどのようになるか．

演 習 問 題

6・1 **図 6･24** のフリップフロップのすべての状態の次状態を調べ，状態遷移表と，状態遷移図を書け．

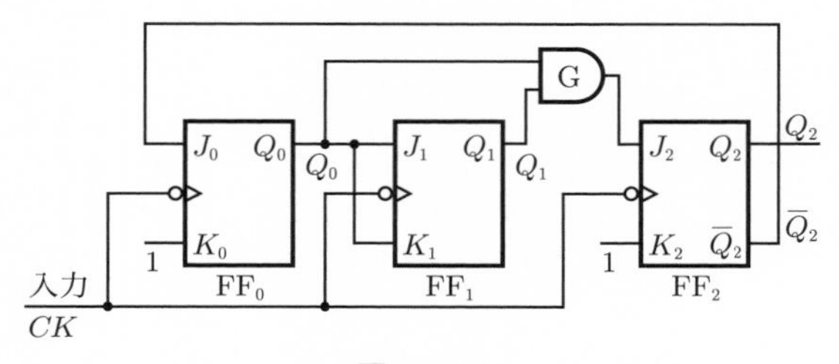

図 6・24

6・2 **図 6･25** の状態遷移表と，状態遷移図を書き，どのような動作をする回路か調べよ．

6・3 図 6･22 の動作を確認せよ．ただし，すべてのフリップフロップはリセット状態 $(Q_1\ Q_2\ Q_3) = (0\ 0\ 0)$ から動作を開始するものとする．

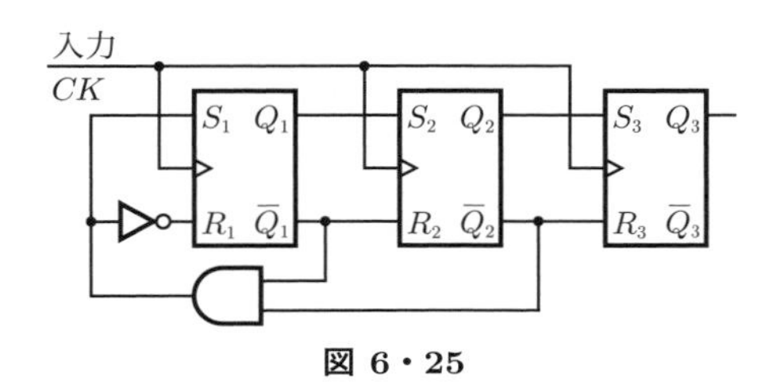

図 6・25

6・4 図6·22の順序回路が，未定義の状態(0 0 1)，(1 0 0)，(1 0 1)より動作を開始するとどうなるか．

6・5 問6·5で構成した回路で，未定義の状態(0 0 1)，(1 0 0)，(1 0 1)より動作を開始するとどうなるか．

6・6 クロックパルスに同期した入力パルス系列 x において，1が続いて入力されるかあるいは，0が続いて入力されるごとに，出力が1になる順序回路を設計せよ．

6・7 表6·11をJKフリップフロップを用いて実現せよ．

6・8 クロックパルスに同期した入力パルス系列 x を，クロックパルス3個ごとに分け，その区間内で x がすべて1，あるいは0のときだけ出力が1となる順序回路を設計せよ．ただし，未定義の状態が存在すれば適当に用いてよい．

第 7 章

A/D・D/A 変換回路

我々が観測して得られる電気信号は，多くの場合，時間的に連続したアナログ信号である．これらのアナログ信号を，ディジタル回路で処理したい場合，たとえば観測データのコンピュータ処理，あるいはオーディオ信号のディジタル録音などでは，アナログ信号を一度，ディジタル信号に変換する必要がある．

また，ディジタル信号として処理した後に，再びアナログ信号として出力が必要な場合には，ディジタル信号をアナログ信号に戻す必要がある．

このような場合に使用される回路が，**アナログ/ディジタル（A/D）変換回路**，および，**ディジタル/アナログ（D/A）変換回路**である．本章ではこれらの基本的な考え方について述べる．

7・1　D/A 変換の原理

2 進符号で表現されたディジタル量を，アナログ量に変換するには，2 進数を 10 進数に変換する場合のように，各ビットに特定の重みを付けて加え合わせればよい．

電気回路でこれを行うには，2 進数の各ビットの重みに対応する大きさの電圧，あるいは電流を作り，この電圧あるいは電流の和が得られる回路を構成すればよい．

図 7·1 は抵抗値に重みを付けた**荷重抵抗形 D/A 変換**の原理を示すものである．各抵抗には一定の直流電圧 V_{ref} がかけられているため，i 番目の抵抗 $2^{i-1}R$ に流れる電流 I_i は

$$I_i = \frac{V_{\mathrm{ref}}}{2^{i-1}R} \tag{7・1}$$

となる．スイッチ S_i の状態（0 1）を b_i で表すと，出力電流 I_{out} は

$$I_{\text{out}} = \frac{V_{\text{ref}}}{R}\left(\frac{1}{2^0}b_0 + \frac{1}{2}b_1 + \frac{1}{2^2}b_2 + \cdots + \frac{1}{2^{n-1}}b_{n-1}\right) \tag{7・2}$$

あるいは

$$I_{\text{out}} = \frac{V_{\text{ref}}}{2^{n-1}R}(2^{n-1}b_0 + 2^{n-2}b_1 + \cdots + 2^0 b_{n-1}) \tag{7・3}$$

となり，n ビットの2進数（$b_0\ b_1\ b_2 \cdots\ b_{n-1}$）で表されるディジタル量に相当するアナログ電流出力 I_{out} が得られる．

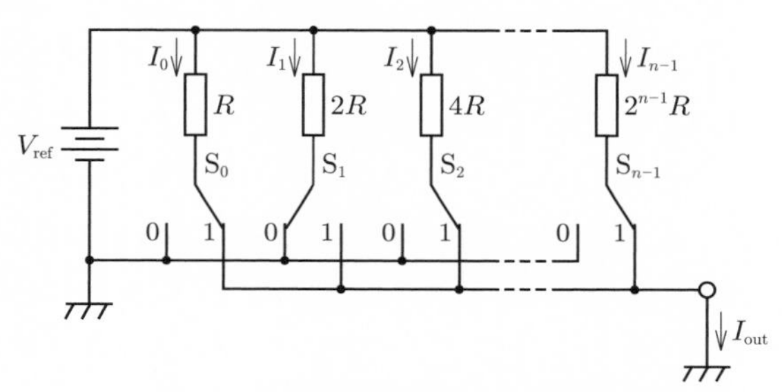

図 7・1 荷重抵抗形 D/A 変換の原理

荷重抵抗形は回路が簡単で，抵抗数も少なくてよいが，ビット数が多くなると抵抗値の広がりが大きくなり，実際に作ることが困難になってくる．特に集積回路化を考えた場合，抵抗値の広がりは極力小さくすることが好ましい．

図 7·2 は電圧を分圧する抵抗を用いて，抵抗値の広がりを押えた回路である．上位4ビットと下位4ビットの間に接続されている抵抗 $8R$ は，$8R$ より右側をみたときの合成抵抗 $\left(\frac{8}{15}R\right)$ の15倍とすることにより，下位4ビットへ供給さ

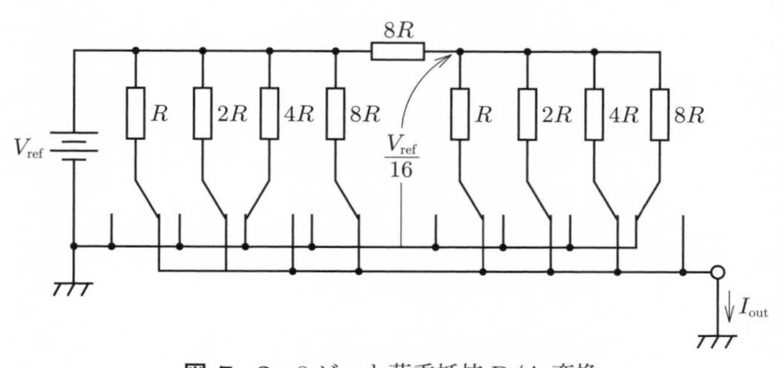

図 7・2 8ビット荷重抵抗 D/A 変換

れる電圧が $V_{\mathrm{ref}}/16$ になるようにしている．これにより，5 ビット以下の重みを作っている．

荷重抵抗形の D/A 変換では，多くの種類の抵抗値を必要とするが，**図 7・3** の回路は，2 種の抵抗（R, $2R$）だけを用いた D/A 変換の原理を示すものである．これを**はしご形抵抗 D/A 変換**という．

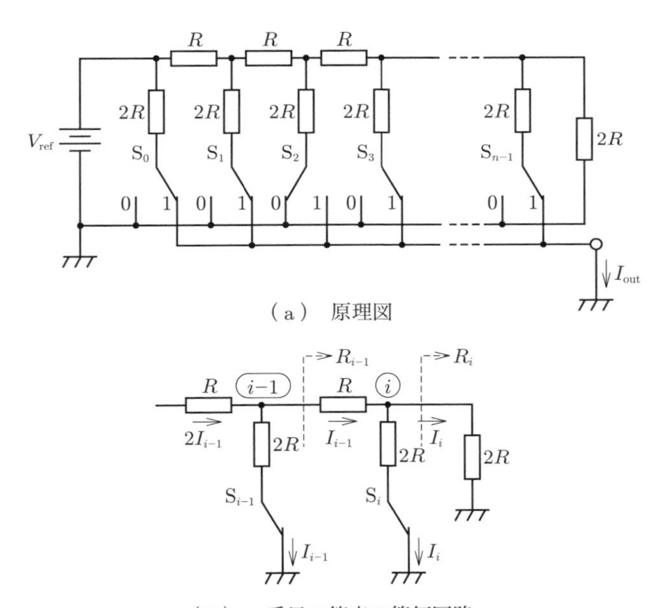

（a）　原理図

（b）　i 番目の節点の等価回路

図 7・3　はしご形抵抗 D/A 変換

図 7・3 の回路は，図（b）に示すように，任意のビット ⓘ の点より右側をみたときの合成抵抗は常に $2R$ となる．したがって，i 番目のスイッチ S_i を流れる電流を I_i とすると，ⓘ より右側へ流れる電流も I_i となる．ⓘ より左側の回路より流れ込んでくる電流 I_{i-1} は

$$I_{i-1} = 2I_i \tag{7・4}$$

である．I_{i-1} は $i-1$ 番目のスイッチを流れる電流に等しいから，i 番目のスイッチ S_i の電流は $i-1$ 番目のスイッチ S_{i-1} の電流の半分となることがわかる．これはすべての i について成立するから，出力電流 I_{out} は

$$I_{\mathrm{out}} = \frac{V_{\mathrm{ref}}}{2R}\left(\frac{1}{2^0}b_0 + \frac{1}{2^1}b_1 + \frac{1}{2^2}b_2 + \cdots + \frac{1}{2^{n-1}}b_{n-1}\right) \qquad (7\cdot 5)$$

となり，D/A 変換を行うことができる．

【問 7・1】 12 ビットの D/A 変換を荷重抵抗形で行う場合，抵抗値の広がりはどうなるか．

7・2　D/A 変換回路の実際

D/A 変換回路は，図 7·1〜7·3 のスイッチ群をトランジスタ，あるいは FET で実現し，これに出力電流を取り出す回路部分を付加して得られる．

7・2・1　荷重電流形 D/A 変換回路

〔1〕 荷重抵抗を用いる回路

図 7·4 は荷重抵抗形 D/A 変換の原理による D/A 変換回路の例である．トランジスタ Q_4，Q_5 は電流スイッチとして動作し，入力 V_0 がしきい電圧 V_t より高ければ Q_5 側を，また低ければ Q_4 を電流 I_0 が流れる．ほかのスイッチ S_1，S_2，S_3 も全く同様の回路で構成されているが，図ではスイッチの記号で表してトランジ

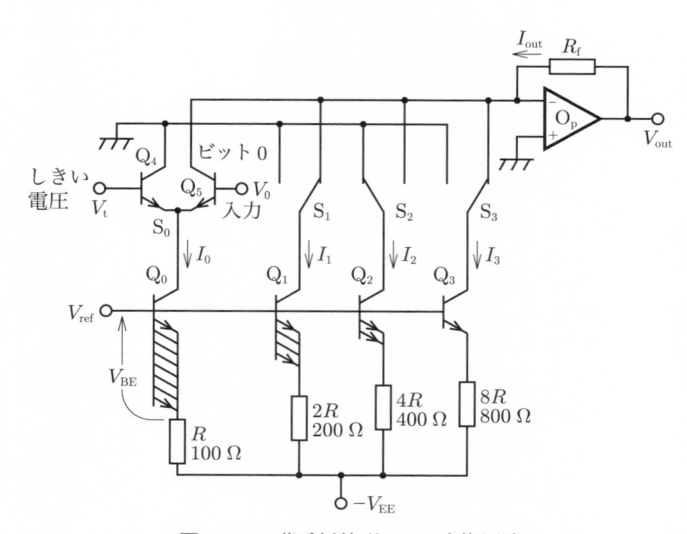

図 7・4　荷重抵抗形 D/A 変換回路

スタは省略してある.

トランジスタ Q_0〜Q_3 は，活性領域[1]で動作し，そのコレクタ電流 I_i（$i = 0,1,2,3$）は

$$I_i = \frac{\alpha_0(V_{\rm ref} - V_{\rm BE})}{2^i R} \tag{7・6}$$

となる．ただし，α_0 はトランジスタの電流増幅率，$V_{\rm BE}$ はトランジスタのベース–エミッタ間の直流順方向電圧である．$V_{\rm ref}$ は電流の絶対値を決定するための基準電圧である.

$V_{\rm BE}$ が Q_0〜Q_3 すべてにおいて等しければ，式（7･6）は，各ビットの重みに対応した電流となる．しかし，$V_{\rm BE}$ は図 1･18 に示したように，トランジスタのエミッタ電流に依存するため，各ビットの $V_{\rm BE}$ は同一にはならない．そこで最下位ビットに 1 本のトランジスタ，第 2 ビット目には 2 本のトランジスタを並列に，第 3 ビット目は 4 本並列というように，各ビットにそのビットの重みの数のトランジスタを並列に接続する．こうすればすべてのトランジスタに同一電流が流れ，$V_{\rm BE}$ を各ビットで等しくできる.

実際の集積回路では，トランジスタを並列に接続する代わりに，エミッタの面積を 2 倍，4 倍，8 倍と変えて，同じ効果を得ている．図 7･4 の Q_0〜Q_2 のエミッタの記号は，Q_3 に対するエミッタの面積比を示している.

電流スイッチにより，切り換えられて加算された電流は，演算増幅器 $O_{\rm p}$ により電圧に変換されて，

$$V_{\rm out} = R_{\rm f} I_{\rm out} = R_{\rm f} \sum_{i=0}^{3} b_i I_i \tag{7・7}$$

で表される電圧として取り出される．ただし，b_i は S_i の状態により 0 または 1 である.

〔2〕 はしご形抵抗を用いる回路

図 7･5 は図 7･3 のはしご形抵抗回路を用いた 8 ビットの D/A 変換回路である．スイッチ S_0〜S_7 の回路は，図 7･4 の場合と同一であるため省略した．トランジスタ Q_0〜Q_3 は上位 4 ビットの電流を決定するもので，図 7･4 と同様にトランジスタのエミッタ面積を変えることにより，$V_{\rm BE}$ の統一を図っている.

1） オンとオフの中間の領域.

Q_4〜Q_7 は下位4ビットに相当する電流を発生する部分であるが，トランジスタの面積比が非常に大きくなるのを防ぐため，この部分は同一トランジスタを用いている．エミッタ電流の違いによる V_{BE} の補正は，ベースに直列に挿入された抵抗 (150 Ω) に，直流電流 I (= 120 μA) を流し，一段ごとに $150\,\Omega \times 120\,\mu A = 18\,mV$ 分の V_{BE} の補正を行い，エミッタ電流の比が正確になるようにしている[2)]．

出力部は図7·4の場合と同様に，演算増幅器により電圧に変換している．

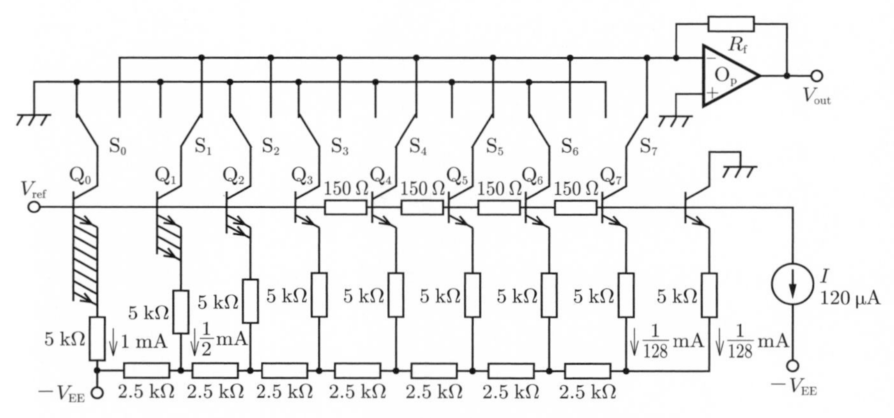

図 7・5　はしご形抵抗回路による D/A 変換回路

図7·6 は MOS トランジスタを，スイッチ動作させて使用するはしご形抵抗 D/A 変換回路である．各ビットの値 b_i，$\overline{b}_i$ により電流が切り換えられる．MOS スイッチのオン時の抵抗 R_{ON} は出力誤差の原因となる．これを避けるには，各

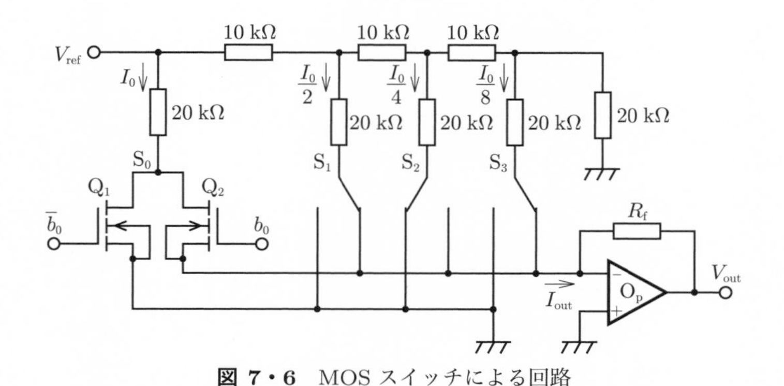

図 7・6　MOS スイッチによる回路

2)　V_{BE} が 18 mV 下がると，I_E は 1/2 倍になる．

スイッチでの電圧降下が同一になるように，R_{ON} の値が S_1 では S_0 の 2 倍，S_2 では 4 倍，S_3 では 8 倍になるように MOS トランジスタを設計し，電流 × R_{ON} を一定にして，R_{ON} の影響を取り除く工夫が，実際の集積化 D/A 変換回路では行われている．

【問 7・2】 トランジスタのエミッタ面積を，ほかのトランジスタの 2 倍にするには，集積回路上でどのようにすればよいか．

7・2・2　定電流形 D/A 変換回路

荷重電流形 D/A 変換回路では，各トランジスタを流れる電流値が異なるため，トランジスタのエミッタの面積を電流値に比例して変えたり，MOS トランジスタではオン抵抗を電流に反比例して変える必要があった．

トランジスタを流れる電流をすべて同一値にすれば，同じトランジスタが使用でき，回路構成が簡単化される．これが**定電流形 D/A 変換回路**である．

図 7･7 は同一の値を持つ電流源 I_0 と，はしご形抵抗回路で，D/A 変換を行う回路の原理図である．この回路の出力電流 I_{out} は

$$I_{\mathrm{out}} = I_0 \left(\frac{1}{2^0} b_0 + \frac{1}{2} b_1 + \frac{1}{2^2} b_2 + \cdots + \frac{1}{2^{n-1}} b_{n-1} \right) \tag{7・8}$$

となる．

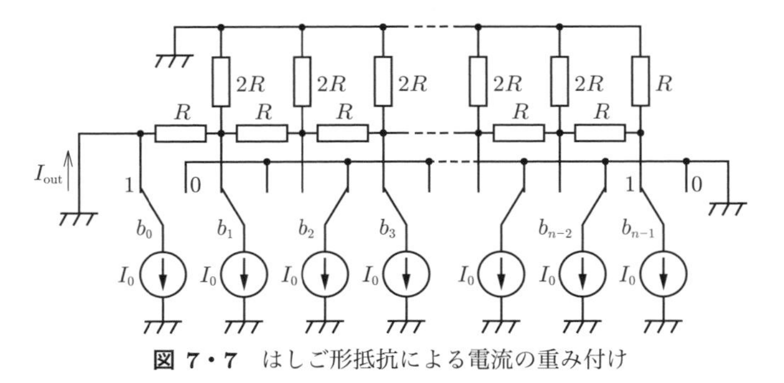

図 7・7　はしご形抵抗による電流の重み付け

図 7･8 は図 7･7 を用いた 4 ビットの D/A 変換回路の例である．トランジスタ Q_0〜Q_3 のエミッタ抵抗はすべて等しい（3.5 kΩ）ので，コレクタ電流も等しく，V_{BE} の電流の違いによる補正は必要ない．スイッチ S_0〜S_3 は図 7･4 に示したトランジスタによる電流スイッチ回路が使用される．演算増幅器 $\mathrm{O_p}$ は，電流 I_{out} を電圧 V_{out}（$= R_{\mathrm{f}} I_{\mathrm{out}}$）に変換するためのものである．

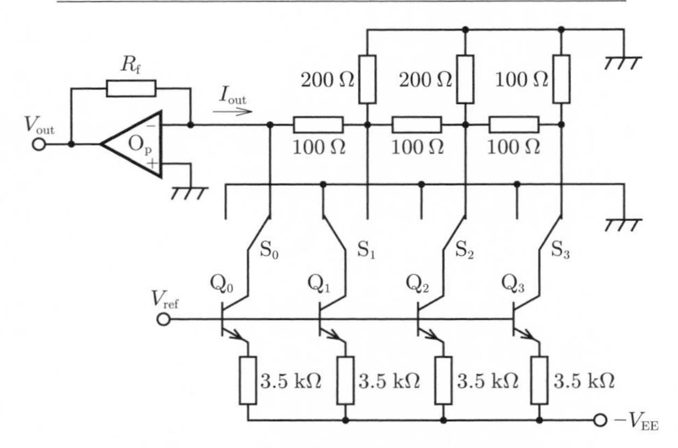

図 7・8　定電流源形 D/A 変換回路

7・2・3　D/A 変換回路の精度

D/A 変換回路の精度は，荷重抵抗回路やはしご形抵抗回路を構成している抵抗値の精度で決定される．特にビット数の多い D/A 変換器では高精度の抵抗が必要であり，また，上位ビットの値を決定する抵抗値に，もっとも高い精度が要求される．

モノリシック集積回路では，実現できる抵抗値の比精度（抵抗値どうしの比の精度）は，高くても 1〜0.1％程度で，そのままでは 4〜6 ビット程度の D/A 変換回路しか実現できない．ビット数の多い（8〜16 ビット）D/A 変換回路では，抵抗値をレーザを用いて調整（これを**トリミング**という）するなどの方法により，必要な精度を得ている．

【問 7・3】　図 7･8 のスイッチ S_0〜S_3 に抵抗があっても，出力値には影響しない．なぜか．

7・3　A/D 変換回路

7・3・1　A/D 変換回路に用いられる機能回路

A/D 変換回路には，比較器，積分器，サンプルホールド回路などが使用される．

〔1〕 比　較　器

比較器（コンパレータ）は，二つのアナログ電圧の大小を比較し，出力を H レベルあるいは，L レベルにする一種の高利得の増幅器である．**図 7･9** にその特性を示す．入力 V_i が基準電圧 V_{ref} を超えると出力が正に，また V_i が V_{ref} より低い場合は，出力は負の電位となる．

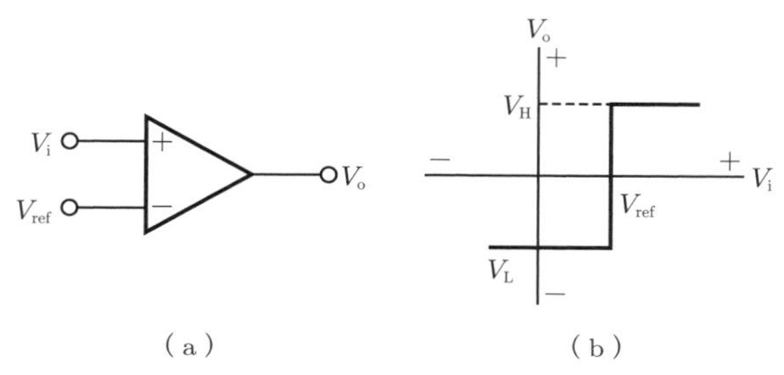

図 7・9 電圧比較器

〔2〕 **積分器**

入力電圧の時間に関する積分値を出力とする**積分器**は，**図 7·10** のような回路で構成されている．O_p は高利得の増幅器で，通常，演算増幅器が使用される．スイッチ S は，積分開始前にコンデンサ C に蓄積されている電荷を放電するためのスイッチである．

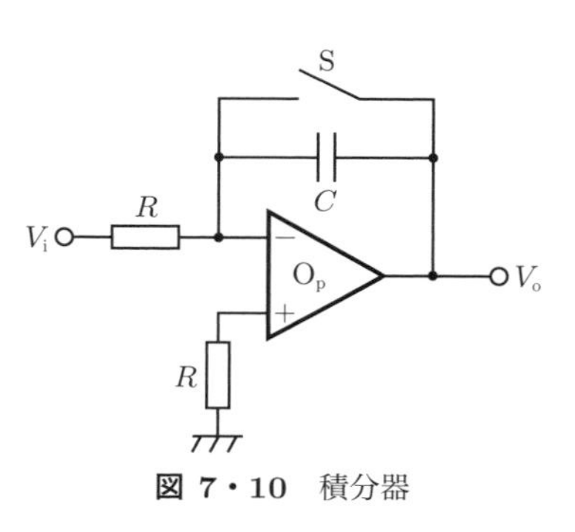

図 7・10 積分器

この回路の出力電圧 V_o は

$$V_o = -\frac{1}{CR}\int V_i\,dt \qquad (7・9)$$

となり，入力電圧 V_i の時間積分に比例した出力が得られる．

積分器の主要部分は集積回路化されているが，高品質で大きな値（数千 pF）を必要とするコンデンサ C や抵抗 R は，外付けするようになっている場合が多い．

〔3〕 **サンプルホールド回路**

A/D 変換回路の入力信号は，時間的に連続して変化する信号である．この信号は A/D 変換器で瞬時に変換されるのではなく，変換には時間がかかる．しかし，ディジタル量への変換が完了するまで入力信号は変化してはならない．

そこで，入力のアナログ信号のある時刻における値を，A/D 変換が終了するまで保持する必要がある．この目的に使用されるのが，**サンプルホールド回路**である．

図 7･11（a）の積分器では，コンデンサ C に入力に比例した電荷が蓄積される．ある一定時間だけ入力電圧を積分して，入力を切り離すと C の電荷は保持され，出力はそのときの C の電圧が保たれる．この積分器は入力信号源 V_i の内部インピーダンス，C の容量値などが出力値に影響を与える．

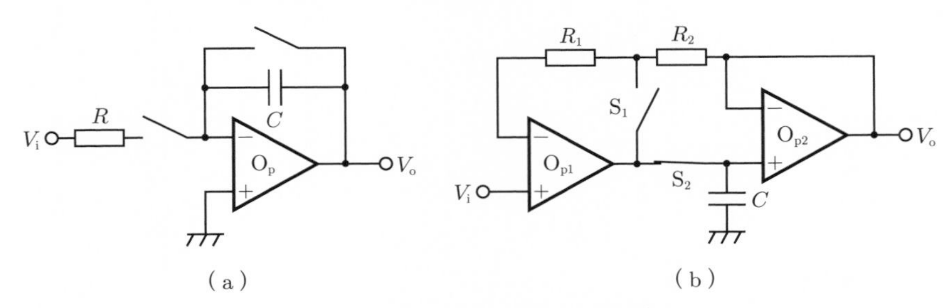

図 7・11　サンプルホールド回路

図 7･11（b）は入出力に増幅器を使用して，特性の改善を図ったサンプルホールド回路で，サンプル時には，$\mathrm{S_1}$ をオフ，$\mathrm{S_2}$ をオンとして，C を V_i と等しい電圧で充電する．次に保持のときは，$\mathrm{S_1}$ をオン，$\mathrm{S_2}$ をオフとして V_o に出力が得られる．

図 7･12 はアナログ信号のサンプルホールドの様子を示すもので，一定の時間間隔で入力信号値を取り出している．これを入力信号を**サンプル**するという．サンプルの時間間隔 T は，アナログ信号の持つ最高周波数を f_max とすると

$$\frac{1}{T} \geq 2f_\mathrm{max} \qquad (7\cdot10)$$

を満たさなければならない．これを**サンプリング定理**という．

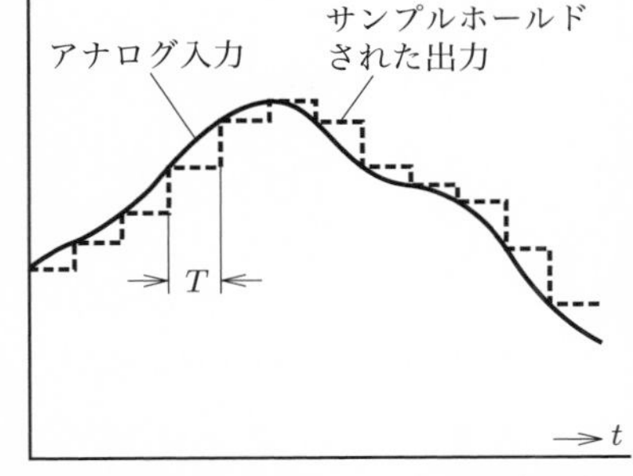

図 7・12　サンプルホールド回路の出力波形

7・3・2　A/D 変換回路の原理

〔1〕　逐次比較形 A/D 変換回路

図 7･13 は逐次比較形と呼ばれる A/D 変換回路である．D/A 変換器を用いて，その出力とアナログ入力を比較して，ディジタル出力を得ている．

まず，論理回路の最上位ビット b_0 を 1 に設定する．この状態における D/A 変

換回路の出力 V_r と，サンプルホールドされたアナログ入力 V_i とを比較し，$V_r > V_i$ ならば $b_0 = 0$ に戻し，$V_r < V_i$ ならば $b_0 = 1$ のままにして，次のビット b_1 を 1 にする．再び入力 V_i と V_r を比較し，$V_r > V_i$ ならば $b_1 = 0$，$V_r < V_i$ ならば $b_1 = 1$ にして，次のビットに移る．これを最下位ビット b_{n-1} まで行ったときの $(b_0\,b_1\,b_2 \cdots b_{n-1})$ が，A/D 変換されたディジタル出力となる．

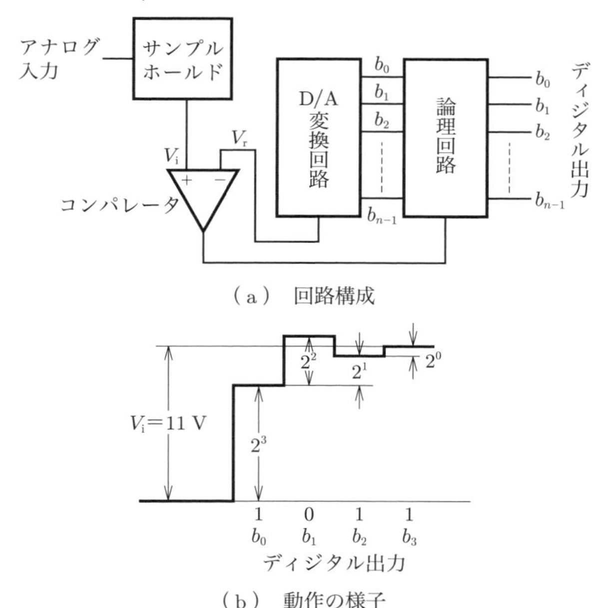

（a） 回路構成

（b） 動作の様子

図 7・13 逐次比較 A/D 変換回路

図（b）はフルスケール 15 V の 4 ビット A/D 変換回路に，11 V の V_i が入力された場合の変換の様子を示すものである．$b_0 = 1$ のとき，$V_r = 2^3\,\mathrm{V} = 8\,\mathrm{V}$ であるから，$V_i > V_r$ である．したがって，$b_0 = 1$ のままで，$b_1 = 1$ とする．このとき，$V_r = 2^3 + 2^2 = 12\,\mathrm{V}$ となり，$V_i < V_r$ であるから，$b_1 = 0$ に戻す．以下同様にして，出力（1 0 1 1）を得る．

逐次比較形 A/D 変換回路は，全ビットの比較を逐次行うため，（ビット数 × クロック周期）だけの変換時間を必要とする．変換時間が数 μs〜数百 μs までの変換器が集積化され各種市販されている．

〔2〕 並列比較形 A/D 変換回路

図 7·14 は並列比較形と呼ばれる A/D 変換回路である．n ビットのディジタル

出力を得る場合，値の等しい 2^n 個の抵抗 R を用いて，基準電圧（フルスケール電圧）$V_{\rm ref}$ を 2^n 等分して，それぞれのレベルと入力電圧 $V_{\rm i}$ を 2^n 個のコンパレータで同時に比較する．コンパレータの出力値により，どのレベルの電圧と等しいかを検出して，エンコーダでディジタル出力に変換する方式である．

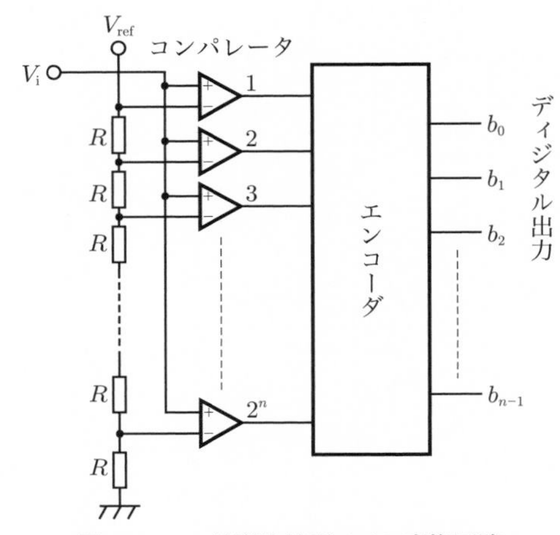

図 7・14 並列比較形 A/D 変換回路

この方式は，n ビットの出力が同時に得られ，きわめて高速の A/D 変換が可能である反面，ビット数が多くなると，非常に数多くのコンパレータと，抵抗を必要とする．このため，集積回路として実用化されているのは，10 ビット程度で，変換速度は数十 ns 程度である．

変換速度が速いため，アナログ信号の変化が遅い場合は，入力にサンプルホールド回路を必要としない場合もある．

〔3〕 積分形 A/D 変換回路

積分器に一定の直流電圧を入力すると，出力電圧は積分時間に比例する．この積分器の出力電圧と，アナログ入力電圧の比較をして，出力電圧が入力電圧と等しくなるまでの時間を，ディジタル表示すれば，A/D 変換回路が得られる．

（a） ランプ形 A/D 変換回路

図 7·15 は**ランプ形 A/D 変換回路**と呼ばれる積分形 A/D 変換回路である．セット信号が入る前は，コンデンサ C は短絡されており，積分器の出力は基準電圧 $-V_{\rm s}$ となっている．セットパルスが入力されると，S がオフとなり基準電圧 $-V_{\rm r}$ の積分を開始し，積分器出力が 0 を超えるとコンパレータ A の出力が正

となり，フリップフロップの出力 Q が 1 となる．カウンタにより，$Q=1$ のときのクロックパルス数を計数する．積分器出力が入力電圧 V_i を超えると，コンパレータ B の出力が正となり，フリップフロップの出力は反転し，$Q=0$ となる．したがって，AND ゲートの出力は 0 となりカウンタの計数が終了する．

カウンタの計数値 N をあらかじめ既知の電圧で較正しておけば，入力電圧 V_i のディジタル量が得られる．

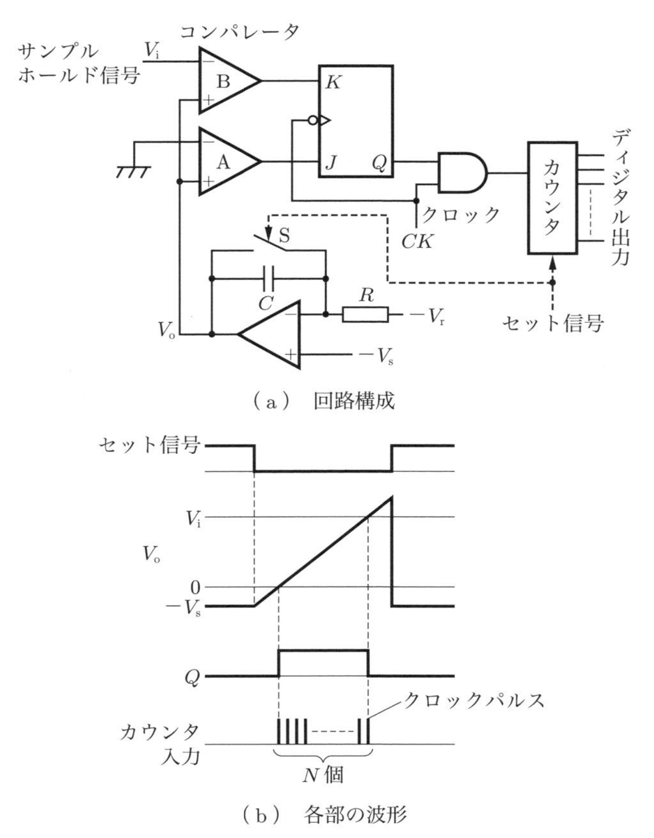

（a） 回路構成

（b） 各部の波形

図 7・15 ランプ形 A/D 変換回路

ランプ形 A/D 変換回路の精度は，積分器の直線性，安定度，基準電圧の安定度，クロックパルスの安定度などによって決定され，これらは長期の安定度も同時に要求される．

(b)　2重積分形 A/D 変換回路

図 7·16 は積分器，クロックパルス，基準電圧などに長期の安定性を必要としない **2重積分形 A/D 変換回路**である．

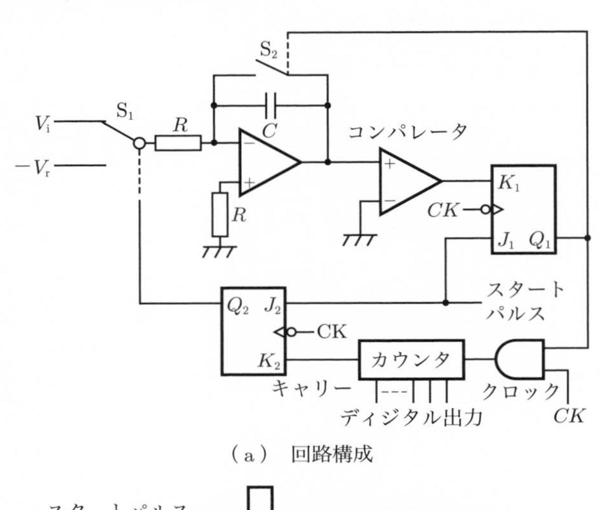

（a）　回路構成

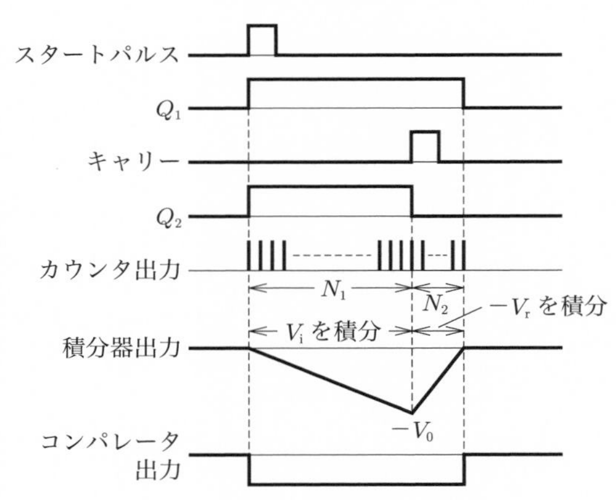

（b）　各部の波形

図 7・16　2重積分形 A/D 変換回路

スタートパルスによりフリップフロップの出力 Q_1，Q_2 を1にセットし，カウンタはクロックパルス数を計数する．このとき，スイッチ S_1 は Q_2 により制御され，$Q_2 = 1$ のときに入力 V_i 側に接続される．また，S_2 は Q_1 により制御され，$Q_1 = 1$ のとき S_2 はオフとなり，V_i の積分を開始する．

カウンタはあらかじめ定められたクロックパルス数 N_1 を計数すると，キャリーと呼ばれるパルスを出して，Q_2 をリセットすると同時に，カウンタ内部も 0 にリセットして，再びクロックパルス数の計数を開始する．

カウンタがキャリーを出力するまでは，積分器は入力電圧 V_i を積分し，出力電圧は $-V_0$ となる．次に $Q_2=0$ となり，S_1 が切り換えられ基準電圧 $-V_\mathrm{r}$ が積分されて，徐々に積分器の出力電圧は上昇する．

積分器の出力が 0 を超えると，コンパレータの出力が反転し，$Q_1=0$ にリセットされ，カウンタは計数を停止する．このとき，カウンタの計数値は N_2 となっている．いま，クロックの周期を T_c とすると，入力電圧 V_i を積分している時間は N_1T_c であり，また，基準電圧 $-V_\mathrm{r}$ を積分している時間は，N_2T_c である．V_o は積分時間と積分器の入力電圧に比例するから，次式が成立する．

$$V_\mathrm{i}N_1T_\mathrm{c}=V_\mathrm{r}N_2T_\mathrm{c} \tag{7・11}$$

これより，N_2 は

$$N_2=\frac{V_\mathrm{i}}{V_\mathrm{r}}N_1 \tag{7・12}$$

となる．N_1 をあらかじめ，V_r で較正しておけば，N_2 が V_i の A/D 変換された値となる．

2 重積分形 A/D 変換回路では，積分器の時定数は関係しないため，CR の時定数に精度は必要とされない．またクロック周波数も変換時間 $T_\mathrm{c}(N_1+N_2)$ の間だけの短時間の安定性が保証されればよい．この A/D 変換回路は，変換速度が遅い（数十〜数百 ms）が，回路が簡単であるため，ディジタルボルトメータなどに，しばしば使用されている．

演習問題

7・1　n ビットの D/A 変換回路の許容誤差が $\dfrac{1}{4}$ LSB であるとき，図 7･1 の回路でもっとも精度を要求される抵抗の許容誤差はいくらか．

7・2　図 7･7 の電流 I_out が，式（7･8）で表されることを示せ．

7・3　変換速度が 10 μs の A/D 変換回路がある．この回路で処理できるアナログ信号の最高周波数はいくらか．

問 題 解 答

第１章

【問１・１】 中間の状態は存在しない．

【問１・２】 **解表 1·1** のとおり．

解表１・１

S_1	S_2	V_0
オフ	オフ	5 V
オフ	**オン**	0 V
オン	オフ	0 V
オン	**オン**	0 V

【問１・３】 **解表 1·2** のとおり．

解表１・２

S_1	S_2	V_0
オフ	オフ	5 V
オフ	**オン**	5 V
オン	オフ	5 V
オン	**オン**	0 V

【問１・４】 入力と同じ波形．

【問１・５】 MOSFET がオンすると，$V_D = 0\,\mathrm{V}$ になるから，$I_D = \dfrac{V_{DD}}{R_L} = 1\,\mathrm{mA}$．

【問１・６】 飽和状態では $I_C = \dfrac{V_{CC} - 0.2}{R_L}$ =0.96 mA．したがって $I_B = \dfrac{I_C}{H_{FE}} = 9.6\,\mu\mathrm{A}$．

【問１・７】 AND + NOT は**解表 1·3** のとおり．OR + NOT は**解表 1·4** のとおり．

解表１・３

V_1	V_2	V_0
0	0	1
0	1	1
1	0	1
1	1	0

解表１・４

V_1	V_2	V_0
0	0	1
0	1	0
1	0	0
1	1	0

【問１・８】 表 1·3 で L→1，H→0 に対応させると，**解表 1·5** が得られ，表 1·5 で L→0，H→1 に対応した OR の直理値表と一致する．

解表 1・5

V_1	V_2	V_0
1	1	1
1	0	1
0	1	1
0	0	0

【問 1・9】 まず 10 進数 N を 2 で割ると

$$\frac{N}{2} = a_n 2^{n-1} + a_{n-1}2^{n-2} + a_{n-2}2^{n-3} + \cdots + a_1 \quad \text{余り } a_0$$

となるから，余り a_0 が最下位ビットとなる．次に上式の商 N' をもう一度 2 で割ると

$$\frac{N'}{2} = a_n 2^{n-2} + a_{n-1}2^{n-3} + a_{n-2}2^{n-4} + \cdots + a_2 \quad \text{余り } a_1$$

となり，余り a_1 が下位より 2 ビット目の値となる．以下同様に割り算の結果の商を 2 で割ることを繰り返せば 2 進数が得られる．余りのない場合は，そのビットは 0 である．

【問 1・10】 $2^{10} = 1\,024$，$2^{11} = 2\,048$ であるから，11 ビット必要である．

【問 1・11】 LSB を四捨五入で決定するとすると，誤差は $LSB/2$ であるから，これが 1/1 000 以下であるには，9 ビット必要である．また，LSB を切り捨て，あるいは切り上げで決定している場合は，LSB が誤差になるから，10 ビット必要である．

演 習 問 題

1・1 出力電圧 V_O の最大値は，nMOSFET がオフしたときの電圧 $V_O = 5\,\text{V}$．最小値は nMOSFET がオンしたときで $V_O = 0\,\text{V}$．

1・2 出力電圧 V_O の最大値は，nMOSFET がオンしたときの電圧である．nMOSFET がオンするにはゲート–ソース間電圧がしきい電圧以上必要であるから，$V_O = V_{DD} - V_T = 4\,\text{V}$．最小値は nMOSFET がオフしたときで電流が流れないから，$V_O = 0$．

1・3 前問と同様に考えて，最大値は $V_O = 5\,\text{V}$，最小値は $V_O = V_T = 1\,\text{V}$．

1・4 最小値は $V_O = 0$，最大値は $V_O = V_{DD} - 2V_T = 3\,\text{V}$．

1・5 （1） 積分方程式は

$$V_{DD} = Ri(t) + \frac{1}{C}\int i(t)dt \qquad \text{（解 1・1）}$$

となる．

（2） 式（解 1・1）の両辺を t について微分すると

$$R\frac{di(t)}{dt} = -\frac{1}{C}i(t) \qquad \text{（解 1・2）}$$

が得られる．これを解くと

$$i(t) = Ke^{-\frac{1}{CR}t} \tag{解 1・3}$$

が得られる．したがって，コンデンサの電圧は

$$v_C(t) = V_{\mathrm{DD}} - KRe^{-\frac{1}{CR}t} \tag{解 1・4}$$

となる．ただし K は積分定数で，$t = 0$ のとき，$v_C(t) = 0$ であるから，$K = \dfrac{V_{\mathrm{DD}}}{R}$ となり

$$v_C(t) = V_{\mathrm{DD}}(1 - e^{-\frac{1}{CR}t}) \tag{解 1・5}$$

が得られる．

（3） 式（解 1･5）で，$v_C(t) = 0.7V_{\mathrm{DD}}$ とおいて，t を求めると，$t \approx 30\,\mu\mathrm{s}$.

（4） $V_{\mathrm{DD}}e^{-\frac{1}{Cr}t} = 0.2V_{\mathrm{DD}}$ から t を求めればよい．ただしオン抵抗 $r = 10\,\Omega$．$t \approx 80\,\mathrm{ns}$.

1・6 $V_{\mathrm{CE}} = 0.1\,\mathrm{V}$ にするためのコレクタ電流 I_{C} は

$$V_{\mathrm{CE}} = V_{\mathrm{CC}} - R_{\mathrm{L}}I_{\mathrm{C}}$$

より

$$I_{\mathrm{C}} = \frac{V_{\mathrm{CC}} - V_{\mathrm{CE}}}{R_{\mathrm{L}}} = \frac{5\,\mathrm{V} - 0.1\,\mathrm{V}}{1\,\mathrm{k\Omega}} = 4.9\,\mathrm{mA}$$

よって

$$I_{\mathrm{B}} \geq \frac{I_{\mathrm{C}}}{h_{\mathrm{FE}}} = 49\,\mu\mathrm{A}$$

したがって

$$V_1 = R_{\mathrm{B}}I_{\mathrm{B}} + V_{\mathrm{BE}} \geq 5\,\mathrm{k\Omega} \times 49\,\mu\mathrm{A} + 0.7\,\mathrm{V} \approx 0.95\,\mathrm{V}$$

1・7 一致回路のレベル表（**解表 1･6**）と，図 1･23 のレベル表を比較すると，一致回路は反一致回路の出力 V_{O2} の NOT をとればよいから，図 1･23（a）の回路の V_{O2} に NOT 回路を接続すれば実現できる．

解表 1・6

V_1	V_2	V_{O}
L	L	H
L	H	L
H	L	L
H	H	H

1・8 （1） $5_{10} = (101)_2$

（2） $10_{10} = 5 \times 2^1 = (1010)_2$

（3） $20_{10} = 5 \times 2^2 = (10100)_2$

（4） $40_{10} = 5 \times 2^3 = (101000)_2$

（5） $5 \times 2^n = (101\underbrace{00\cdots00}_{0\text{ が }n\text{ 個}})_2$

第2章

【**問 2・1**】 表 2･5 と同じである．

【**問 2・2**】 公理 5 より

$$I \cdot \overline{I} = \phi \qquad \text{(解 2・1)}$$

$$I + \overline{I} = I \qquad \text{(解 2・2)}$$

また，公理 3 より $I + I \cdot \overline{I} = I$ であるから式（解 2·1）を代入すると

$$I + \phi = I \qquad \text{(解 2・3)}$$

式（解 2·3）（解 2·2）より，$\overline{I} = \phi$ が成立．

【問 2・3】 $A \cdot B$ の補元が $\overline{A} + \overline{B}$ であることを示せばよい．

$$\begin{aligned} A \cdot B + (\overline{A} + \overline{B}) &= (\overline{A} + \overline{B} + A) \cdot (\overline{A} + \overline{B} + B) && \text{(公理 4)} \\ &= (1 + \overline{B}) \cdot (1 + \overline{A}) && \text{(公理 5)} \\ &= 1 \cdot 1 = 1 && \text{(定理 3, 1)} \end{aligned}$$

また

$$\begin{aligned} (A \cdot B) \cdot (\overline{A} + \overline{B}) &= A \cdot B \cdot \overline{A} + A \cdot B \cdot \overline{B} && \text{(公理 4)} \\ &= 0 \cdot B + A \cdot 0 && \text{(公理 5)} \\ &= 0 && \text{(定理 3, 1)} \end{aligned}$$

よって，公理 5，定理 5 より

$$\overline{A \cdot B} = \overline{A} + \overline{B}$$

が成立し，$A \cdot B$ の補元 $\overline{A \cdot B}$ は $\overline{A} + \overline{B}$ である．

【問 2・4】

$$\begin{aligned} f &= (A + B) \cdot \overline{A \cdot B} \\ &= (A + B) \cdot (\overline{A} + \overline{B}) && \text{(公理 6)} \\ &= A \cdot \overline{A} + B \cdot \overline{A} + A \cdot \overline{B} + B \cdot \overline{B} && \text{(公理 4)} \\ &= 0 + B \cdot \overline{A} + A \cdot \overline{B} + 0 && \text{(公理 5)} \\ &= A \cdot \overline{B} + B \cdot \overline{A} \end{aligned}$$

であり，回路は**解図 2·1** となる．

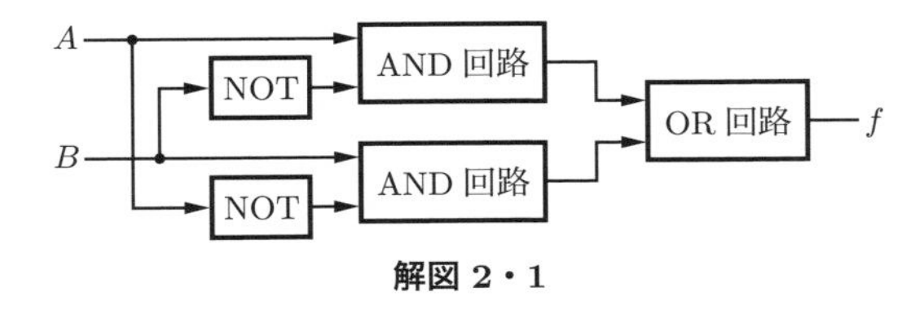

解図 2・1

【問 2・5】 A, B, C にそれぞれ 1，0 を代入し，f の値を求めればよい．

【問 2・6】 $f(A,B) = (A+B)\cdot(\overline{A}+\overline{B})$

【問 2・7】
$$
\begin{aligned}
f(A,B) &= (A+B)\cdot\overline{A+B}\\
&= A\cdot B\cdot f(1,1) + A\cdot\overline{B}\cdot f(1,0) + \overline{A}\cdot B\cdot f(0,1) + \overline{A}\cdot\overline{B}\cdot f(0,0)\\
&= A\cdot B\cdot(1+1)\cdot\overline{1\cdot 1} + A\cdot\overline{B}\cdot(1+0)\cdot\overline{1\cdot 0} + \overline{A}\cdot B\cdot(0+1)\cdot\overline{0\cdot 1}\\
&\quad +\overline{A}\cdot\overline{B}\cdot(0+0)\cdot\overline{0\cdot 0}\\
&= A\cdot\overline{B} + \overline{A}\cdot B \quad \text{——加法標準形}
\end{aligned}
$$

また，
$$
\begin{aligned}
f(A,B) &= (A+B+f(0,0))\cdot(A+\overline{B}+f(0,1))\cdot(\overline{A}+B+f(1,0))\\
&\quad \cdot(\overline{A}+\overline{B}+f(1,1))\\
&= (A+B+(0+0)\cdot\overline{0\cdot 0})\cdot(A+\overline{B}+(0+1)\cdot\overline{0\cdot 1})\cdot(\overline{A}+B+(1+0)\\
&\quad \cdot\overline{1\cdot 0})\cdot(\overline{A}+\overline{B}+(1+1)\cdot\overline{1\cdot 1})\\
&= (A+B+0)\cdot(A+\overline{B}+1)\cdot(\overline{A}+B+1)\cdot(\overline{A}+\overline{B}+0)\\
&= (A+B)\cdot(\overline{A}+\overline{B}) \quad \text{——乗法標準形}
\end{aligned}
$$

【問 2・8】
$$
\begin{aligned}
f(A,B,C) &= A\cdot B\cdot C\cdot f(1,1,1) + A\cdot B\cdot\overline{C}\cdot f(1,1,0) + A\cdot\overline{B}\cdot C\cdot f(1,0,1)\\
&\quad +\overline{A}\cdot B\cdot C\cdot f(0,1,1) + A\cdot\overline{B}\cdot\overline{C}\cdot f(1,0,0) + \overline{A}\cdot B\cdot\overline{C}\cdot f(0,1,0)\\
&\quad +\overline{A}\cdot\overline{B}\cdot C\cdot f(0,0,1) + \overline{A}\cdot\overline{B}\cdot\overline{C}\cdot f(1,0,0)\\
&= A\cdot B\cdot C\cdot 1 + A\cdot B\cdot\overline{C}\cdot 1 + A\cdot\overline{B}\cdot C\cdot 1 + \overline{A}\cdot B\cdot C\cdot 1\\
&\quad +A\cdot\overline{B}\cdot\overline{C}\cdot 0 + \overline{A}\cdot B\cdot\overline{C}\cdot 0 + \overline{A}\cdot\overline{B}\cdot C\cdot 0 + \overline{A}\cdot\overline{B}\cdot\overline{C}\cdot 0\\
&= A\cdot B\cdot C + A\cdot B\cdot\overline{C} + A\cdot\overline{B}\cdot C + \overline{A}\cdot B\cdot C
\end{aligned}
$$

また，
$$
\begin{aligned}
f(A,B,C) &= (A+B+C+f(0,0,0))\cdot(A+B+\overline{C}+f(0,0,1))\\
&\quad \cdot(A+\overline{B}+C+f(0,1,0))\cdot(\overline{A}+B+C+f(1,0,0))\\
&\quad \cdot(A+\overline{B}+\overline{C}+f(0,1,1))\cdot(\overline{A}+B+\overline{C}+f(1,0,1))\\
&\quad \cdot(\overline{A}+\overline{B}+C+(1,1,0))\cdot(\overline{A}+\overline{B}+\overline{C}+f(1,1,1))\\
&= (A+B+C+0)\cdot(A+B+\overline{C}+0)\cdot(A+\overline{B}+C+0)\\
&\quad \cdot(\overline{A}+B+C+0)\cdot(A+\overline{B}+\overline{C}+1)\cdot(\overline{A}+B+\overline{C}+1)\\
&\quad \cdot(\overline{A}+\overline{B}+C+1)\cdot(\overline{A}+\overline{B}+\overline{C}+1)\\
&= (A+B+C)\cdot(A+B+\overline{C})\cdot(A+\overline{B}+C)\cdot(\overline{A}+B+C)
\end{aligned}
$$

となり，式（2·23）（2·26）と一致する．

【問 2・9】 式（2·37）より

$$A+B = \overline{\overline{A}\cdot\overline{B}}$$

であるから，**解図 2·2** で実現できる．

【問 2・10】 式（2·38）より

$$A\cdot B = \overline{\overline{A}+\overline{B}}$$

が成立するから，**解図 2·3** で実現できる．

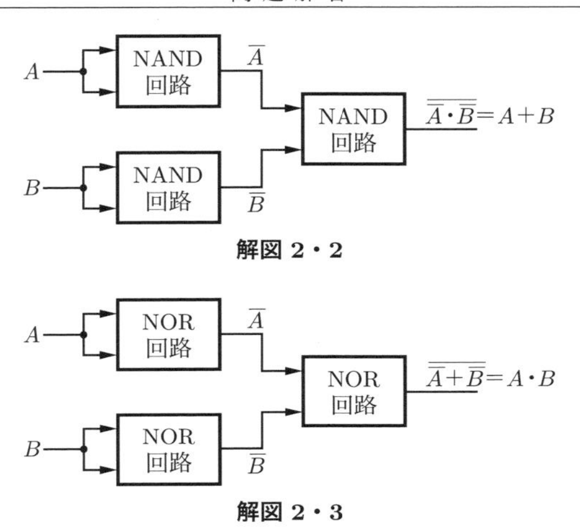

解図 2・2

解図 2・3

【問 2・11】 NAND 回路の場合は，$f = \overline{A \cdot I} = \overline{A}$ であるから，入力以外の入力端子は，1 の状態にする．NOR 回路の場合は，$f = \overline{A + 0} = \overline{A}$ であるから，0 の状態にする．

演 習 問 題

2・1 （a） $f(A, B, C) = (A + B) \cdot (B + C)$

（b） $f(A, B) = A \cdot B + \overline{A} \cdot \overline{B}$

（c） $f(A, B) = \overline{(A + B) \cdot (\overline{A \cdot B})} = \overline{(A + B) \cdot (\overline{A} + \overline{B})}$

$= \overline{A + B} + \overline{\overline{A} + \overline{B}} = \overline{A} \cdot \overline{B} + A \cdot B$

2・2 （a）

A	B	C	$f(A,\ B,\ C)$
0	0	0	0
0	0	1	0
0	1	0	1
0	1	1	1
1	0	0	0
1	0	1	1
1	1	0	1
1	1	1	1

（b）（c）

A	B	$f(A,\ B)$
0	0	1
0	1	0
1	0	0
1	1	1

2・3 図 2・5（a）に対しては，加法標準形は

$$f(A, B, C) = \overline{A} \cdot B \cdot \overline{C} + \overline{A} \cdot B \cdot C + A \cdot \overline{B} \cdot C + A \cdot B \cdot \overline{C} + A \cdot B \cdot C \qquad (解 2・4)$$

また乗法標準形は

$$f(A, B, C) = (A + B + C) \cdot (A + B + \overline{C}) \cdot (\overline{A} + B + C) \qquad (解 2・5)$$

図 2·5（b）（c）に対しては，加法標準形は

$$f(A, B) = \overline{A} \cdot \overline{B} + A \cdot B \qquad (解 2・6)$$

また，乗法標準形は

$$f(A, B) = (A + \overline{B}) \cdot (\overline{A} + B) \qquad (解 2・7)$$

2・4 式（解 2·4）は**解図 2·4**，式（解 2·5）は**解図 2·5** で実現できる．式（解 2·6）は図 2·5（b）と同じで，式（解 2·7）は**解図 2·6** で実現できる．

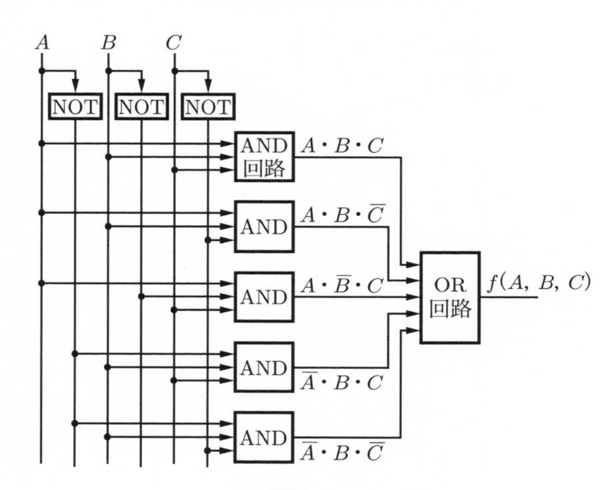

解図 2・4

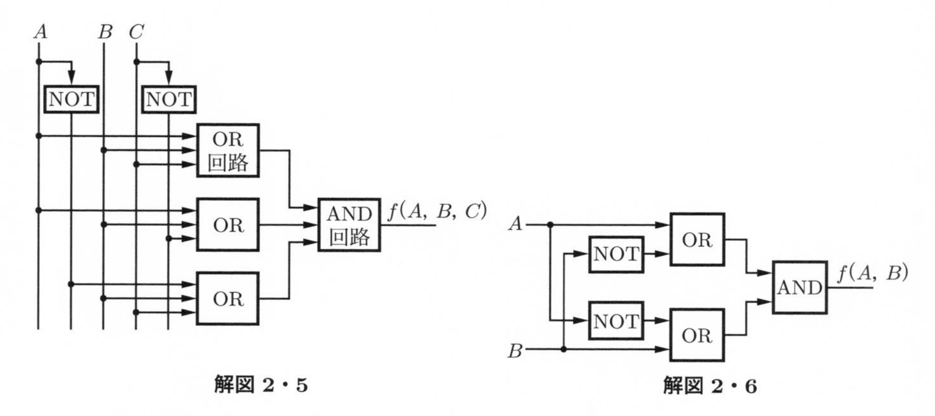

解図 2・5　　**解図 2・6**

2・5 各式に用いた公理などを式の後に書くと，次のように証明される．

（1）$A + \overline{A} \cdot B = (A + \overline{A}) \cdot (A + B)$ （公理 4）

$$= 1 \cdot (A + B) \quad \text{(公理 5)}$$

$$= A + B \quad \text{(定理 2)}$$

（2）$A \cdot (\overline{A} + B) = A \cdot \overline{A} + A \cdot B$　（公理 4）

$$= 0 + A \cdot B = A \cdot B$$

（3）$\overline{(A \cdot B + \overline{A} \cdot \overline{B})} = \overline{A \cdot B} \cdot \overline{(\overline{A} \cdot \overline{B})} = (\overline{A} + \overline{B}) \cdot (A + B)$　（公理 6）

$$= A \cdot \overline{A} + A \cdot \overline{B} + \overline{A} \cdot B + B \cdot \overline{B} = A \cdot \overline{B} + \overline{A} \cdot B$$

（4）$(A + B) \cdot (\overline{A} + C) = A \cdot \overline{A} + \overline{A} \cdot B + A \cdot C + B \cdot C = \overline{A} \cdot B + B \cdot C + A \cdot C$

$$= \overline{A} \cdot B + B \cdot C \cdot (A + \overline{A}) + A \cdot C = \overline{A} \cdot B + A \cdot B \cdot C$$

$$+ \overline{A} \cdot B \cdot C + A \cdot C = \overline{A} \cdot B \cdot (1 + C) + A \cdot C \cdot (B + 1)$$

$$= \overline{A} \cdot B + A \cdot C$$

（5）左辺 $= (B + C) \cdot (A \cdot C + \overline{A} \cdot B)$　——（4）より

$$= A \cdot B \cdot C + A \cdot C + \overline{A} \cdot B + \overline{A} \cdot B \cdot C = (A + \overline{A}) \cdot B \cdot C + A \cdot C + \overline{A} \cdot B$$

$$= B \cdot C + A \cdot C + \overline{A} \cdot B$$

右辺 $= A \cdot \overline{A} + A \cdot C + B \cdot C + \overline{A} \cdot B = B \cdot C + A \cdot C + \overline{A} \cdot B$

2・6　$f = (A + B) \cdot (B + C) = \overline{\overline{(A + B) \cdot (B + C)}} = \overline{\overline{(A + B)} + \overline{(B + C)}}$

であるから，回路は**解図 2·7** のようになる．

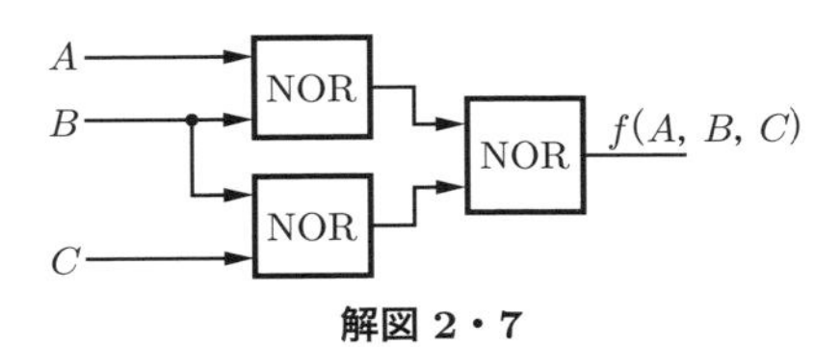

解図 2・7

2・7　（1）　たとえば $A = 1$，$B = 1$，$C = 0$ を代入すると

$$\text{左辺} = \overline{\overline{(1 \cdot 1)} \cdot 0} = \overline{0 \cdot 0} = 1$$

$$\text{右辺} = \overline{1 \cdot \overline{(1 \cdot 0)}} = \overline{1 \cdot 1} = 0$$

となり，左辺と右辺は等しくない．

（2）　$A = 1$，$B = 1$，$C = 0$ を代入すると，

$$\text{左辺} = \overline{\overline{(1 + 1)} + 0} = \overline{0 + 0} = 1$$

$$\text{右辺} = \overline{1 + \overline{(1 + 0)}} = \overline{1 + 0} = 0$$

となり，左辺と右辺は等しくない．

2・8　**解図 2·8** のとおり．

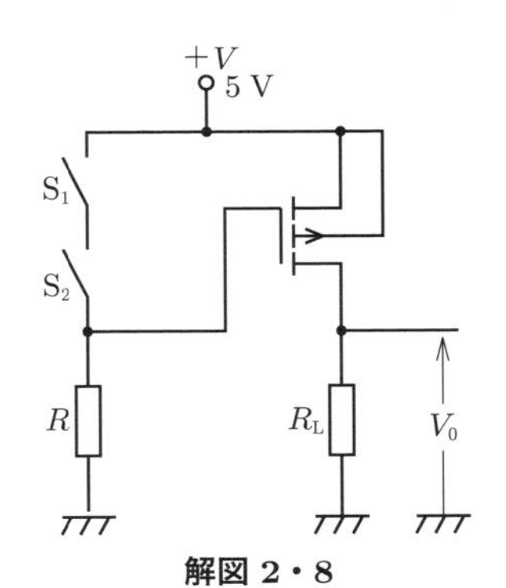

解図 2・8

2・9 解図 2·9 のとおり．

解図 2・9

第3章

【問 3・1】 MOSFET がオンしているとき，R_{L} の電圧は V_{DD} であるから，消費電力は

$$\frac{V_{\mathrm{DD}}^2}{R_{\mathrm{L}}}=5\,\mathrm{mW}$$

となり，式（3·8）の約半分である．

【問 3・2】 出力が L レベルのとき，R_2 の電流 I_2 は

$$I_2=\frac{V_{\mathrm{CC}}-V_{\mathrm{CS}}}{R_2}=5\,\mathrm{mA}$$

R_1 の電流 I_1 は

$$I_1=\frac{V_{\mathrm{CC}}-2V_{\mathrm{BE}}}{R_1}=0.9\,\mathrm{mA}$$

したがって，消費電力 P_{H} は

$$P_{\mathrm{H}}=V_{\mathrm{CC}}(I_1+I_2)=29.5\,\mathrm{mW}$$

出力が H レベルのとき，R_2 の電流は 0，R_1 の電流は

$$I_1=\frac{V_{\mathrm{CC}}-V_{\mathrm{BE}}}{R_1}=1.075\,\mathrm{mA}$$

となるから，消費電力 P_{L} は

$$P_{\mathrm{L}}=V_{\mathrm{CC}}I_1\approx 5.4\,\mathrm{mW}$$

【問 3・3】 H レベルのときは，V_{DD} から電流は流れない．L レベルのときは，電流は 1 mA であるから消費電力は，5 mW．

【問 3・4】 H レベルは MOSFET がオフしているときであるから，$V_0=V_{\mathrm{DD}}$ となる．出力が L レベルのときは MOSFET がオンしている．このときゲート–ソース間には，しきい電圧が必要であるから，$V_0=V_{\mathrm{T}}$ となる．

【問 3・5】 **解図 3·1** のとおり．

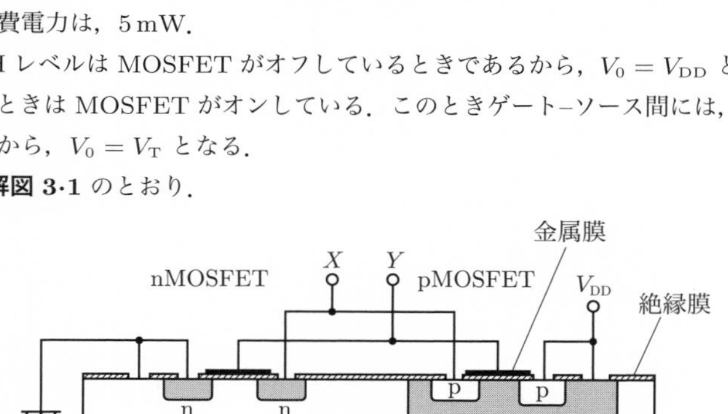

解図 3・1

【問 3・6】 **解図 3·2**，**解表 3·1** のとおり．

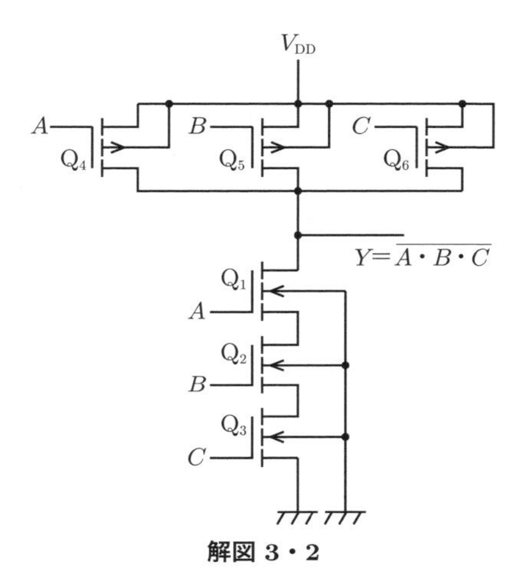

解図 3・2

解表 3・1

A	B	C	Y
0	0	0	1
0	0	1	1
0	1	0	1
0	1	1	1
1	0	0	1
1	0	1	1
1	1	0	1
1	1	1	0

【問 3・7】 **解図 3·3**，**解表 3·2** のとおり．

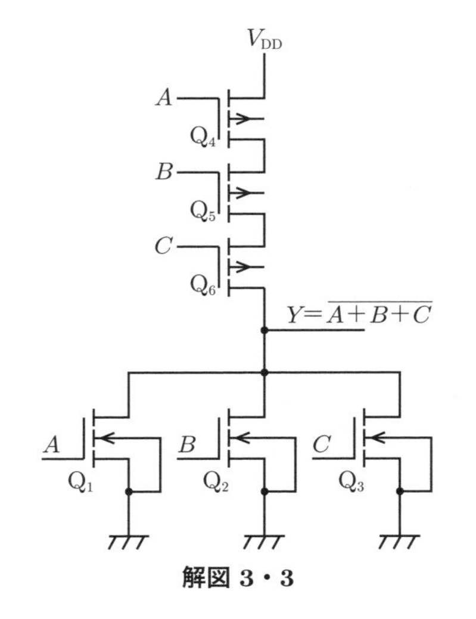

解図 3・3

解表 3・2

A	B	C	Y
0	0	0	1
0	0	1	0
0	1	0	0
0	1	1	0
1	0	0	0
1	0	1	0
1	1	0	0
1	1	1	0

【問 3・8】 ド・モルガンの定理より，$Y=\overline{A\cdot B+C}=\overline{\overline{A\cdot B}\cdot\overline{C}}$ と変形できるから，**解図 3·4** が得られる．

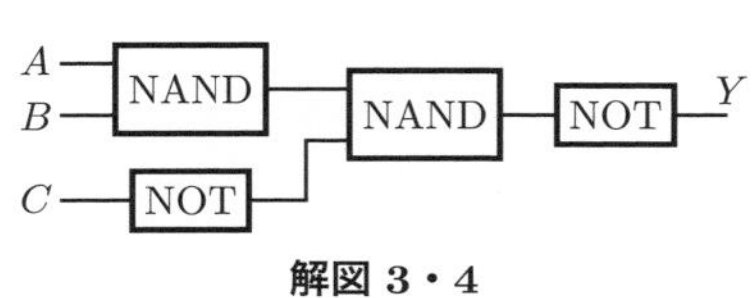

解図 3・4

【問 3・9】 MOSFET はオンしているので，C の電荷は MOSFET を通して，V_{in} に流れて V_{out} は 0 になる．

【問 3・10】 図 3·22 の Q_2 のベース →Q_2 のコレクタ →Q_1 のベース →Q_1 のコレクタ →Q_2 のベースと一まわりする電流の利得が低下して，電流の増加が抑えられる．

演習問題

3・1 （1） $I_{\mathrm{C}} = \dfrac{V_{\mathrm{CC}} - V_{\mathrm{CE}}}{R_{\mathrm{L}}} = 0.96\,\mathrm{mA}$

（2） $I_{\mathrm{B}} = \dfrac{V_{\mathrm{CC}} - V_{\mathrm{BE}}}{R_{\mathrm{B}}} = 1.08\,\mathrm{mA}$

（3） $I_{\mathrm{B}} = \dfrac{V_{\mathrm{BE}}}{R_{\mathrm{B}}} = 0.175\,\mathrm{mA}$，向きは図 3·30 の I_{B} の逆向き．

3・2 $V_0 = \dfrac{R\,V_{\mathrm{DD}}}{R_{\mathrm{L}} + R} = 3.75\,\mathrm{V}$

3・3 $V_0 = V_{\mathrm{DD}} = 5.0\,\mathrm{V}$

3・4 **解図 3·5** に示すように，振幅が 3 V に減少する．

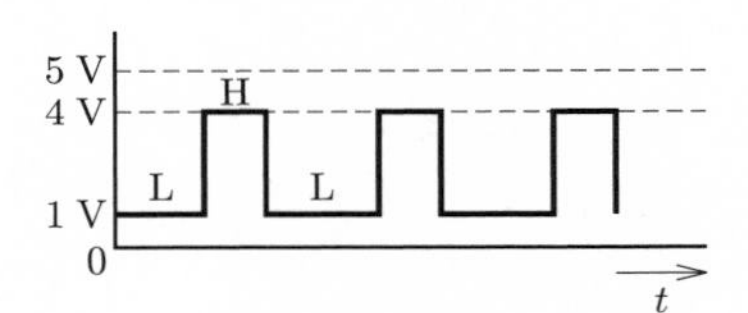

解図 3・5

3・5 **解図 3·6** のようになり，解図 3·5 のような振幅の減少はない．

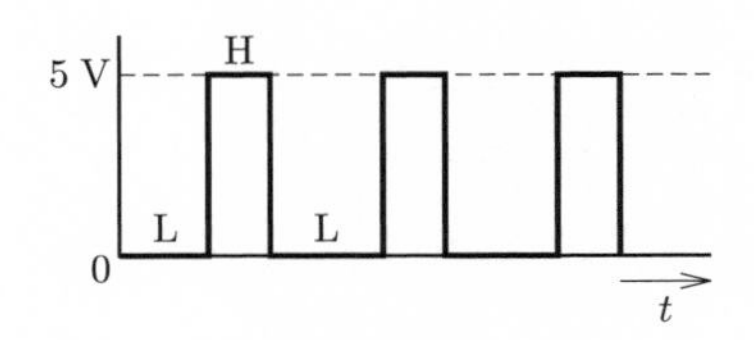

解図 3・6

3・6 （1） 真理値は**解表 3·3** のとおり．

解表 3・3

A	B	Y
0	0	0
0	1	1
1	0	1
1	1	0

（2） 出力を表す論理関数は，$Y = A\cdot\overline{B} + A\cdot\overline{B}$ であるから，回路は**解図 3·7** のとおり．

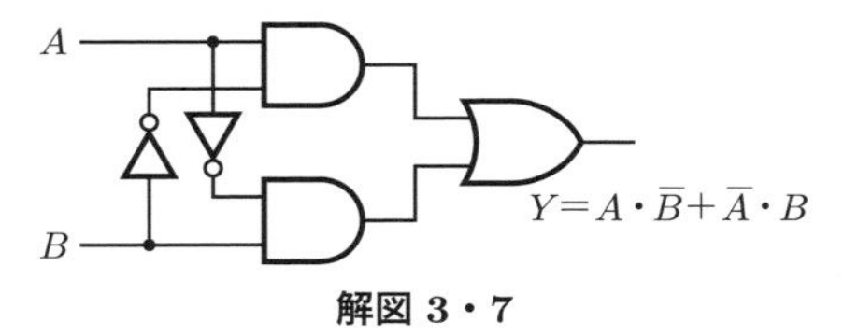

解図 3・7

3・7　解図 3·8 のとおり．

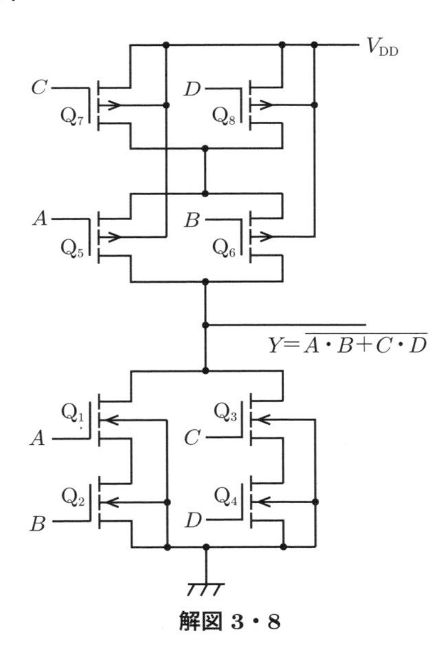

解図 3・8

3・8　（a）　$Y = (A + B)\cdot(B + C) = B + A\cdot C$

（b）　$Y = \overline{(A + B)\cdot\overline{\overline{A}\cdot\overline{B}}} = \overline{A}\cdot\overline{B} + A\cdot B$

3・9　$Y = A\cdot\overline{B} + \overline{A}\cdot B$ であるから Exclusive OR 回路である．

第4章

【問 4・1】　ド・モルガンの法則を繰り返すと

$$f = \overline{(A\cdot\overline{A\cdot B})\cdot(\overline{A\cdot B}\cdot B)} = (A\cdot\overline{A\cdot B}) + (\overline{A\cdot B}\cdot B)$$

$$= A\cdot(\overline{A} + \overline{B}) + (\overline{A} + \overline{B})\cdot B = A\cdot\overline{A} + A\cdot\overline{B} + \overline{A}\cdot B + \overline{B}\cdot B = A\cdot\overline{B} + \overline{A}\cdot B$$

となる．

【問 4・2】　奇数段目を入力側否定の OR ゲートに変換し，2 重否定を取り除くと，図 4·6（b）となる．

【問 4・3】 **解図 4・1** に示すように，3 段目と 4 段目の間では，二つの否定の中間から出力が取り出されているため，この部分の否定を取り除くことができない．

【問 4・4】 **解図 4・2** に示すように，2 段目と 4 段目の AND ゲートの間に NOT ゲートが入る．

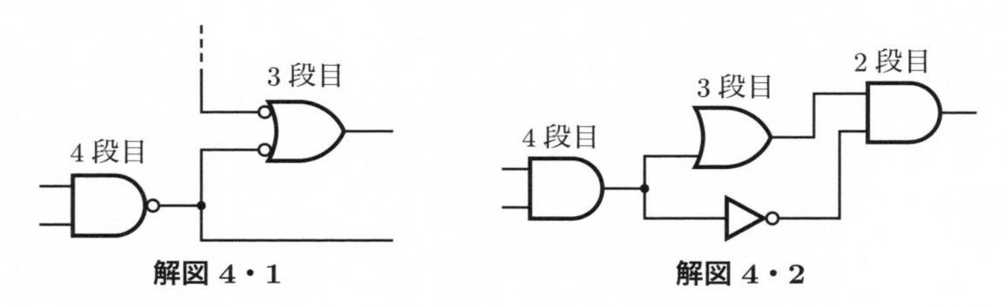

解図 4・1 **解図 4・2**

【問 4・5】 順次 f_i を代入すると

$$f = \overline{A} \cdot B \cdot C + B \cdot C + \overline{B} \cdot C = \overline{A} \cdot B \cdot C + (B + \overline{B}) \cdot C = \overline{A} \cdot B \cdot C + C$$
$$= (\overline{A} \cdot B + 1) \cdot C = C$$

【問 4・6】 式（4・11）の双対は

$$f = (A + (B + \overline{C}) \cdot (\overline{B} + C)) \cdot (B + C)$$

であるから，回路は **解図 4・3** のようになる．

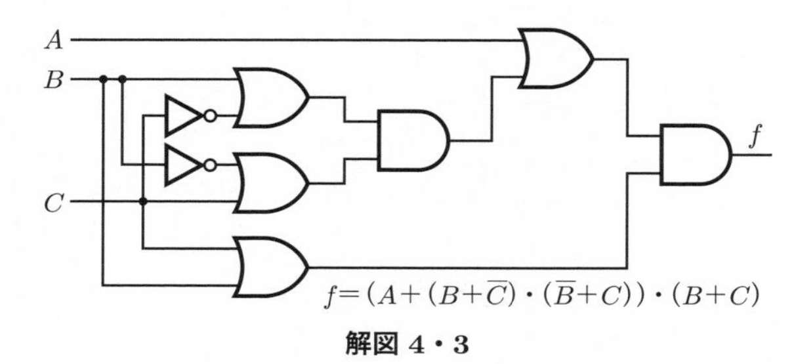

解図 4・3

【問 4・7】 NOT ゲートの処理に注意すると，図 4・10（b）から図 4・10（a）が得られ，次に図 4・9 が得られる．

【問 4・8】
$$f = A \cdot B \cdot \overline{C} + A \cdot \overline{B} \cdot C + \overline{A} \cdot B \cdot C + A \cdot B \cdot C$$
$$= A \cdot B \cdot \overline{C} + A \cdot B \cdot C + A \cdot \overline{B} \cdot C + A \cdot B \cdot C + \overline{A} \cdot B \cdot C + A \cdot B \cdot C \quad \text{（定理 1）}$$
$$= A \cdot B \cdot (\overline{C} + C) + A \cdot C \cdot (\overline{B} + B) + B \cdot C \cdot (\overline{A} + A) \quad \text{（公理 4）}$$
$$= A \cdot B + A \cdot C + B \cdot C \quad \text{（公理 5）}$$

【問 4・9】 **解図 4・4** に d で示す 5 か所である．

【問 4・10】 カルノー図は **解図 4・5** のようになり

$$f = \overline{A} \cdot \overline{B} \cdot \overline{C} \cdot \overline{D} + \overline{A} \cdot B \cdot \overline{C} \cdot \overline{D} + A \cdot B \cdot \overline{C} \cdot \overline{D} + A \cdot \overline{B} \cdot \overline{C} \cdot \overline{D}$$

$$+\overline{A}\cdot\overline{B}\cdot\overline{C}\cdot D+A\cdot B\cdot C\cdot D$$

が得られる．

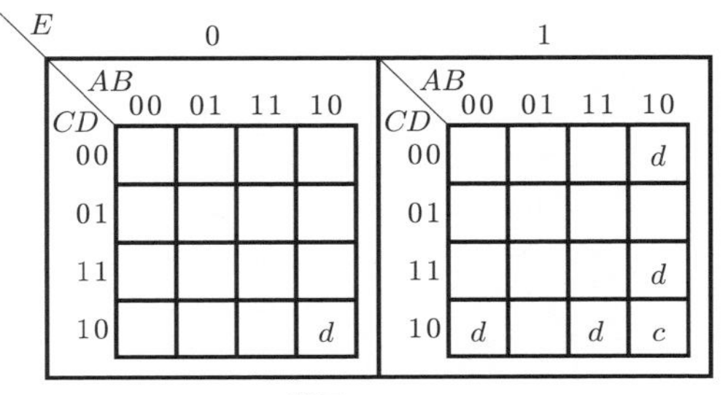

解図 4・4

CD \ AB	00	01	11	10
00	1	1	1	1
01	1			
11			1	
10				

解図 4・5

【問 4・11】 四つのます目に共通の変数だけ残る．したがって，$A\cdot C$ が残った項である．

【問 4・12】 a の部分は

$$\overline{A}\cdot B\cdot\overline{C}\cdot\overline{D}+\overline{A}\cdot B\cdot\overline{C}\cdot D=\overline{A}\cdot B\cdot\overline{C}$$

b の部分は

$$\overline{A}\cdot\overline{B}\cdot\overline{C}\cdot D+\overline{A}\cdot B\cdot\overline{C}\cdot D+A\cdot B\cdot\overline{C}\cdot D+A\cdot\overline{B}\cdot\overline{C}\cdot D=\overline{C}\cdot D$$

c の部分は

$$A\cdot B\cdot C\cdot D+A\cdot\overline{B}\cdot C\cdot D+A\cdot B\cdot C\cdot\overline{D}+A\cdot\overline{B}\cdot C\cdot\overline{D}=A\cdot C$$

であるから

$$f=\overline{A}\cdot B\cdot\overline{C}+\overline{C}\cdot D+A\cdot C$$

となる．

【問 4・13】 二つの 2 進数は，2 か所以上のビットが異なる．

【問 4・14】 加法標準形は

$$\begin{aligned}f(A,B,C,D)=&\overline{A}\cdot B\cdot\overline{C}\cdot\overline{D}+\overline{A}\cdot\overline{B}\cdot\overline{C}\cdot D+\overline{A}\cdot B\cdot\overline{C}\cdot D\\&+A\cdot B\cdot\overline{C}\cdot D+A\cdot\overline{B}\cdot\overline{C}\cdot D+A\cdot B\cdot C\cdot D\\&+A\cdot\overline{B}\cdot C\cdot D+A\cdot B\cdot C\cdot\overline{D}+A\cdot\overline{B}\cdot C\cdot\overline{D}\end{aligned}$$

であるから，2 進表示は

$$f=0100+0001+0101+1101+1001+1111+1011+1110+1010$$

となり，**解表 4·1〜4·4** より

$$f(A,B,C,D)=\overline{A}\cdot B\cdot\overline{C}+\overline{C}\cdot D+A\cdot C$$

となる．

【問 4・15】 $(S_i)=(0,1,1,0)$ と設定する．

解表 4・1

1の数	A B C D	10進数	✓
1	0 0 0 1	1	✓
	0 1 0 0	4	✓
2	0 1 0 1	5	✓
	1 0 0 1	9	✓
	1 0 1 0	10	✓
3	1 0 1 1	11	✓
	1 1 0 1	13	✓
	1 1 1 0	14	✓
4	1 1 1 1	15	✓

解表 4・2

10進数の組	10進数の差	A B C D	✓
1, 5	4	0 − 0 1	✓
1, 9	8	− 0 0 1	✓
4, 5	1	0 1 0 −	*
5, 13	8	− 1 0 1	✓
9, 11	2	1 0 − 1	✓
9, 13	4	1 − 0 1	✓
10, 11	1	1 0 1 −	✓
10, 14	4	1 − 1 0	✓
11, 15	4	1 − 1 1	✓
13, 15	2	1 1 − 1	✓
14, 15	1	1 1 1 −	✓

解表 4・3

10進数の組	10進数の差	A B C D	✓
1, 5,　9, 13 (1, 9,　5, 13)	4,　8	− − 0 1	*
9, 11,　13, 15 (9, 13,　11, 15)	2,　4	1 − − 1	*
10, 11,　14, 15 (10, 14,　11, 15)	1,　4	1 − 1 −	*

解表 4・4

主　項	10進数									A	B	C	D
	1	4	5	9	10	11	13	14	15				
4, 5		(✓)	(✓)							0	1	0	−
1, 5, 9, 13	(✓)		(✓)	(✓)			(✓)			−	−	0	1
9, 11, 13, 15				✓		✓	✓		✓	1	−	−	1
10, 14, 11, 15					(✓)	(✓)		(✓)	(✓)	1	−	1	−

演習問題

4・1　(1)　図4･40 (a) では

$$f(A,B,C) = A \cdot B \cdot \overline{C} + A \cdot \overline{B} \cdot C + \overline{A} \cdot B \cdot C + A \cdot B \cdot C$$

図 (b) では，次のようになる．

$$f(A,B,C) = \overline{(\overline{A+B}) + (\overline{B+C}) + (\overline{C+A})} = (A+B) \cdot (B+C) \cdot (C+A)$$

（2） 図（a）（b）とも**解表 4·5** のようになる．

（3） $f(A,B,C) = (A+B)\cdot(B+C)\cdot(C+A) = A\cdot B + B\cdot C + C\cdot A$

$= \overline{\overline{(A\cdot B)}\cdot\overline{(B\cdot C)}\cdot\overline{(C\cdot A)}}$

であるから，NAND ゲートで構成すると，**解図 4·6** が得られる．

解表 4・5

A	B	C	$f(A,B,C)$
0	0	0	0
0	0	1	0
0	1	0	0
0	1	1	1
1	0	0	0
1	0	1	1
1	1	0	1
1	1	1	1

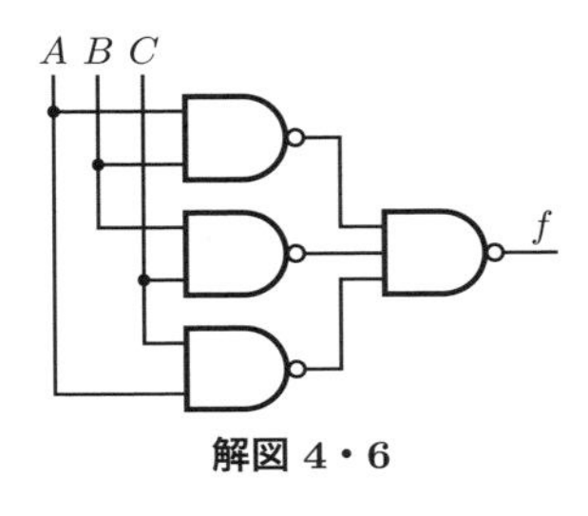

解図 4・6

4・2 論理変数の各値についての f を求め，カルノー図により簡単化すると，結果は次のようになる．

（1） $f = A\cdot B + C\cdot D$

（2） $f = \overline{C}$

（3） $f = C$

（4） $f = \overline{A}\cdot\overline{C} + \overline{A}\cdot\overline{B} + \overline{B}\cdot\overline{C}$

（5） $f = \overline{A}\cdot\overline{C}\cdot\overline{D} + B\cdot\overline{C}\cdot\overline{D} + C\cdot D$

（6） $f = \overline{A}\cdot\overline{B}\cdot\overline{D} + B\cdot D + A\cdot D$

4・3 カルノー図は，**解図 4·7** となるから，隣接項は a，b のようにまとめられ

$$f = \overline{A}\cdot\overline{B} + D$$

となる．

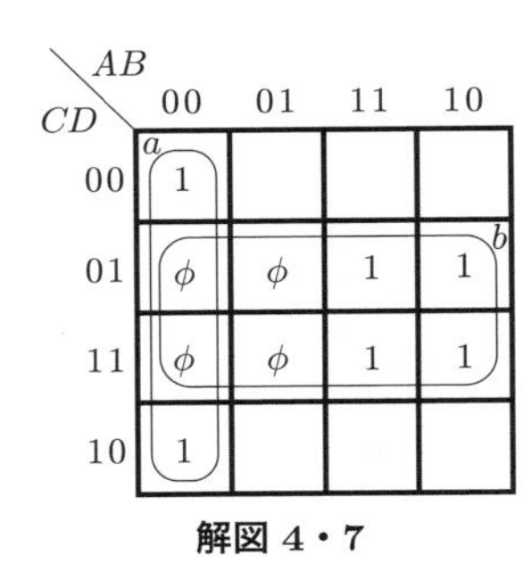

解図 4・7

解表 4・6

A	B	C	f
0	0	0	1
0	0	1	0
0	1	0	1
0	1	1	0
1	0	0	1
1	0	1	0
1	1	0	1
1	1	1	0

4・4 **解表 4·6** が真理値表で，これより加法標準形を求めると次式が得られる．

$$f = \overline{A} \cdot \overline{B} \cdot \overline{C} + \overline{A} \cdot B \cdot \overline{C} + A \cdot \overline{B} \cdot \overline{C} + A \cdot B \cdot \overline{C}$$

カルノー図は**解図 4·8** となる．これより，四つの各項は一つにまとめることができ

$$f = \overline{C}$$

となるから，論理回路はゲート一つでよい．**解図 4·9** がその回路である．

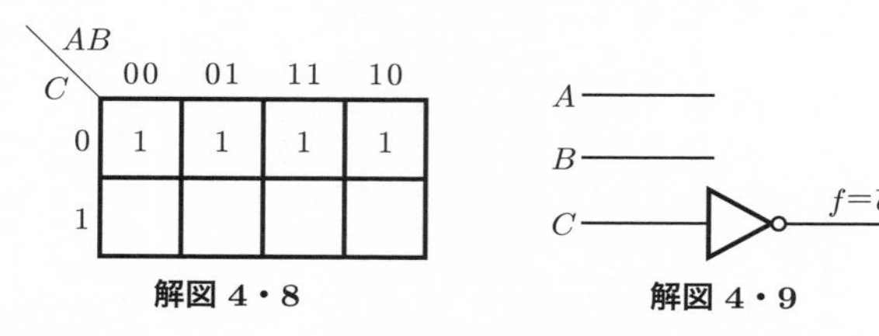

解図 4・8　　**解図 4・9**

4・5　真理値表は**解表 4·7**，カルノー図は**解図 4·10** である．簡単化された論理関数は

$$f = A \cdot B \cdot D + B \cdot C \cdot D + A \cdot C \cdot D + A \cdot B \cdot C$$

となり，回路は**解図 4·11** となる．AND–OR を NAND–NAND で構成してもよい．

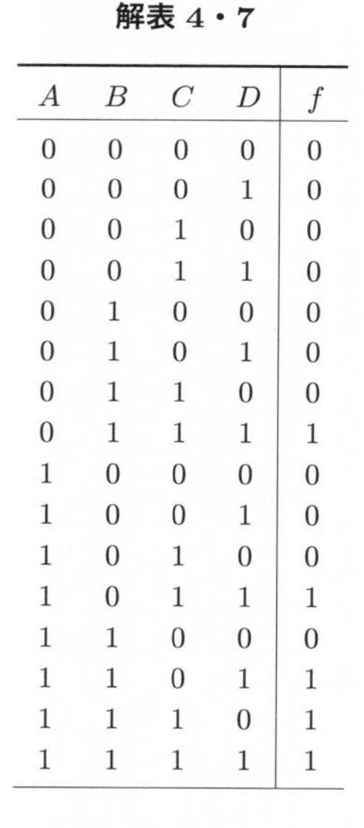

解表 4・7

A	B	C	D	f
0	0	0	0	0
0	0	0	1	0
0	0	1	0	0
0	0	1	1	0
0	1	0	0	0
0	1	0	1	0
0	1	1	0	0
0	1	1	1	1
1	0	0	0	0
1	0	0	1	0
1	0	1	0	0
1	0	1	1	1
1	1	0	0	0
1	1	0	1	1
1	1	1	0	1
1	1	1	1	1

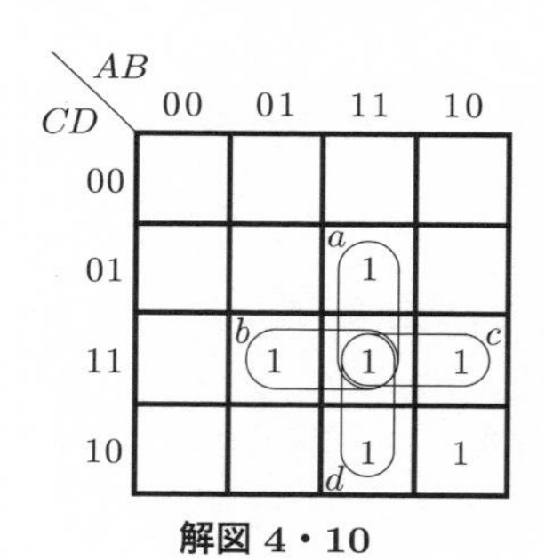

解図 4・10

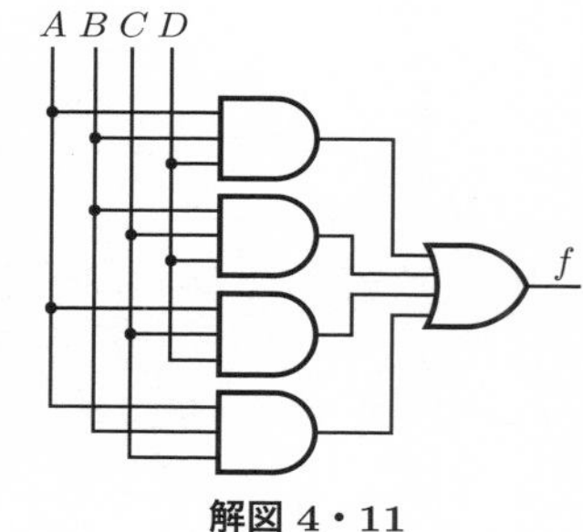

解図 4・11

4・6　（1）　$A = (A_1, A_0)_2$，$B = (B_1, B_0)_2$ とすると**解表 4·8** の f の真理値が得られる．

（2）　$f = \overline{A}_1 \cdot A_0 \cdot \overline{B}_1 \cdot \overline{B}_0 + A_1 \cdot \overline{A}_0 \cdot \overline{B}_1 \cdot \overline{B}_0 + A_1 \cdot \overline{A}_0 \cdot \overline{B}_1 \cdot B_0$
$\quad + A_1 \cdot A_0 \cdot \overline{B}_1 \cdot \overline{B}_0 + A_1 \cdot A_0 \cdot \overline{B}_1 \cdot B_0 + A_1 \cdot A_0 \cdot B_1 \cdot \overline{B}_0$

（3）　カルノー図は，**解図 4·12** であるから，簡単化された論理関数は

$$f = A_0 \cdot \overline{B}_1 \cdot \overline{B}_0 + A_1 \cdot A_0 \cdot \overline{B}_0 + A_1 \cdot \overline{B}_1$$

解表 4・8

A_1	A_0	B_1	B_0	f	g
0	0	0	0	0	1
0	0	0	1	0	0
0	0	1	0	0	0
0	0	1	1	0	0
0	1	0	0	1	0
0	1	0	1	0	1
0	1	1	0	0	0
0	1	1	1	0	0
1	0	0	0	1	0
1	0	0	1	1	0
1	0	1	0	0	1
1	0	1	1	0	0
1	1	0	0	1	0
1	1	0	1	1	0
1	1	1	0	1	0
1	1	1	1	0	1

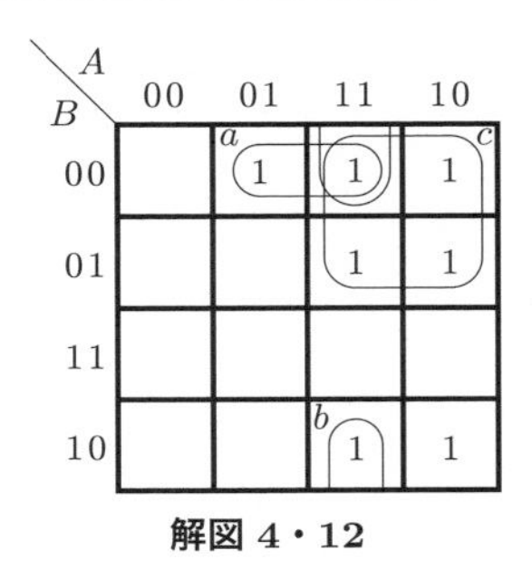

解図 4・12

となる．

（4） 回路は**解図 4·13** となる．

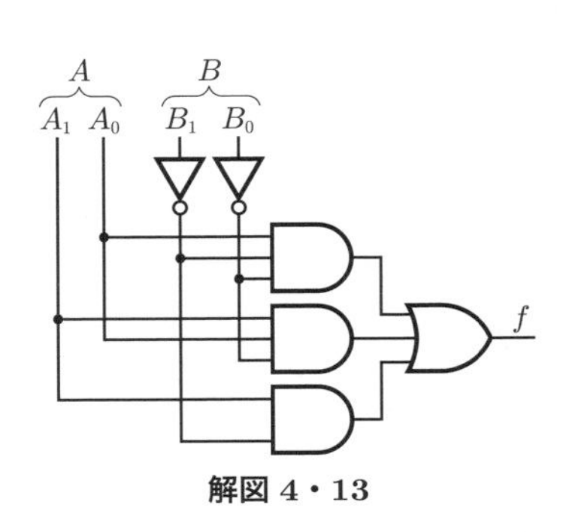

解図 4・13

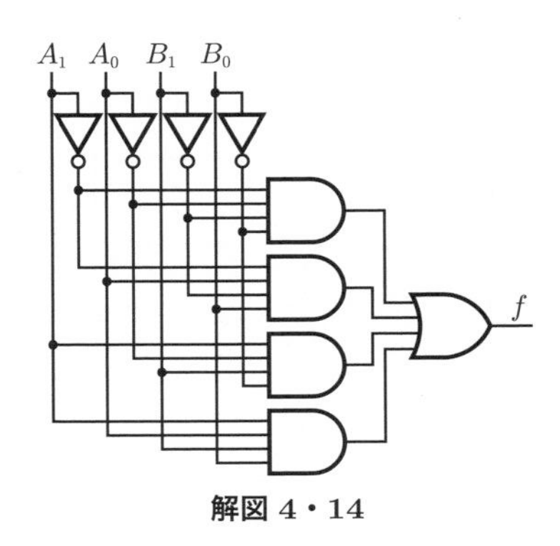

解図 4・14

4・7 真理値表は，解表 4·8 の g であるから，論理関数 g は

$$g = \overline{A}_1 \cdot \overline{A}_0 \cdot \overline{B}_1 \cdot \overline{B}_0 + \overline{A}_1 \cdot A_0 \cdot \overline{B}_1 \cdot B_0 + A_1 \cdot \overline{A}_0 \cdot B_1 \cdot \overline{B}_0 + A_1 \cdot A_0 \cdot B_1 \cdot B_0$$

となる．これは簡単化できないから，回路は**解図 4·14** となる．

4・8 出力の各ビットに対する真理値表は，**解表 4·9** のようになる．1 が入力されている入力端子以外の入力端子の値は必ず 0 であるから，各ビットの論理関数 B_2，B_1，B_0 は

解表 4・9

C	A_7	A_6	A_5	A_4	A_3	A_2	A_1	A_0	B_2	B_1	B_0
1	0	0	0	0	0	0	0	1	0	0	0
1	0	0	0	0	0	0	1	0	0	0	1
1	0	0	0	0	0	1	0	0	0	1	0
1	0	0	0	0	1	0	0	0	0	1	1
1	0	0	0	1	0	0	0	0	1	0	0
1	0	0	1	0	0	0	0	0	1	0	1
1	0	1	0	0	0	0	0	0	1	1	0
1	1	0	0	0	0	0	0	0	1	1	1
0	×	×	×	×	×	×	×	×	0	0	0

$$B_2 = A_7 \cdot C + A_6 \cdot C + A_5 \cdot C + A_4 \cdot C$$

$$B_1 = A_7 \cdot C + A_6 \cdot C + A_3 \cdot C + A_2 \cdot C$$

$$B_0 = A_7 \cdot C + A_5 \cdot C + A_3 \cdot C + A_1 \cdot C$$

となる．したがって，回路は**解図 4･15** となる．

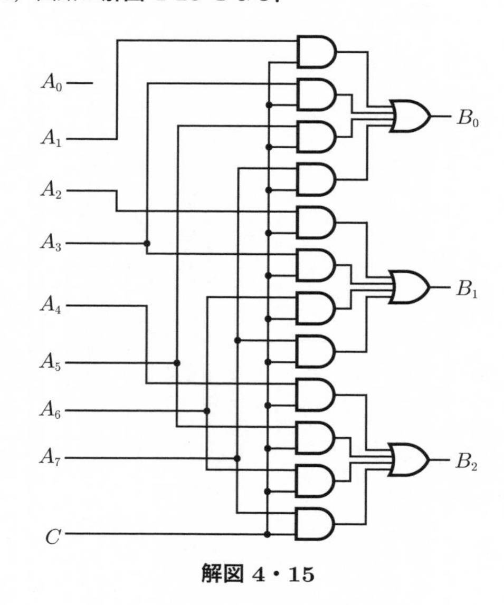

解図 4・15

第5章

【問 5・1】 NOT ゲートの入出力関係が矛盾するため Q_1，Q_2 がともに H レベル，あるいは L レベルの状態は存在しない．

【問 5・2】 $CK = 1$ のとき，G_1 の出力は

$$\overline{S \cdot CK} = \overline{S \cdot 1} = \overline{S}$$

また，G_2 の出力は

$$\overline{R \cdot CK} = \overline{R \cdot 1} = \overline{R}$$

であるから，図 5·4 と一致する．

【問 5・3】 JK フリップフロップは，図 5·6（b）で実現．T フリップフロップは，図 5·6（b）の J，K 入力端子を 1 に保ち，CK を T 入力とすれば実現．D フリップフロップは図 5·15 で実現でき，いずれも SR フリップフロップを基本としている．

【問 5・4】 **解図 5·1** に示すように，時刻 t_1 における出力は，パルスを 17 個計数したのであるから，本来 $(Q_3Q_2Q_1Q_0) = (0001)_2 = (1)_{10}$ であるべきものが $(1001)_2 = (9)_{10}$ となり誤りを生じる．

【問 5・5】 $f < \dfrac{1}{t_\mathrm{d}} = \dfrac{1}{(15+3)\times 10^{-9}} \approx 56\,\mathrm{MHz}$

【問 5・6】 シフトパルスが入るごとに，各フリップフロップの内容が移るから

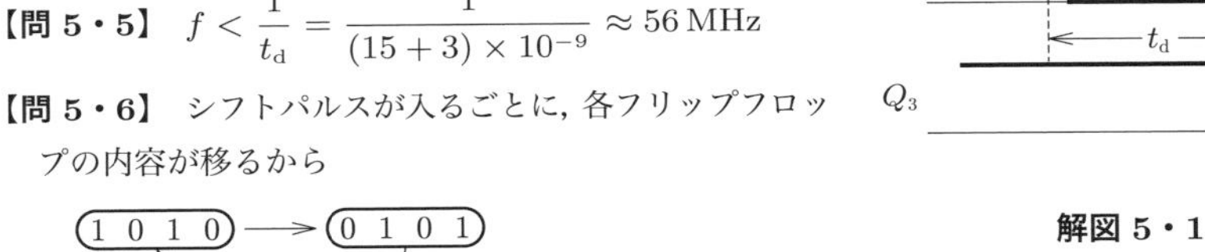

解図 5・1

となり，二つの状態を繰り返すだけである．

演 習 問 題

5・1 図 5·3 で，まず入力変数を否定形にすると**解図 5·2**（a）が得られる．次に出力変数を否定形にして図（b），最後にド・モルガンの等価ゲートにより，図（c）が得られる．

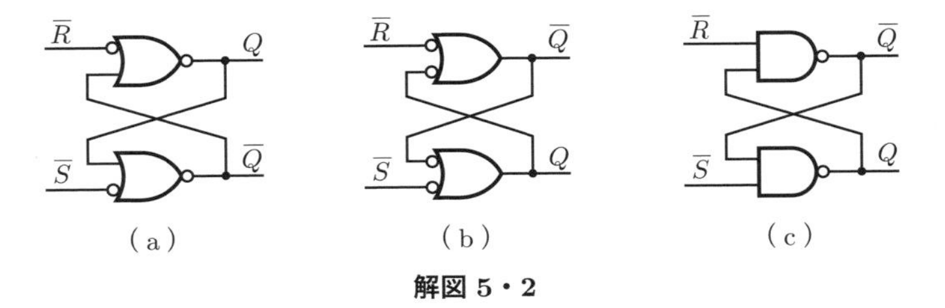

解図 5・2

5・2 **解表 5·1** のようになり，$S = 1$ のときは，$Q = 1$ にセットされる．

5・3 SR フリップフロップは表 5·1 より

$$Q^{n+1} = \overline{S} \cdot \overline{R} \cdot Q^n + S \cdot \overline{R} = \overline{R} \cdot Q^n + S \cdot \overline{R}$$

$R = S = 1$ をドント・ケア項にすると，**解図 5·3** より

解表 5・1

入力 S	R	Q^{n+1}
0	0	Q^n
0	1	0
1	0	1
1	1	1

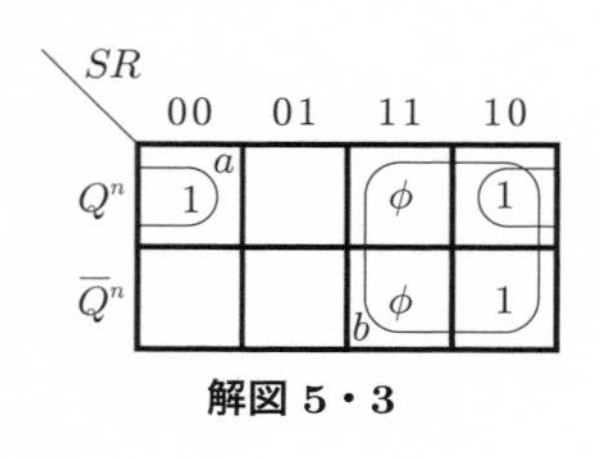

解図 5・3

$$Q^{n+1} = \overline{R} \cdot Q^n + S$$

JK フリップフロップは表 5・2 より

$$Q^{n+1} = \overline{J} \cdot \overline{K} \cdot Q^n + J \cdot \overline{K} + J \cdot K \cdot \overline{Q}^n$$
$$= \overline{K} \cdot Q^n + J \cdot \overline{Q}^n$$

T フリップフロップは，図 5・13 の表より

$$Q^{n+1} = \overline{T} \cdot Q^n + T \cdot \overline{Q}^n$$

D フリップフロップは，図 5・14 の表より

$$Q^{n+1} = D$$

5・4 CK パルスの立ち下がり時における D と同一値の出力を出すから，**解図 5・4** のようになる．

5・5 演習問題 5・3 より，SR フリップフロップの特性方程式は，$Q^{n+1} = \overline{R} \cdot Q^n + S$ であるから，これを論理ゲートで実現し，D フリップフロップの入力とすればよい．回路は**解図 5・5** となる．これはセット優先 SR フリップフロップである．

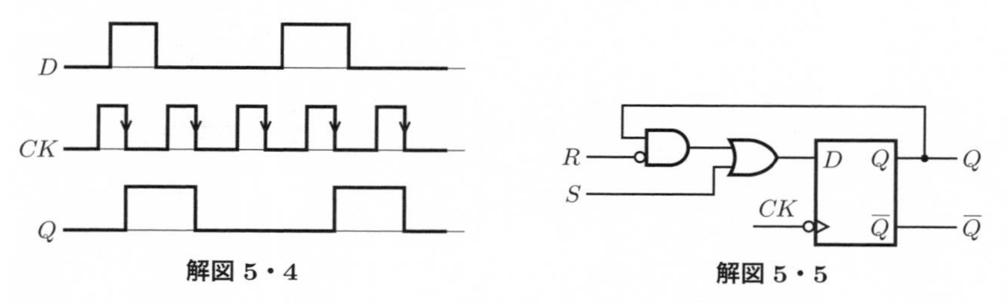

解図 5・4 **解図 5・5**

5・6 3 進カウンタは 2 個のフリップフロップで構成でき，パルスを 3 個計数すると，二つのフリップフロップがリセットされるようにすればよい．すなわち，**解図 5・6** の回路となる．

5・7 6 進カウンタは，$(Q_3\ Q_2\ Q_1\ Q_0)_2 = (0\ 1\ 1\ 0)_2$ になったとき，すべてのフリップフロップがリセットされればよいから，**解図 5・7** のように NAND ゲートに，Q_2，Q_1 を接続して，

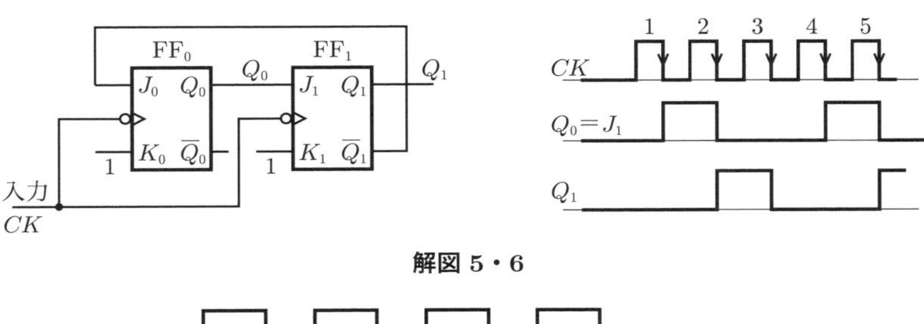

解図 5・6

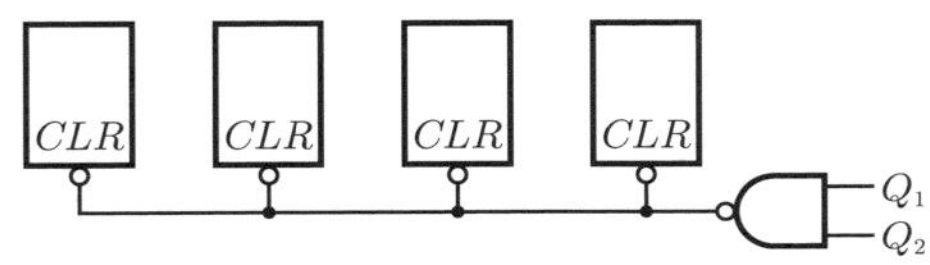

解図 5・7

その出力をすべての CLR 端子に接続すればよい．10 進カウンタの場合は，(1 0 1 0) のときリセットであるから，Q_3，Q_2 を NAND ゲートの入力に接続．12 進の場合は，(1 1 0 0) のときリセットであるから，Q_3，Q_2 を NAND ゲートの入力に接続すればよい．

5・8　すべてリセットされた状態から始めると，

Q_3　Q_2　Q_1　Q_0

0　0　0　0 → 0 0 0 1 → 0 0 1 1 → 0 1 1 1

↑　　　　　　　　　　　　　　　　↓

1 0 0 0 ← 1 1 0 0 ← 1 1 1 0 ← 1 1 1 1

となる．

5・9　**解図 5・8**（a）（b）にそれぞれ，$D=0$，$D=1$ として，$CK=1$ となり状態が定まったときの，各端子の論理値を示してある．$CK=1$ であるので CK 端子は省略してある．（a）で D が 0→1 へ変化しても，全く回路の状態は変わらない．また（b）のとき，D が 1→0 と変化すると．G_1 の出力は 0→1 となり，これにより G_2，G_3 の入力状態が変わるが，出力

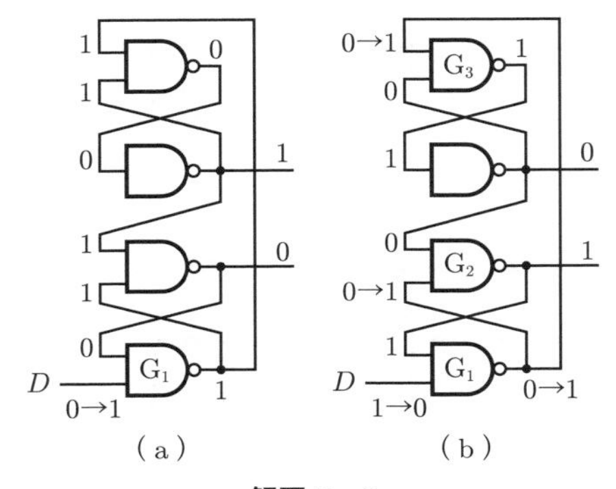

解図 5・8

の状態は変化しない．したがって，図 5·29 の回路は，$CK=1$ の期間中に D 入力の値が変わっても出力の状態は変わらない．

第 6 章

【問 6・1】 フリップフロップの出力状態 $(Q_0\ Q_1\ Q_2)=(0\ 0\ 0)$ より，クロックパルス CK が 1，0 についての遷移先を調べると，**解図 6·1** の状態遷移図が得られる．図 5·23（a）は出力が定義されていないため，出力値は記入されていない．

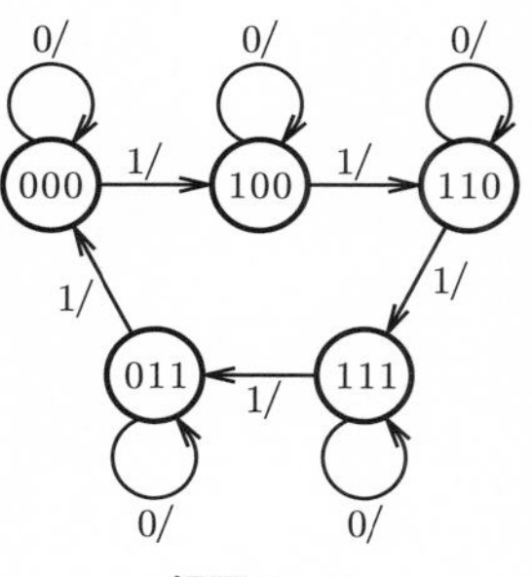

解図 6・1

【問 6・2】 $x=1$ のとき，クロックパルスが入力されるごとに，$Q=1,0$ を交互に繰り返す．

【問 6・3】 JK フリップフロップ特性表（図 6·14（b））より，表 6·9 の次状態を与える入力 J_i, K_i を求めると，**解表 6·1** となる．これより，ϕ をドント・ケア項としてカルノー図を書くと，**解図 6·2** となる．したがって，入力方程式は

解表 6・1

現状態 $q=(Q_1Q_2)$		入力状態 J_1K_1 入力 x 0	1	入力状態 J_2K_2 入力 x 0	1
q_1	0 0	0ϕ	0ϕ	0ϕ	1ϕ
q_2	0 1	0ϕ	1ϕ	$\phi 0$	$\phi 0$
q_3	1 1	$\phi 0$	$\phi 0$	$\phi 0$	$\phi 1$
q_4	1 0	$\phi 0$	$\phi 1$	0ϕ	0ϕ

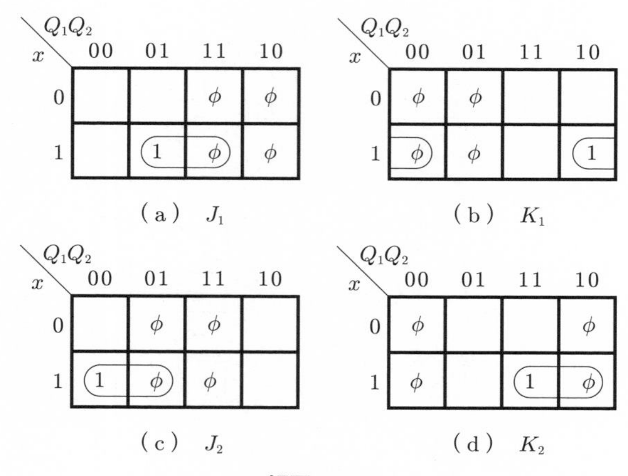

解図 6・2

$$J_1 = Q_2 \cdot x$$

$$K_1 = \overline{Q}_2 \cdot x$$

$$J_2 = \overline{Q}_1 \cdot x$$

$$K_2 = Q_1 \cdot x$$

となる．また，出力方程式は，表 6·9 より

$$y = Q_1 \cdot \overline{Q}_2 \cdot x$$

である．これを実現すると，**解図 6·3** となる．

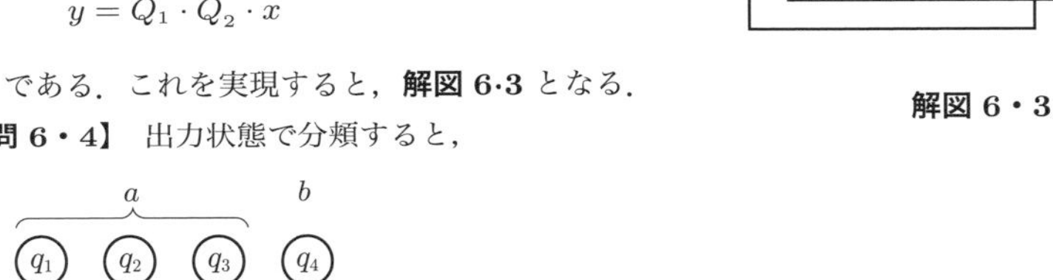

解図 6・3

【問 6・4】 出力状態で分類すると，

次状態を分類すると，

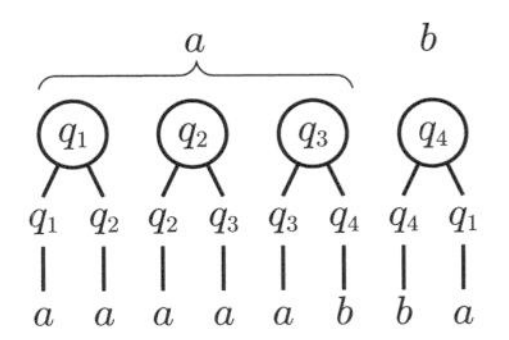

グループ a を出力状態グループの等しいグループで分けると，

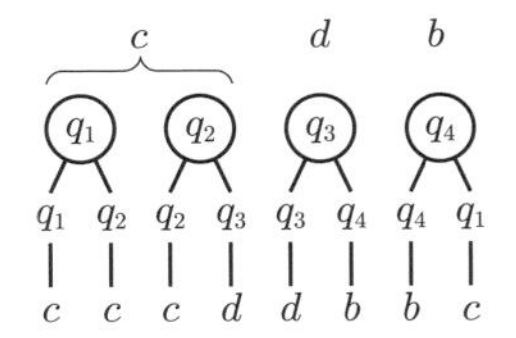

となり，すべて異なるグループとなり，等価な状態は存在しない．

【問 6・5】 **解図 6·4** となる．

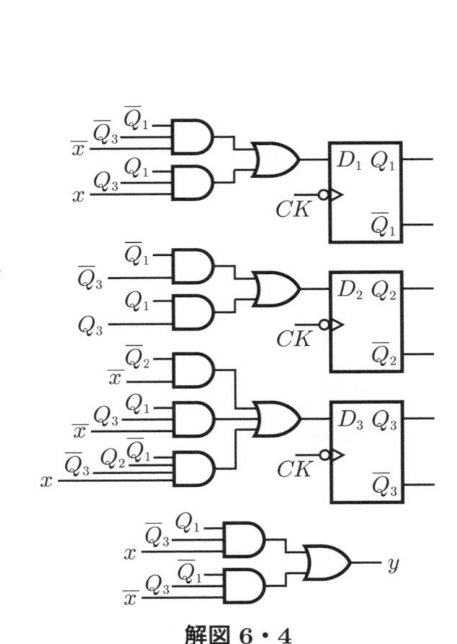

解図 6・4

演 習 問 題

6・1 状態遷移表は**解表 6·2**，状態遷移図は**解図 6·5** となる．

6・2 **解表 6·3**，**解図 6·6** のようになり，フリップフロップの中を 1 個の 1 がクロックパルスごとに移動するリングカウンタである．初期状態に 1 の数が二つ以上存在しても，自己補正して，1 の数を一つにする機能を持っている．

解表 6・2

現状態			次状態		
Q_1	Q_2	Q_3	$CK=1$		
0	0	0	1	0	0
1	0	0	0	1	0
1	1	0	0	0	1
1	1	1	0	0	0
0	1	1	0	1	0
0	1	0	1	1	0
0	0	1	0	0	0
1	0	1	0	1	0

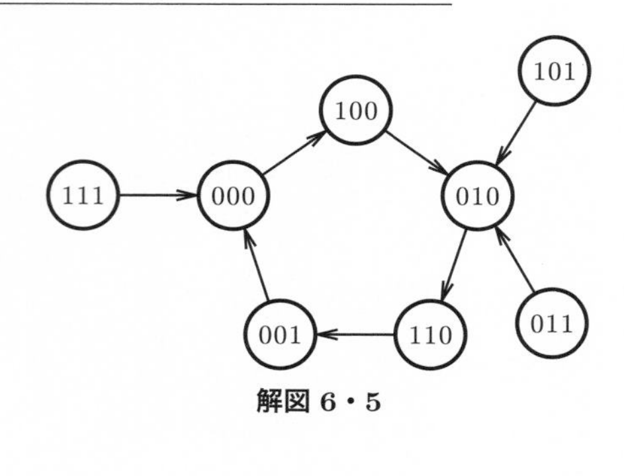

解図 6・5

解表 6・3

現状態			次状態		
Q_1	Q_2	Q_3	$CK=1$		
0	0	0	1	0	0
0	0	1	1	0	0
0	1	0	0	0	1
0	1	1	0	0	1
1	0	0	0	1	0
1	0	1	0	1	0
1	1	0	0	1	1
1	1	1	0	1	1

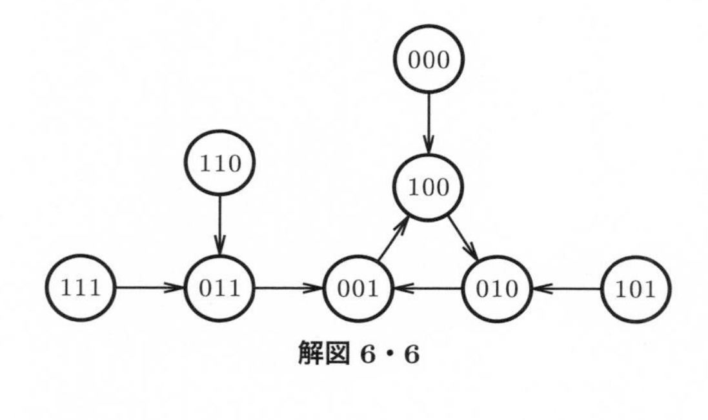

解図 6・6

6・3　$(Q_1\ Q_2\ Q_3) = (0\ 0\ 0)$ より $x = 1, 0$ について順次，次状態を調べればよい．

6・4　未定義の状態はすべて，1回目のクロックで (0 0 0) にセットされてから，正常な動作を開始する．

6・5　**解図 6·7** に示すように，入力によって遷移し，いくつかの1または0の入力の後に定義された状態に入り，正常な動作を開始する．正常な動作をするまでの間の出力はすべて誤出力となってしまう．

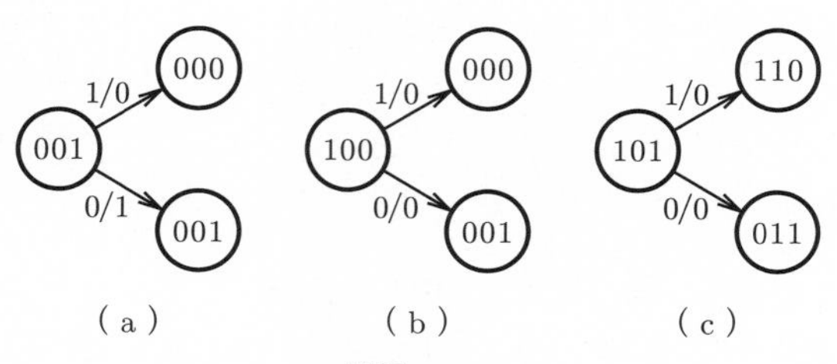

解図 6・7

6・6　状態遷移図は**解図 6·8** のようになる．ここで状態 q_0 は，動作を開始すると再び戻って

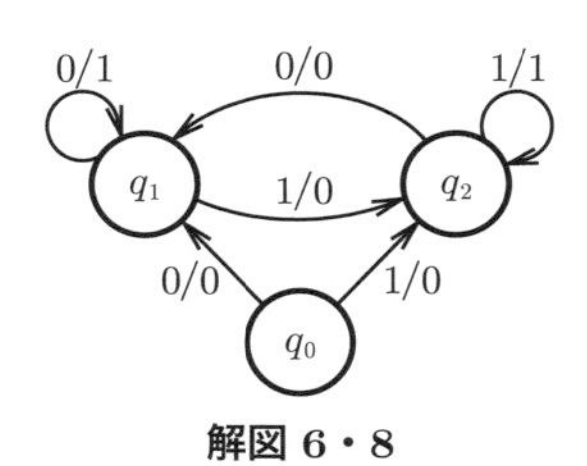

解図 6・8

解表 6・4

現状態 Q		次状態 Q' 入力 x 0	次状態 Q' 入力 x 1	出力 y 入力 x 0	出力 y 入力 x 1
q_1	0	0	1	1	0
q_2	1	0	1	0	1

こない状態であるため，状態割当ては不要である．必要な状態は q_1，q_2 の二つであるから，1 個のフリップフロップで実現でき，状態遷移表は**解表 6・4** のようになる．D フリップフロップを用いて構成すると，入力方程式は，

$$D = Q' = \overline{Q} \cdot x + Q \cdot x = x$$

また，出力方程式は，

$$y = \overline{Q} \cdot \overline{x} + Q \cdot x$$

したがって，回路は**解図 6・9** となる．

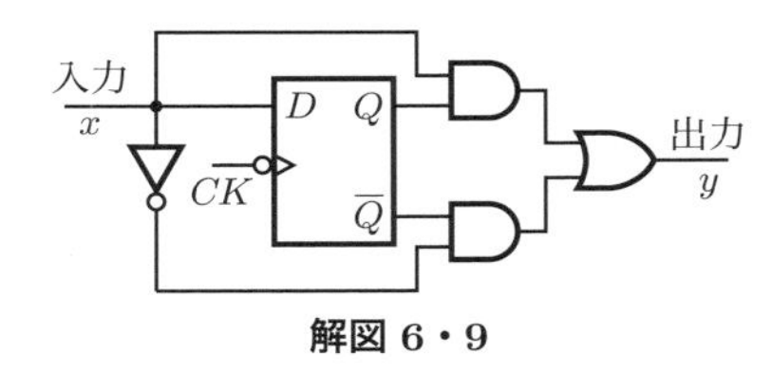

解図 6・9

解表 6・5

現状態 $Q_1\ Q_2\ Q_3$	$(J_1 K_1)$ 入力 x 0	$(J_1 K_1)$ 入力 x 1	$(J_2 K_2)$ 入力 x 0	$(J_2 K_2)$ 入力 x 1	$(J_3 K_3)$ 入力 x 0	$(J_3 K_3)$ 入力 x 1
0 0 0	1ϕ	0ϕ	1ϕ	1ϕ	1ϕ	0ϕ
0 1 0	1ϕ	0ϕ	$\phi0$	$\phi0$	0ϕ	1ϕ
0 1 1	0ϕ	0ϕ	$\phi1$	$\phi1$	$\phi1$	$\phi1$
1 1 0	$\phi1$	$\phi1$	$\phi1$	$\phi1$	0ϕ	0ϕ
1 1 1	$\phi1$	$\phi0$	$\phi0$	$\phi0$	$\phi0$	$\phi1$

6・7 JK フリップフロップの特性表（図 6・14（b））により，次状態を発生するための入力状態 $(J_1\ K_1)$，$(J_2\ K_2)$，$(J_3\ K_3)$ を表す制御入力表を作ると，**解表 6・5** が得られる．J_1，K_1 のカルノー図（**解図 6・10**）より，入力方程式は

$$J_1 = \overline{Q} \cdot \overline{Q}_3 \cdot \overline{x}$$

$$K_1 = Q_2 \cdot \overline{Q}_3 + Q_2 \cdot \overline{x}$$

となる．ほかも全く同様にして

$$J_2 = \overline{Q}_1 \cdot \overline{Q}_3$$

$$K_2 = Q_1 \cdot Q_2 \cdot \overline{Q}_3 + \overline{Q}_1 \cdot Q_2 \cdot Q_3$$

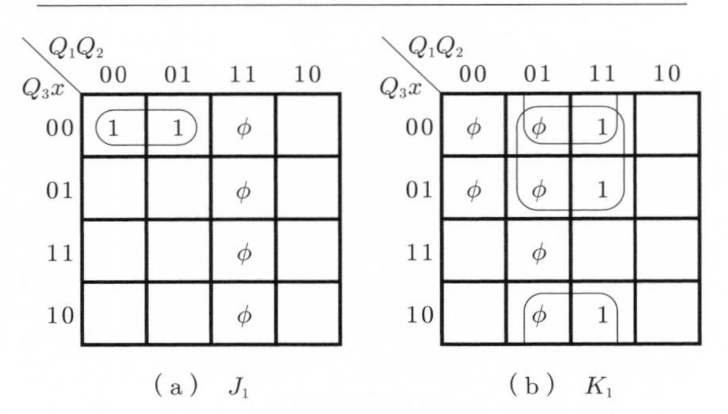

解図 6・10

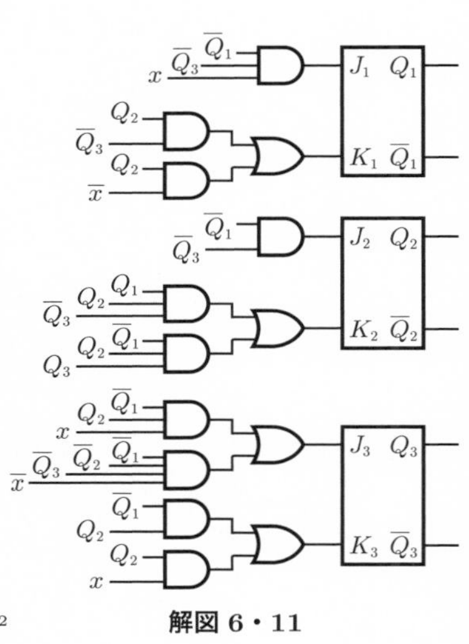

解図 6・11

$$J_3 = \overline{Q}_1 \cdot \overline{Q}_2 \cdot \overline{Q}_3 \cdot \overline{x} + \overline{Q}_1 \cdot Q_2 \cdot x$$

$$K_3 = \overline{Q}_1 \cdot Q_2 + Q_2 \cdot x$$

となり，回路は**解図 6·11** となる（出力回路は図 6·22 と同一であるので省略した）．

6・8　状態遷移図は**解図 6·12**（a）となる．状態 q_3 と q_7 は等価であるから，まとめると図（b）となる．これより状態遷移表は**解表 6·6** となる．D フリップフロップを使用し，かつ，未定義状態をドント・ケア項として，入力方程式を求めると，

$$D_1 = Q_1{}' = \overline{Q}_1 \cdot \overline{Q}_2 + Q_2 \cdot Q_3 + Q_1 \cdot \overline{x}$$

$$D_2 = Q_2{}' = Q_1 \cdot \overline{Q}_3 \cdot \overline{x} + \overline{Q}_1 \cdot \overline{Q}_3 \cdot x + Q_1 \cdot \overline{Q}_2$$

$$D_3 = \overline{Q}_1 + Q_2$$

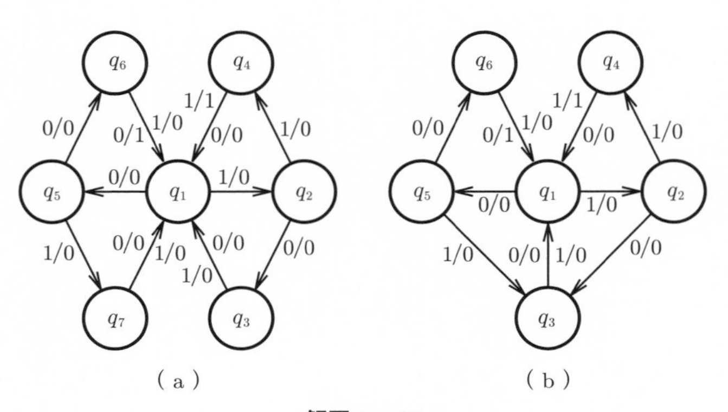

解図 6・12

解表 6・6

	現状態 q	次状態 q'		出力 y	
		入力 x		入力 x	
		0	1	0	1
q_1	1 0 1	q_5 1 1 0	q_2 0 1 0	0	0
q_2	0 1 0	q_3 0 0 1	q_4 0 1 1	0	0
q_3	0 0 1	q_1 1 0 1	q_1 1 0 1	0	0
q_4	0 1 1	q_1 1 0 1	q_1 1 0 1	0	1
q_5	1 1 0	q_6 1 1 1	q_3 0 0 1	0	0
q_6	1 1 1	q_1 1 0 1	q_1 1 0 1	1	0
未定義	1 0 0 0 0 0				

また，出力方程式は

$$y = \overline{Q}_1 \cdot Q_2 \cdot Q_3 \cdot x + Q_1 \cdot Q_2 \cdot Q_3 \cdot \overline{x}$$

となり，回路は**解図 6·13** となる．状態割当ては自由であるのでほかにも解は存在する．

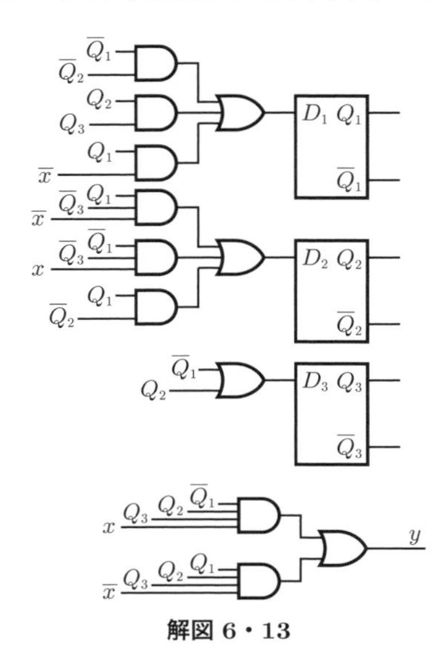

解図 6・13

第 7 章

【問 7・1】 $2^{12-1} = 2\,048$ であるから，2 048 倍の広がりとなる．

【問 7・2】 **解図 7·1** のような構造にすればよい．

【問 7・3】 トランジスタ Q_0〜Q_3 は直流電流源として動作しているため，スイッチの抵抗に無関係に Q_0〜Q_3 のコレクタ電流は流れる．

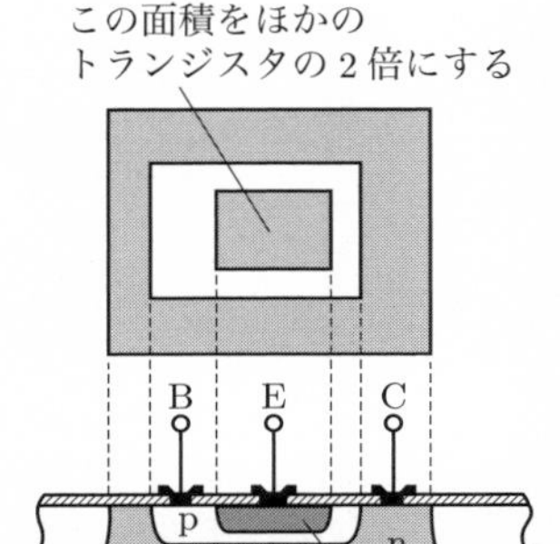

解図 7・1

演 習 問 題

7・1 最上位ビットの誤差がもっとも大きく影響するから，S_0 が 1 側に接続され，ほかは 0 側の場合である．抵抗 R に ΔR の誤差があるとすると，電流の誤差 ΔI_0 は

$$I_0 + \Delta I_0 = \frac{V_{\rm ref}}{R + \Delta R} = \frac{V_{\rm ref}}{R}\left(\frac{1}{1 + \dfrac{\Delta R}{R}}\right) \approx \frac{V_{\rm ref}}{R}\left(1 - \frac{\Delta R}{R}\right)$$

と表される．したがって，

$$\frac{\Delta R}{R} < \frac{1}{4} \cdot \frac{1}{2^{n-1}}$$

が許容誤差である．

7・2 i 番目のビット b_i の電流源だけを考えると等価回路は，**解図 7·2**（a）のようになる．電流源 I_0 を電圧源に変換すると図（b）となる．さらに，$(i-1)$ 番目の端子より右をみた回路をテブナンの定理で書き直すと，図（c）となる．これを繰り返して行うと図（d）が最終的に得られる．よって，電流 $I_{\rm out}'$ は次のようになる．

$$I_{\rm out}' = \frac{1}{2^i} I_0$$

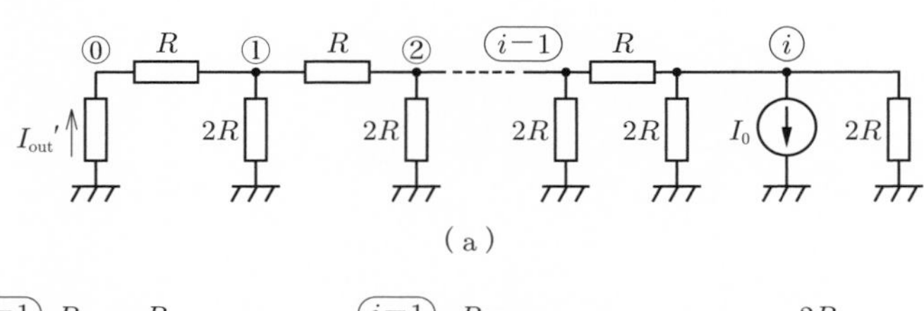

（a）

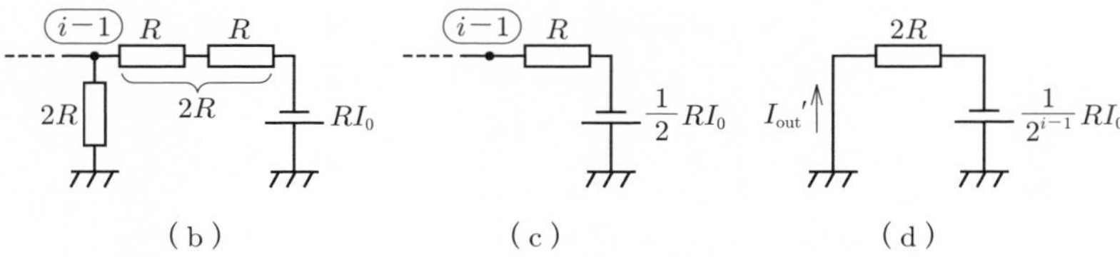

（b）　（c）　（d）

解図 7・2

重ねの理より，全電流 I_{out} はそれぞれの電流源による電流の和であるから，式（7･8）が成立する．

7・3　サンプルホールド時間も 10 μs 必要であるから，最高周波数 $f_{\max}$ は式（7･10）より

$$f_{\max} = \frac{1}{2T} = 50\,\mathrm{kHz}$$

となる．

索　引

タ 行

ナ 行

ハ 行

マ　行

ラ　行

英 数 字

〈著者略歴〉
藤 井 信 生 （ふじい　のぶお）
工学博士
1966 年　慶應義塾大学工学部電気工学科卒業
1971 年　東京工業大学大学院博士課程修了
現　在　東京工業大学名誉教授

• 本書の内容に関する質問は，オーム社ホームページの「サポート」から，「お問合せ」の「書籍に関するお問合せ」をご参照いただくか，または書状にてオーム社編集局宛にお願いします．お受けできる質問は本書で紹介した内容に限らせていただきます．なお，電話での質問にはお答えできませんので，あらかじめご了承ください．
• 万一，落丁・乱丁の場合は，送料当社負担でお取替えいたします．当社販売課宛にお送りください．
• 本書の一部の複写複製を希望される場合は，本書扉裏を参照してください．
JCOPY ＜出版者著作権管理機構 委託出版物＞

ディジタル電子回路（第２版）
―集積回路化時代の―

2014 年 8 月 20 日　第 1 版第 1 刷発行
2020 年 2 月 25 日　第 2 版第 1 刷発行
2023 年 8 月 10 日　第 2 版第 4 刷発行

著　者　藤 井 信 生
発 行 者　村 上 和 夫
発 行 所　株式会社 オーム社
郵便番号　101-8460
東京都千代田区神田錦町 3-1
電話　03(3233)0641(代表)
URL　https://www.ohmsha.co.jp/

© 藤井信生 *2020*

印刷・製本　三美印刷
ISBN978-4-274-22496-6　Printed in Japan

本書の感想募集　https://www.ohmsha.co.jp/kansou/
本書をお読みになった感想を上記サイトまでお寄せください．
お寄せいただいた方には，抽選でプレゼントを差し上げます．

関連書籍のご案内

**基本事項をコンパクトにまとめ，
親切・丁寧に解説した新しい教科書シリーズ！**

主に大学、高等専門学校の電気・電子・情報向けの教科書としてセメスタ制の１期（２単位）で学習を修了できるように内容を厳選。

シリーズの特長

◆電気・電子工学の技術・知識を浅く広く学ぶのではなく、専門分野に進んでいくために「本当に必要な事項」を効率良く学べる内容。

◆「です、ます」体を用いたやさしい表現、「語りかけ」口調を意識した親切・丁寧な解説。

◆「吹出し」を用いて図中の重要事項をわかりやすく解説。

◆各章末には学んだ知識が「確実に身につく」練習問題を多数掲載。

基本を学ぶ　回路理論

●渡部 英二　著　●A5判・160頁　●定価(本体2500円【税別】)

主要目次

1章　回路と回路素子／2章　線形微分方程式と回路の応答／3章　ラプラス変換と回路の応答／4章　回路関数／5章　フーリエ変換と回路の応答

基本を学ぶ　信号処理

●浜田 望　著　●A5判・194頁　●定価(本体2500円【税別】)

主要目次

1章　信号と信号処理／2章　基本的信号とシステム／3章　連続時間信号のフーリエ解析／4章　離散時間フーリエ変換／5章　離散フーリエ変換／6章　高速フーリエ変換／7章　z 変換／8章　サンプリング定理／9章　離散時間システム／10章　フィルタ／11章　相関関数とスペクトル

基本を学ぶ　コンピュータ概論

●安井 浩之　木村 誠聡　辻 裕之　共著　●A5判・192頁　●定価(本体2500円【税別】)

主要目次

1章　コンピュータシステム／2章　情報の表現／3章　論理回路とCPU／4章　記憶装置と周辺機器／5章　プログラムとアルゴリズム／6章　OSとアプリケーション／7章　ネットワークとセキュリティ

もっと詳しい情報をお届けできます.
◎書店に商品がない場合または直接ご注文の場合も右記宛にご連絡ください.

ホームページ　https://www.ohmsha.co.jp/
TEL／FAX　TEL.03-3233-0643　FAX.03-3233-3440

(定価は変更される場合があります)　F-1308-169

新インターユニバーシティシリーズのご紹介

●全体を「共通基礎」「電気エネルギー」「電子・デバイス」「通信・信号処理」「計測・制御」「情報・メディア」の６部門で構成
●現在のカリキュラムを総合的に精査して，セメスタ制に最適な書目構成をとり，どの巻も各章１講義，全体を半期２単位の講義で終えられるよう内容を構成
●実際の講義では担当教員が内容を補足しながら教えることを前提として，簡潔な表現のテキスト，わかりやすく工夫された図表でまとめたコンパクトな紙面
●研究・教育に実績のある，経験豊かな大学教授陣による編集・執筆

●── 各巻 定価（本体2300円【税別】）

確率と確率過程
武田 一哉 編著■A5判・160頁

【主要目次】 確率と確率過程の学び方／確率論の基礎／確率変数／多変数と確率分布／離散分布／連続分布／特性関数／分布限界，大数の法則，中心極限定理／推定／統計的検定／確率過程／相関関数とスペクトル／予測と推定

無線通信工学
片山 正昭 編著■A5判・176頁

【主要目次】 無線通信工学の学び方／信号の表現と性質／狭帯域信号と線形システム／無線通信路／アナログ振幅変調信号／アナログ角度変調信号／自己相関関数と電力スペクトル密度／線形ディジタル変調信号の基礎／各種線形ディジタル変調方式／定包絡線ディジタル変調信号／OFDM通信方式／スペクトル拡散／多元接続技術

インターネットとWeb技術
松尾 啓志 編著■A5判・176頁

【主要目次】 インターネットとWeb技術の学び方／インターネットの歴史と今後／インターネットを支える技術／World Wide Web／SSL/TTS／HTML，CSS／Webプログラミング／データベース／Webアプリケーション／Webシステム構成／ネットワークのセキュリティと心得／インターネットとオープンソフトウェア／ウェブの時代からクラウドの時代へ

メディア情報処理
末永 康仁 編著■A5判・176頁

【主要目次】 メディア情報処理の学び方／音声の基礎／音声の分析／音声の合成／音声認識の基礎／連続音声の認識／音声認識の応用／画像の入力と表現／画像処理の形態／２値画像処理／画像の認識／画像の生成／画像応用システム

電子回路
岩田 聡 編著■A5判・168頁

【主要目次】 電子回路の学び方／信号とデバイス／回路の働き／等価回路の考え方／小信号を増幅する／組み合わせて使う／差動信号を増幅する／電力増幅回路／負帰還増幅回路／発振回路／オペアンプ／オペアンプの実際／MOSアナログ回路

ディジタル回路
田所 嘉昭 編著■A5判・180頁

【主要目次】 ディジタル回路の学び方／ディジタル回路に使われる素子の働き／スイッチングする回路の性能／基本論理ゲート回路／組合せ論理回路（基礎／設計）／順序論理回路／演算回路／メモリとプログラマブルデバイス／A-D，D-A変換回路／回路設計とシミュレーション

電気エネルギー概論
依田 正之 編著■A5判・200頁

【主要目次】 電気エネルギー概論の学び方／限りあるエネルギー資源／エネルギーと環境／発電機のしくみ／熱力学と火力発電のしくみ／核エネルギーの利用／力学的エネルギーと水力発電のしくみ／化学エネルギーから電気エネルギーへの変換／光から電気エネルギーへの変換／熱エネルギーから電気エネルギーへの変換／再生可能エネルギーを用いた種々の発電システム／電気エネルギーの伝送／電気エネルギーの貯蔵

システムと制御
早川 義一 編著■A5判・192頁

【主要目次】 システム制御の学び方／動的システムと状態方程式／動的システムと伝達関数／システムの周波数特性／フィードバック制御系とブロック線図／フィードバック制御系の安定解析／フィードバック制御系の過渡特性と定常特性／制御対象の同定／伝達関数を用いた制御系設計／時間領域での制御系の解析・設計／非線形システムとファジィ・ニューロ制御／制御応用例

もっと詳しい情報をお届けできます．
◎書店に商品がない場合または直接ご注文の場合も右記宛にご連絡ください．

ホームページ https://www.ohmsha.co.jp/
TEL／FAX TEL.03-3233-0643 FAX.03-3233-3440

（定価は変更される場合があります）
F-1310-170

関連書籍のご案内

電気工学ハンドブック 第7版

一般社団法人 電気学会［編］

●B5判・2706頁・上製函入
●本文PDF収録DVD-ROM付
定価（本体45000円［税別］）

電気工学分野の金字塔、充実の改訂！

1951年にはじめて出版されて以来、電気工学分野の拡大とともに改訂され、長い間にわたって電気工学にたずさわる広い範囲の方々の座右の書として役立てられてきたハンドブックの第7版。すべての工学分野の基礎として、幅広く広がる電気工学の内容を網羅し収録しています。

編集・改訂の骨子

- 基礎・基盤技術を固めるとともに、新しい技術革新成果を取り込み、拡大発展する関連分野を充実させた。
- 「自動車」「モーションコントロール」などの編を新設、「センサ・マイクロマシン」「産業エレクトロニクス」の編の内容を再構成するなど、次世代社会において貢献できる技術の取り込みを積極的に行った。
- 改版委員会、編主任、執筆者は、その分野の第一人者を選任し、新しい時代を先取りする内容となった。
- 目次・和英索引と連動して項目検索できる本文PDFを収録したDVD-ROMを付属した。

主要目次

数学／基礎物理／電気・電子物性／電気回路／電気・電子材料／計測技術／制御・システム／電子デバイス／電子回路／センサ・マイクロマシン／高電圧・大電流／電線・ケーブル／回転機一般・直流機／永久磁石回転機・特殊回転機／同期機・誘導機／リニアモータ・磁気浮上／変圧器・リアクトル・コンデンサ／電力開閉装置・避雷装置／保護リレーと監視制御装置／パワーエレクトロニクス／ドライブシステム／超電導および超電導機器／電気事業と関係法規／電力系統／水力発電／火力発電／原子力発電／送電／変電／配電／エネルギー新技術／計算機システム／情報処理ハードウェア／情報処理ソフトウェア／通信・ネットワーク／システム・ソフトウェア／情報システム・監視制御／交通／自動車／産業ドライブシステム／産業エレクトロニクス／モーションコントロール／電気加熱・電気化学・電池／照明・家電／静電気・医用電子・一般／環境と電気工学／関連工学

もっと詳しい情報をお届けできます．
◎書店に商品がない場合または直接ご注文の場合も右記宛にご連絡ください．

ホームページ https://www.ohmsha.co.jp/
TEL／FAX TEL.03-3233-0643 FAX.03-3233-3440

（定価は変更される場合があります）

A-1403-125